信息技术项目基础教程

主　编　吕晓芳　侯瑞丽
副主编　朱瑞丰　李梓璇　乔永峰
参　编　李晓平　李培华　王海霞
　　　　李进雷　马振华　曾现稳
　　　　苏　航

北京理工大学出版社
BEIJING INSTITUTE OF TECHNOLOGY PRESS

内 容 简 介

本书是指导初学者学习计算机信息技术的入门书籍，全书以实际应用为出发点，通过大量来源于实际工作的精彩实例，全面介绍了在使用计算机进行日常信息技术处理过程中会遇到的问题及解决方案。全书共6个项目，分别为了解信息素养与社会责任、文档处理、电子表格处理、演示文稿制作、信息检索和认识新一代信息技术。

本书内容通俗易懂，操作步骤详细，图文并茂，适合大中专院校师生、公司人员、政府工作人员、管理人员使用，也可作为信息技术爱好者的参考用书。

版权专有　侵权必究

图书在版编目（CIP）数据

信息技术项目基础教程 / 吕晓芳，侯瑞丽主编.
北京：北京理工大学出版社，2025.7.
ISBN 978-7-5763-5176-7

Ⅰ．TP3
中国国家版本馆 CIP 数据核字第 20253CG824 号

责任编辑 / 王培凝		文案编辑 / 李海燕	
责任校对 / 周瑞红		责任印制 / 施胜娟	

出版发行 ／ 北京理工大学出版社有限责任公司
社　　址 ／ 北京市丰台区四合庄路 6 号
邮　　编 ／ 100070
电　　话 ／ （010）68914026（教材售后服务热线）
　　　　　　（010）63726648（课件资源服务热线）
网　　址 ／ http://www.bitpress.com.cn

版 印 次 ／ 2025 年 7 月第 1 版第 1 次印刷
印　　刷 ／ 涿州市京南印刷厂
开　　本 ／ 787 mm×1092 mm　1/16
印　　张 ／ 17.25
字　　数 ／ 390 千字
定　　价 ／ 56.00 元

图书出现印装质量问题，请拨打售后服务热线，负责调换

前言

　　党的二十大报告提出要实施科教兴国战略，强化现代化建设人才支撑，强调要深化教育领域综合改革，加强教材建设和管理。鉴于此，我们在充分进行了调研和论证的基础上，精心编写了本书。

　　随着计算机的发明与应用，人类迎来了波澜壮阔的信息时代。与计算机相伴而生的信息技术广泛而深入地应用于行政管理、企业办公、工程应用等领域。熟练使用信息技术目前已成为对职场人士的基本要求。

　　本书以由浅入深、循序渐进的方式，讲解了从基础的信息素养到实际办公软件的运用等知识，通过合理的结构和经典的范例，对最基本、最实用的功能进行了详细的介绍，具有极高的实用价值。通过本书的学习，读者不仅可以掌握信息技术的基本知识和应用技巧，而且可以掌握基本办公软件的应用，提高日常工作效率。

　　本书具有以下特点。

　　√ 循序渐进，由浅入深

　　本书首先介绍信息素养和各种基本办公软件的应用，然后介绍信息检索相关知识，最后简要介绍新一代信息技术相关知识。

　　√ 案例丰富，简单易懂

　　本书从帮助用户快速熟悉和提升信息技术应用技巧的角度出发，尽量结合实际应用，给出详尽的操作步骤与技巧提示，力求将最常见的方法与技巧全面、细致地介绍给读者，使读者易于掌握。

　　√ 技能与素质教育紧密结合

　　本书在讲解信息技术专业知识的同时，紧密结合思政教育主旋律，从专业知识角度触类旁通地引导学生提升个人素质。

　　√ 项目式教学，实操性强

　　全书采用项目式教学，把信息技术应用知识分解并融入一个个项目，具有很强的实用性。

　　本书内容全面、讲解充分、图文并茂，融入了编者多年的心得，适合作为大、中院校师生的教材，亦可作为公司人员、政府工作人员、管理人员及信息技术爱好者的参考用书。

本书由郑州电力职业技术学院吕晓芳、侯瑞丽担任主编，朱瑞丰、李梓璇、乔永峰担任副主编，李晓平、李培华、王海霞、李进雷、马振华、曾现稳和苏航参编。由于时间仓促，编者水平有限，书中难免有疏漏与不妥之处，敬请广大读者提出宝贵意见和建议。

编 者

目 录

项目一　了解信息素养与社会责任 ……………………………………………… 1	
任务 1.1　认识信息素养 ……………………………………………… 1	
任务 1.2　了解信息技术发展史 ……………………………………… 5	
任务 1.3　了解信息道德与法律 ……………………………………… 8	
项目二　文档处理 …………………………………………………………………… 12	
任务 2.1　制作员工应聘入职须知 …………………………………… 12	
任务 2.2　制作公司宣传海报 ………………………………………… 36	
任务 2.3　制作党员信息表 …………………………………………… 56	
任务 2.4　制作绩效管理方案 ………………………………………… 68	
项目三　电子表格处理 ……………………………………………………………… 82	
任务 3.1　制作学生信息表 …………………………………………… 82	
任务 3.2　统计学生成绩表 …………………………………………… 101	
任务 3.3　处理商品库存表中的数据 ………………………………… 113	
任务 3.4　制作并打印员工工资图表 ………………………………… 127	
项目四　演示文稿制作 ……………………………………………………………… 148	
任务 4.1　制作"我美丽的家乡——贵州"演示文稿 ……………… 148	
任务 4.2　制作"年终工作总结"演示文稿 ………………………… 174	
任务 4.3　为"年终工作总结"演示文稿添加动画 ………………… 196	
任务 4.4　发布"年终工作总结"演示文稿 ………………………… 201	
项目五　信息检索 …………………………………………………………………… 214	
任务 5.1　认识信息检索 ……………………………………………… 214	
任务 5.2　常用搜索引擎的使用及技巧 ……………………………… 218	
任务 5.3　在专用平台进行信息检索 ………………………………… 224	
项目六　认识新一代信息技术 ……………………………………………………… 231	
任务 6.1　认识大数据技术 …………………………………………… 231	

任务 6.2　认识物联网技术 …………………………………………………………… 242
任务 6.3　认识人工智能技术 ………………………………………………………… 247
任务 6.4　认识区块链技术 …………………………………………………………… 255
任务 6.5　认识虚拟现实技术 ………………………………………………………… 262

项目一

了解信息素养与社会责任

导读

信息素养与社会责任是指在信息技术领域，通过对信息行业相关知识的了解，内化形成的职业素养和行为自律能力。信息素养与社会责任对个人在各自行业内的发展起着重要作用。

学习要点

1. 了解信息素养的概念及主要内容。
2. 掌握提高信息素养的途径。
3. 了解信息技术发展的重要里程碑以及知名信息技术企业的发展。
4. 了解信息道德和信息法律。
5. 掌握职场自我规范的要素。
6. 了解与信息道德相关的法律法规。

素养目标

通过学习信息素养，尊重知识产权，保护个人隐私。

通过学习信息技术的发展历程，激发学生的民族自豪感和自信心，增强对国家科技发展的信心。

通过学习信息道德与法律，培养学生的信息道德责任感。

任务 1.1　认识信息素养

任务描述

在 21 世纪这个信息爆炸的时代，我们被各种数据、新闻和知识包围。面对海量的信息，如何有效地筛选、分析和应用这些信息，成为现代人必须面对的挑战。因此，培养良好的信息素养，即识别、评估、使用和创造信息的能力，已经成为教育和个人发展中不可或缺的一部分。那么，什么是信息素养？信息素养又包含哪些内容呢？如何提高信息素养呢？

任务分析

通过对本任务的学习，引导学生建立终身学习的理念，鼓励他们不断更新知识和技能，以适应信息技术快速发展带来的变化。

学习目标

1. 了解信息素养的概念。
2. 了解信息素养的主要内容。
3. 掌握提高信息素养的途径。

任务实施

1. 信息素养的概念

信息素养（Information Literacy，IL）也译成信息素质，此概念最早是由美国信息产业协会主席保罗·泽考斯基（Paul Zurkowski）在 1974 年提出的。简单的定义来自 1989 年美国图书协会（American Library Association，ALA），它包括信息意识、信息知识、信息能力和信息道德四个方面。

信息素养已经被广泛地应用于现代社会中。它不仅仅局限于信息技术的操作能力，更涵盖了人们对信息的理解、评价、创新和应用能力。随着信息技术的迅猛发展和信息社会的到来，信息素养已经逐渐成为人们生活和工作中不可或缺的一部分。

信息素养的定义虽然在不同时期和不同国家有所差异，但总体上，它涉及了个体在获取、评价、使用、创造和传播信息方面的综合能力。这包括对信息技术的掌握，如计算机操作、网络应用等；也包括对信息的理解和批判性思维能力，能够识别信息的真伪、评价信息的质量；同时，还需要具备有效地运用信息解决问题的能力，能够利用信息提高工作效率、改善生活质量。

2. 信息素养的主要内容

信息素养主要包括四个方面的内容：信息意识、信息知识、信息能力和信息道德。

（1）信息意识。

这是信息素养的基石，指的是个体对信息的敏感度和重视程度。具有信息素养的人能够主动寻找和关注与自身学习、工作和生活相关的信息，能够认识到信息在现代社会中的重要作用。

（2）信息知识。

这包括对信息的基本概念和原理的理解，对信息来源、类型和格式的认识，以及对信息技术和工具的基础知识的掌握。它是信息素养的基础，有助于个体更好地应用信息。

（3）信息能力。

这主要涉及信息的获取、组织、存储、评价和应用能力。具体来说，包括利用信息技术工具进行信息检索、筛选、整合、分析和表达的能力，以及利用信息进行创新和解决问题的能力。

1）信息获取能力。

指的是个体能够根据自身需求，通过各种途径有效地找到所需信息。这包括使用搜索引擎、大语言模型问答、图书馆资源、社交媒体等多种方式。在信息时代，如何从海量的信息中快速准确地找到所需信息，是一项非常重要的技能。

2）信息处理能力。

信息处理涉及对收集到的信息进行整理、分类、分析、综合等操作。这需要对信息的可靠性和相关性等进行取舍判断。良好的信息处理能力可以帮助我们更好地理解和把握信息的本质和规律，为决策和解决问题提供有力支持。

3）信息评价能力。

这是指个体能够对信息的来源和质量、真实性、价值等进行判断和评估的能力。在信息纷繁复杂的网络环境中，具备信息评价能力可以帮助我们辨别信息的真伪，避免受到不良信息的干扰和误导。

4）信息利用能力。

信息利用是将处理后的信息应用于解决实际问题的能力。这包括将信息与他人分享、交流，以及利用信息进行创新、处理问题等。这需要将信息与实际情况相结合，进行深入的分析和思考，进行新的组合、加工和创新，产生新的价值。信息利用能力是信息素养的最终体现，也是衡量个体信息素养水平高低的重要标志。

5）信息传播能力。

包括选用适当的方式、平台和渠道分享、发布或交流信息的能力，以及理解并遵守与信息相关的道德和政策法规，如版权法、隐私保护等，负责任地使用和传播信息。

（4）信息道德。

信息素养还包括在获取、使用和传播信息时遵守道德规范和法律法规的意识。这包括尊重知识产权、保护个人隐私、避免信息滥用和传播虚假信息等。

大学生的信息道德具体包括以下几方面的内容。

①遵守信息法律法规。大学生应了解与信息活动有关的法律法规，培养遵纪守法的观念，养成在信息活动中遵纪守法的意识与行为习惯。

②抵制不良信息。大学生应提高判断是非、善恶和美丑的能力，能够自觉地选择正确信息，抵制垃圾信息、黄色信息、反动信息和封建迷信信息等。

③批评与抵制不道德的信息行为。通过培养大学生的信息评价能力，使其认识到维护信息活动的正常秩序是每个大学生应担负的责任，对不符合社会信息道德规范的行为坚决予以批评和抵制，从而营造积极的舆论氛围。

④不损害他人利益。大学生的信息活动应以不损害他人的正当利益为原则，要尊重他人的财产权、知识产权，不使用未经授权的信息资源，尊重他人的隐私，保守他人的秘密，信守承诺，不损人利己。

⑤不随意发布信息。大学生应对自己发出的信息承担责任，应清楚自己发布的信息可能产生的后果，应慎重表达自己的观点和看法，不能不负责任地发布信息，更不能有意传播虚假信息、流言等误导他人。

信息道德作为信息管理的一种手段，与信息政策、信息法律有密切的关系，它们从不同的角度各自实现对信息及信息行为的规范和管理。信息道德以巨大的约束力在潜移默化中规范人们的信息行为，使其符合信息化社会基本的价值规范和道德准则，从而使社会信息活动中个人与他人、个人与社会的关系变得和谐与完善，并最终对个人和组织等信息行为主体的各种信息行为产生约束或激励作用。

3. 提高信息素养的途径

在信息技术日新月异的今天，信息素养已经成为每个人必备的基本能力之一。具备良好的信息素养，不仅能够帮助我们更好地适应信息社会的发展，还能够提高我们的学习效率和工作能力，促进个人全面发展，那么怎么才能提高自身的信息素养呢？

（1）学习相关课程。

通过参加信息素养相关的课程学习，可以系统地掌握信息素养的基本知识和技能。这些课程包括图书馆利用、信息检索、大语言模型问答、数据分析等，可以帮助我们全面提升信息素养水平。

（2）参与实践活动。

实践是检验和提高信息素养的有效途径。通过参与各种信息实践活动，如制作自媒体信息发布、网络调研、数据分析项目等，我们可以将所学知识应用于实际中，不断积累经验和提升信息素养实践能力。

（3）培养信息意识。

提高信息素养首先要从培养信息意识开始。在日常学习和工作中，始终保持对信息的敏感性和警觉性，主动关注和收集与自身学习、工作相关的信息。同时，通过与他人进行信息交流和合作，分享信息资源和经验；关注信息技术的发展动态，了解信息社会的变化趋势，不断增强自身的信息意识。

（4）养成良好的信息习惯。

良好的信息习惯是提高信息素养的重要保障。要养成定期整理信息、分类存储信息的习惯，避免信息的混乱和丢失；同时，还要注重信息的保密和安全，防止个人信息泄露和侵权行为的发生。

（5）利用在线资源。

充分利用各种在线资源，如学术数据库、电子期刊、开放课程等，拓宽信息获取渠道，大语言模型问答等提升信息处理能力。

拓展

国内信息素养教育起步较晚，但发展迅速。许多高校纷纷开设信息检索、计算机基础、网络素养等相关课程，旨在提高学生的信息获取、评价、利用和创新能力。同时，中小学阶段的信息技术课程也逐渐得到重视和加强，旨在从小培养学生的信息素养。

随着教育信息化的加速推进，信息素养教育将得到更多的关注和投入。教育部门将加强信息素养教育的顶层设计和规划，制定相关政策和措施，推动信息素养教育的普及和提高。

国外对于信息素养教育的研究较早，经验丰富。一些国家已经将信息素养教育纳入教育改革的重点，制定了相关政策和规划。

在实践方面，国外学校和教育机构积极推行信息素养教育，开展了一系列的实践研究，旨在提高学生的信息素养水平。国际间信息素养教育的交流与合作将进一步加强，共同推动全球信息素养教育的发展。

随着新技术的不断涌现和应用，如人工智能、大数据等，信息素养教育将更加注重培养学生的创新思维和实践能力，以适应未来社会的需求。信息素养教育将更加关注跨学科融合，与其他学科领域进行深度融合，共同提升学生的综合素养和能力。

总的来说，国内外信息素养教育都在不断发展完善中，虽然国内起步稍晚，但发展迅速，并且随着教育信息化的推进和全球交流合作的加强，未来信息素养教育将更加注重培养学生的综合能力，以适应信息社会的快速发展和变化。

任务评价

评价类型	序号	任务内容	分值	自评	师评
学习态度	1	主动学习	5		
	2	学习时长、进度	10		
操作能力	3	了解信息素养的概念	10		
	4	了解信息素养的主要内容	25		
	5	掌握提高信息素养的途径	30		
育人素养	6	完成育人素养学习	20		
总分			100		

自测任务书

通过本任务的学习，学生需要完成信息素养自我评估、制订个人信息素养提升计划，明确目标和具体行动步骤。

任务1.2 了解信息技术发展史

任务描述

在人类文明的历史长河中，信息技术的发展无疑是最具变革性的篇章之一。从古代的结绳记事、烽火传信，到中世纪的活字印刷术，再到近现代的电话、电报和计算机，每一次信息技术的重大突破都深刻地改变了人类的沟通方式、知识传播速度和社会结构。那么，信息技术发展的过程中有哪些重要的里程碑呢？

任务分析

通过对本任务的学习，引导学生思考信息技术发展与社会需求之间的互动关系，认识技术是为了满足人类需求而不断进化的工具。

学习目标

1. 了解信息技术发展的重要里程碑。
2. 了解知名信息技术企业的发展。

任务实施

信息技术的发展是现代社会进步的重要驱动力，它不仅极大地改变了我们处理信息的方式，也深刻地影响了全球经济、社会结构以及日常生活的方方面面。

1. 信息技术发展的重要里程碑

信息技术的发展可以追溯到计算机的发明和普及。以下是信息技术发展的一些重要里程碑。

（1）计算机的发明。

20世纪40年代，第一台电子计算机在美国诞生，标志着信息技术的开始。随着计算机技术的不断发展，计算机变得越来越小、越来越便宜，并且功能也越来越强大。

（2）互联网的出现。

20世纪90年代，互联网开始普及，这使人们可以更加方便地获取信息和进行交流。随着互联网的发展，电子商务、社交媒体等新兴产业也应运而生。

（3）移动互联网的兴起。

21世纪初，随着智能手机的出现，移动互联网开始兴起。人们可以随时随地使用手机上网、购物、社交等，这进一步推动了信息技术的发展。

（4）人工智能的发展。

近年来，人工智能技术得到了快速发展，包括机器学习、深度学习等技术。人工智能的应用范围也越来越广泛，如自动驾驶、智能家居等。

2. 知名信息技术企业的发展

（1）百度集团。

百度集团自成立以来，经历了多个发展阶段，并逐渐形成了以移动生态和AI技术为核心业务的发展格局。具体而言，百度的发展历程可以分为以下几个阶段：

初创期（2000—2009年）：百度诞生于PC互联网时代，最初为各门户网站提供搜索技术服务。2001年，百度推出了面向C端用户的独立搜索引擎，并引入了"竞价排名"机制。随后，"有问题，百度一下"在中国广为流传，百度逐渐成为国内最大的中文搜索引擎。

移动互联网时代（2010—2015年）：在这一阶段，百度错失了一些移动互联网发展的机遇，但仍然在搜索、贴吧、百科等产品上保持了领先地位，并在2005年成功登陆纳斯达克。

AI与云计算时代（2016年至今）：百度开始抢先布局人工智能（AI）领域，锚定未来发展。自2017年起，百度明确了以移动生态、AI技术和云计算为核心的全新战略方向，并从2019年起重新梳理组织架构，确立以事业群为中心的集团管理模式。

百度的使命是"用科技让复杂的世界更简单"，其愿景是成为最懂用户，并能帮助人们成长的全球顶级高科技公司。百度不仅是一个拥有强大互联网基础的领先AI公司，也是全球为数不多的大型科技公司之一。

在未来，百度将继续依托其在AI和云计算等领域的技术积累，为用户提供更加智能化、个性化的服务，推动社会的进步和发展。

（2）华为集团。

华为集团自1987年成立以来，经历了从电信设备研发制造到成为全球领先的ICT基础设施和智能终端提供商的跨越式发展。

华为成立初期，主要专注于电信设备的研发和制造。这一时期，华为通过提供高性价比的产品，逐渐在中国市场上占据了一席之地。

1998年，华为开始实施国际化战略，向全球市场拓展，为全球客户提供电信设备和解决方案。这一战略的实施使华为逐渐成为国际知名的电信设备供应商。

2011年，华为在经营结构上进行了重大调整，除了原有的运营商业务外，还新增了企业业务和消费者业务两大板块。这一变革使华为能够更好地满足不同客户的需求，进一步拓展市场份额。

华为一直致力于技术创新，不断推出新的产品和服务。例如，华为发布了HarmonyOS 3操作系统，对超级终端进行全面扩容。此外，华为还在5G行业应用方面取得了显著成果，累计创新应用案例超过两万个。

华为云服务布局了全球29个地理区域，成为金融、制造等行业客户上云的首选。同时，华为在数字能源领域也取得了显著成就，帮助客户生产绿电并节约用电，减少了二氧化碳排放。

华为的成长史也是中国高科技产业的发展史的一个缩影。华为的管理精髓和企业文化在其成长的每个阶段都起到了关键作用。华为注重管理规范，聚焦于做强，同时也注重生态联动，致力于做久。

拓展

使用人工智能算法进行数据分析以及利用云计算平台进行资源共享，是当代社会科技发展的两大重要趋势，它们在多个领域中都发挥着不可或缺的作用。

使用人工智能算法进行数据分析，能够大大提高数据处理和分析的效率和准确性。人工智能可以根据历史数据和实时信息来预测未来可能发生的事情，从而帮助企业和组织作出更科学的决策。例如，在市场营销中，人工智能可以预测消费者行为和销售趋势，指导企业调整生产计划、库存管理和市场策略。此外，人工智能还可以通过自动化的数据清洗和整理，将原始数据转化为高质量的可用数据，为后续的分析提供可靠的基础。

利用云计算平台进行资源共享，可以实现资源的高效利用和降低运营成本。云计算平台通过虚拟化技术，将物理资源转化为虚拟资源，用户可以根据自己的需求灵活地分配和使用这些资源。这种资源共享模式不仅可以减少硬件设备的购买和维护成本，避免资源闲置和浪费，还可以提供弹性的资源分配，实现资源的高效利用。在商业、教育、医疗和科研等多个领域，云计算的应用都极大地提高了工作效率和服务质量。

当这两者结合时，可以使数据分析更为高效和准确，为决策提供了更可靠的依据。

任务评价

评价类型	序号	任务内容	分值	自评	师评
学习态度	1	主动学习	5		
	2	学习时长、进度	10		
操作能力	3	了解信息技术发展的重要里程碑	30		
	4	了解知名信息技术企业的发展	35		
育人素养	5	完成育人素养学习	20		
总分			100		

自测任务书

通过本任务的学习，学生查阅并了解腾讯集团的发展史。

任务1.3 了解信息道德与法律

任务描述

信息道德与法律、职业自我规范的要素是信息技术发展过程中不可或缺的重要组成部分，它们涉及在数字环境中正确处理信息和维护职业道德的标准和准则。那么，什么是信息道德？什么是信息法律？如何在职场中进行自我规范呢？

任务分析

通过对本任务的学习，引导学生探讨信息自由与信息安全之间的平衡，理解保护个人隐私的同时也要维护国家安全和社会稳定。

学习目标

1. 了解信息道德。
2. 了解信息法律。
3. 掌握职场自我规范的要素。
4. 了解与信息道德相关的法律法规。

任务实施

1. 信息道德

信息道德和信息法律在维护信息安全、保障信息权益以及促进信息社会的健康发展方面起着重要的作用。

信息道德，作为个体在处理信息、使用信息技术和参与信息活动中的道德规范和准则，旨在维护信息安全、保障信息权益、促进信息社会的健康发展。它不仅是社会道德在信息领域的具体体现，还涉及信息活动中的行为规范和伦理原则。信息道德以其巨大的约束力在潜移默化中规范人们的信息行为。

2. 信息法律

信息法律是由政府或相关机构制定和实施的，用于规范信息活动和保护信息权益的法律、法规和政策。它能够保障信息的合法收集、使用、传播和保护，维护信息主体的合法权益，促进信息的自由流通和信息的有效利用。信息法律将相应的信息政策、信息道德固化为成文的法律、规定、条例等形式，从而使信息政策和信息道德的实施具有一定的强制性，更加有法可依。

3. 职场自我规范的要素

在职场上，自我规范是确保个人行为、态度和工作方式与组织文化、行业标准和职业道德相一致的关键。自我规范不仅有助于个人的职业发展，还能提升团队的协作效率，为组织创造更大的价值。以下是一些在职场上实现自我规范的关键要素。

（1）遵守职业道德。

这包括保持诚实、公正和尊重，避免任何形式的欺诈、腐败和不道德行为。职业道德是职场行为的底线，任何违反职业道德的行为都可能对个人声誉和职业发展造成严重影响。

（2）保持专业态度。

在工作中，应始终保持冷静、客观和专业的态度，避免情绪化或过于主观的决策。同时，还要注重个人形象的塑造，包括着装得体、言谈举止得体等，以展示个人的专业素养和形象。

（3）提升工作能力。

通过不断学习和实践，提升自己的专业技能和知识水平，以更好地应对工作中的挑战和问题。同时，还要注重团队合作和沟通能力的培养，以便更好地与同事、上级和下属协作，共同完成工作任务。

（4）遵守公司规章制度。

了解并遵守公司的各项规章制度，包括考勤制度、保密制度、安全制度等，以确保个人行为符合公司的期望和要求。

4. 与信息道德相关的法律法规

信息道德虽然为信息社会提供了道德指导和行为准则，但道德本身并没有强制力。为了保障信息领域的健康有序发展，法律法规的支撑是不可或缺的。

全球主要国家关于信息安全与道德法律法规的汇总如表 1-1 所示。

表 1-1　全球主要国家关于信息安全与道德法律法规的汇总

国家	政策法规	实施时间
中国	《中华人民共和国网络安全法》	2017 年 6 月
	《中华人民共和国个人信息保护法》	2021 年 11 月
美国	《隐私法》	1974 年
	《网络安全信息共享法》	2015 年 10 月
欧盟	《电子通信领域个人数据处理和隐私保护的指令》	2017 年 1 月
	《一般数据保护条例》	2018 年 5 月
俄罗斯	《俄罗斯联邦信息、信息技术与信息保护法》	2006 年

2021 年 8 月 20 日，十三届全国人大常委会第三十次会议表决通过的《中华人民共和国个人信息保护法》自 2021 年 11 月 1 日起施行，它是根据宪法，为了保护个人信息权益，规范个人信息处理活动，促进个人信息合理利用而制定的法律法规。此前，我国对个人信息安全的规定主要散见于《民法》《刑法》《消费者权益保护法》《征信业管理条例》等法律条文中，《中华人民共和国个人信息保护法》的颁布是对于《中华人民共和国网络安全法》的重要补充，弥补了我国法律体系中的一大空白。

法律法规为信息道德提供了实施的基础，是维护信息社会正常运行的重要保障。通过不断完善法律法规体系，可以更好地应对信息时代的挑战，保护公民权益，促进社会的和谐发展。

拓展

在大数据时代,数据已经成为一种新的资源,具有极高的商业价值和社会价值。然而,随着数据的不断积累和流动,个人隐私泄露的风险也在不断增加。

大数据的收集和处理往往涉及大量的个人信息,如身份信息、位置信息、消费习惯等。这些信息一旦被不当使用或泄露,可能会给个人带来严重的后果,如身份盗窃、诈骗等。在多个机构或企业之间共享数据时,如果没有有效的隐私保护机制,个人的隐私信息可能会被滥用或泄露。

大数据时代下的隐私保护需要采取多种措施,不仅需要制定严格的法律法规,规范数据的收集、使用、共享和交换,而且需要采用先进的技术手段,如数据加密、匿名化处理等,保护个人信息的安全。此外,还需要提高公众的隐私保护意识,让人们更加关注自己的隐私权益。

随着人工智能技术的快速发展和广泛应用,其带来的法律问题也日益凸显。人工智能的决策和行为可能会引发责任归属问题。人工智能的自主性和学习能力也带来了隐私和知识产权的问题。人工智能系统可能会在学习和优化的过程中收集和使用大量的数据,这些数据可能涉及个人隐私或知识产权。

为了解决这些问题,需要制定和完善相关的法律法规。例如,可以制定人工智能责任法,明确各方在人工智能系统中的责任和义务;可以加强数据保护法规,规范人工智能系统对数据的收集和使用;还可以制定伦理准则,指导人工智能系统的开发和应用。

大数据时代的隐私保护和人工智能的法律问题是当前亟待解决的重要问题。我们需要通过制定法律法规、采用技术手段和提高公众意识等多种方式,共同推动这些问题的有效解决。

任务评价

评价类型	序号	任务内容	分值	自评	师评
学习态度	1	主动学习	5		
	2	学习时长、进度	10		
操作能力	3	了解信息道德	10		
	4	了解信息法律	10		
	5	掌握职场自我规范的要素	35		
	6	了解与信息道德相关的法律法规	10		
育人素养	7	完成育人素养学习	20		
总分			100		

自测任务书

通过本任务的学习,学生需要熟悉职场上实现自我规范的关键要素和信息道德相关的法律法规。

习题与思考

1. 全班同学进行分组,查找信息素养相关知识。在班级或小组内进行成果展示和交流,分享自己的经验和收获。

2. 查阅与信息相关的法律文本,讨论我们日常生活中应该注意的事项。

项目二

文档处理

导读

在当今信息化快速发展的时代，文档处理已经成为工作和学习中不可或缺的一部分。无论是撰写报告、制作数据表格还是编辑信件，有效的文档处理技能都是提高效率、确保信息传达准确性的关键。

WPS 作为一款广受欢迎的办公软件套件，以其强大的功能和便捷的操作体验，在众多文档处理软件中脱颖而出。本项目将详细介绍 WPS 的文档处理功能，帮助用户更好地利用这一工具进行日常办公。

学习要点

1. 掌握文档的基本操作，如打开、复制、保存以及保护文档等操作。
2. 掌握文本编辑、字符的格式设置、段落的格式设置、项目符号与编号等操作。
3. 掌握设置纸张方向、页面规格、页边距等页面布局的方法。
4. 掌握打印预览及打印文档的方法。
5. 掌握在文档中插入和编辑表格、设置表格的边框和底纹、应用表格格式等操作。
6. 掌握图片、图形、文本框、艺术字、智能图形等对象的插入、编辑和美化等操作。
7. 熟悉分页符和分节符的插入，掌握页眉、页脚、页码的插入和编辑等操作。
8. 掌握插入目录的方法。

素养目标

通过制作员工应聘入职须知，培养学生的组织管理能力和沟通技巧，激发学生的责任感和职业道德。

通过制作公司宣传海报，培养学生的创意思维和设计能力。

通过制作党员信息表，培养学生的集体主义精神和服务意识。

通过制作绩效管理方案，培养学生对公平竞争和合理激励的重视。

任务 2.1　制作员工应聘入职须知

任务描述

公司由于加大了业务量，需要招聘 10 名新员工，为了使新员工能更快地办理入职，陈明作为人事助理需要制作员工应聘入职须知。

任务分析

通过本任务的学习，教育学生认识入职须知的必要性，增强他们对公司规章制度和职业规范的遵守意识。鼓励学生在未来的工作中积极融入团队，增强集体意识和合作能力。

新建一个空白的 WPS 文字文档，在文档中定位插入点，输入文字和符号，先设置标题的字体样式、大小以及格式；然后设置正文的段落缩进格式和行距；最后添加项目符号和编号，如图 2-1 所示。

员工应聘入职须知

一、应聘须知

（一）应聘人员本人持有效证件到保安室领取"应聘登记（履历）表"，并亲自如实地填写表格中相关内容，由他人代填/填写内容不真实者，取消面试资格；

（二）应聘人员填写完表格后，交人事科，由人事科负责根据岗位的不同要求对应聘者的身份、学历、工作经历、品性等进行考核；

（三）应聘者经初试合格后，由用人部门进行工作技能测试，并提出面试建议（是否录用及理由）；并将"应聘登记（履历）表"、试卷（如有）交人事科。

有以下情节者一律不予录用：
- 年龄未满16周岁的；
- 学历、专业知识达不到岗位要求的；
- 衣冠不整、言辞污秽、举止不端、有文身刺青、品德败坏、品性恶劣者；
- 有犯罪记录者、负案在逃人员；
- 伪造个人身份、履历的；
- 患有精神病、传染病或与岗位不相适应的。

二、入职

新进人员办理入职手续时，需提交以下证件原件给人事科查验，并提交相应复印件存档备查：
- 身份证明/户籍证明；
- 最高学历证书、学位证书；
- 其他必要的证件（如职称证书、上岗证等）；
- 新进人员应上交的其他资料：近期一寸免冠彩照4张。

三、入职教育

所有新进员工均须接受入职教育
（一）岗前培训：企业文化、组织概况、规章制度、织造基础知识；
（二）岗位培训：岗位职责、岗位技能、生产安全培训。

图 2-1　员工应聘入职须知

学习目标

1. 会新建文档、保存文档。
2. 会录入文字和符号。
3. 会设置文档页面。
4. 会熟练设置字符格式和段落格式。
5. 会添加编号和项目符号。
6. 会退出文档。

任务实施

1. 启动 WPS

（1）双击桌面上的 WPS 2022 快捷图标，或单击桌面左下角的"开始"按钮 ▦，在"开始"菜单中单击 WPS 2022 应用程序图标，如图 2-2 所示，启动 WPS 2022，进入应用程序界面，显示首页，如图 2-3 所示。

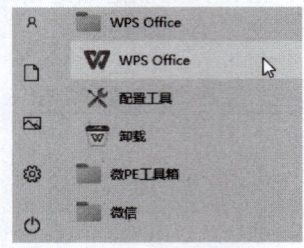

图 2-2 通过"开始"菜单启动

图 2-3 WPS 2022 应用程序界面

提示：

单击首页右上角的"点击登录"按钮，可使用微信扫码登录 WPS 账号，还可以使用钉钉、QQ、微博、小米、校园邮或企业账号登录。当然，用户也可以注册专用的 WPS 账号。登录 WPS 账号后，可以随时随地在任何设备恢复获取云文档中的数据、访问常用的模板或是查看 WPS 便签中的笔记。

（2）单击"首页"上的"新建"按钮 ⊕，打开"新建"选项卡，如图 2-4 所示，默认打开"文字"界面，单击"新建空白文字"，新建"文字文稿1"的空白文档，如图2-5所示。

图2-4 "新建"选项卡

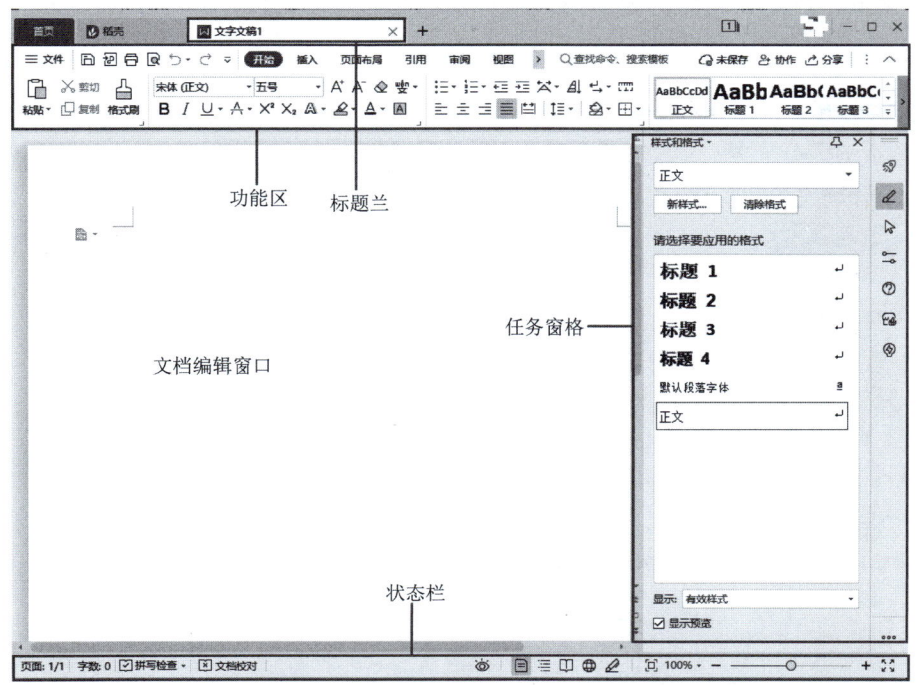

图2-5 新建的空白文字文稿

提示：

标题栏位于软件的顶部，显示当前文件的名称。

功能区显示 WPS 2022 的所有功能区，每个功能区以组的形式管理相应的命令按钮。选项卡中的大多数功能组右下角都有一个称为功能扩展按钮的小图标，将鼠标指向该按钮时，可以预览到对应的对话框或窗格；单击该按钮，可打开相应的对话框或者窗格。

文档编辑窗口是输入文字、编辑文本和处理图片的工作区域，左侧显示目录。

任务窗格位于编辑窗口右侧，包含一些实用的工具按钮，单击可展开相应的工具面板，再次单击可折叠。

状态栏位于窗口底部，用于显示当前文档的页数/总页数、字数、输入语言，以及输入状态等信息。右侧的视图切换按钮 用于选择文档的视图方式；显示比例调节工具 用于调整文档的显示比例。

2. 保存文档

（1）在"文件"选项卡中选择"保存"命令，或者单击快速访问工具栏上的"保存"按钮 ，或直接按快捷键 Ctrl+S，打开"另存文件"对话框。

（2）在"位置"下拉列表中选择保存文档的位置，也可以单击"我的电脑"然后选择保存位置。

（3）输入文档的名称为员工应聘入职须知。

（4）在"文件类型"下拉列表中选择文档的保存类型为 Microsoft Word 文件（*.docx），如图 2-6 所示。

（5）单击"保存"按钮，即可保存文档，保存后的 WPS 标题栏上的文档名称也随之改变。

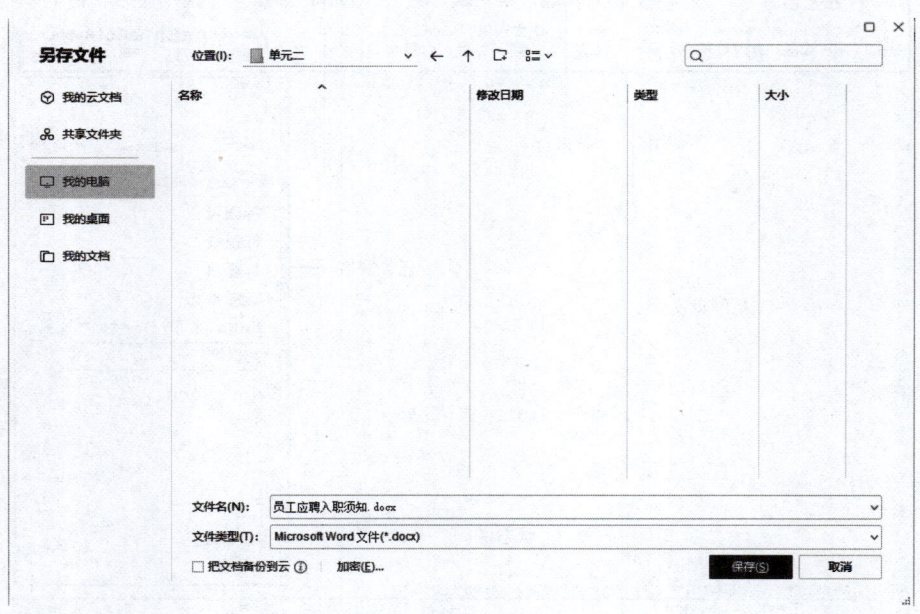

图 2-6 "另存文件"对话框

提示：

对于已经保存过的文档，不会再打开"另存文件"对话框，会在原有位置使用已有的名称和格式进行保存。

如果希望保存文档的同时保留修改之前的文档，可以在"文件"选项卡中选择"另存文件"命令，然后在打开的"另存文件"对话框中修改保存路径或文件名称。

3. 页面设置

在制作文档时，首先应根据需要设置文档的页面方向、纸张大小、文档网络和页边距等属性，以免后期调整打乱文档版面。

（1）单击"页面布局"选项卡中的扩展按钮 ，打开"页面设置"对话框，切换到"纸张"选项卡，在"纸张大小"下拉列表中选择"A4"，宽度和高度采用默认大小，如图 2-7 所示。

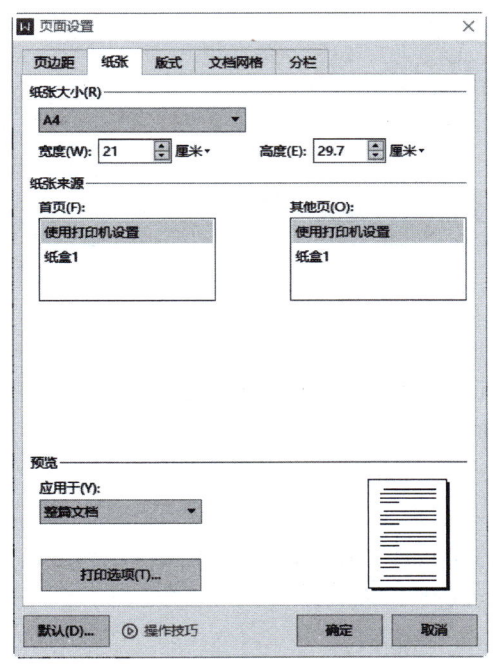

图 2-7 "纸张"选项卡

（2）切换到"页边距"选项卡，在"方向"栏中单击"纵向"选项，然后在"页边距"栏中设置上、下页边距为 3 厘米，左、右页边距为 3.2 厘米，其他采用默认设置，如图 2-8 所示。

（3）单击"确定"按钮，完成页面设置。

4. 录入文档内容

（1）单击屏幕右下角的输入法指示器，选择一种输入法并切换到中文输入模式。

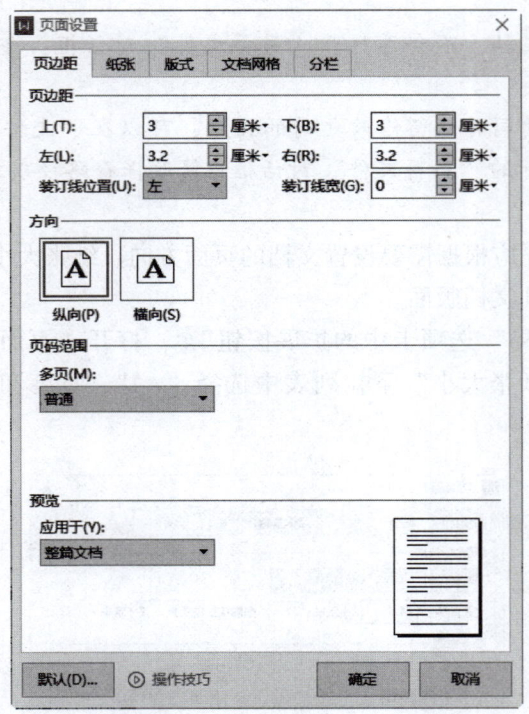

图 2-8 "页边距"选项卡

提示：

如果要输入的文本既有中文，又有英文，使用键盘或鼠标可以在中英文输入法之间灵活切换，并能随时更改英文的大小写状态。

①切换中文输入法：Ctrl + Shift。

②切换中英文输入法：Ctrl + Space（空格键）。

③切换英文大小写：Caps Lock，或者在英文输入法小写状态下按住 Shift 键，可临时切换到大写（大写下可临时切换到小写）。

④切换全角、半角：Shift + Space。

Windows 系统中对于使用中文的用户来说，选择一款适合使用习惯的输入法是非常有必要的。系统会自带一些基本的输入法，最快的是五笔输入法，重码率低，会笔画顺序就行，输入速度快，缺点是难以掌握。不会五笔输入法的话推荐使用汉语拼音输入法软件，目前比较主流的有 QQ 拼音输入法、搜狗拼音、谷歌拼音、智能 ABC 等。优点是词库丰富，缺点是生僻字、不常用字输入时要选字。根据需要，用户可以在系统中任意安装或卸除某种输入法。

（2）此时光标插入点位于第一段开始处，在光标闪烁的位置输入标题文本"员工应聘入职须知"，如图 2-9 所示。

（3）按 Enter 键换行，使插入点移动到下一行，继续输入员工应聘入职须知的文字和符号，如图 2-10 所示。

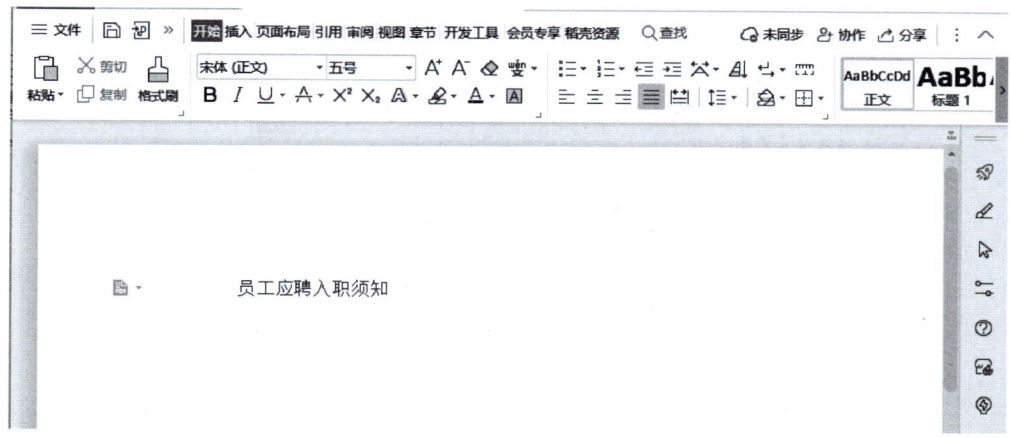

图 2-9　输入标题

员工应聘入职须知
应聘须知
应聘人员本人持有效证件到保安室领取"应聘登记（履历）表"，并亲自如实地填写表格中相关内容，由他人代填/填写内容不真实者，取消面试资格；
应聘人员填写完表格后，交人事科，由人事科负责根据岗位的不同要求对应聘者的身份、学历、工作经历、品性等进行考核；
应聘者经初试合格后，由用人部门进行工作技能测试，并提出面试建议（是否录用及理由）；
并将"应聘登记（履历）表"、试卷（如有）交人事科。
有以下情节者一律不予录用：
年龄未满16周岁的；
学历、专业知识达不到岗位要求的；
衣冠不整、言辞污秽、举止不端、有文身刺青、品德败坏、品性恶劣者；
有犯罪记录者、负案在逃人员；
伪造个人身份、履历的；
患有精神病、传染病或与岗位不相适应的。
入职
新进人员办理入职手续时，需提交以下证件原件给人事科查验，并提交相应复印件存档备查：
身份证明/户籍证明；
最高学历证书、学位证书；
其他必要的证件（如职称证书、上岗证等）；
新进人员应上交的其他资料：近期一寸免冠彩照4张。
入职教育
所有新进员工均须接受入职教育
岗前培训：企业文化、组织概况、规章制度、织造基础知识；
岗位培训：岗位职责、岗位技能、生产安全培训。

图 2-10　输入文字和符号

5. 设置标题字符和段落格式

（1）选中文档的标题，在"开始"选项卡的"字体"下拉列表中选择"黑体"，如图 2-11 所示。

（2）在"开始"选项卡的"字号"下拉列表中选择"二号"，如图 2-12 所示。

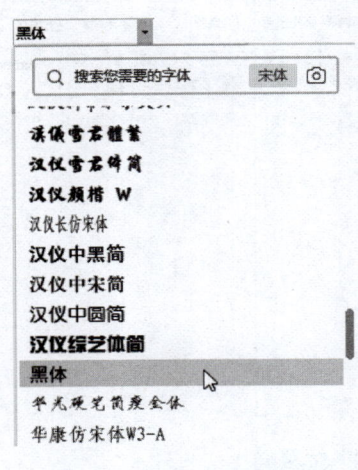
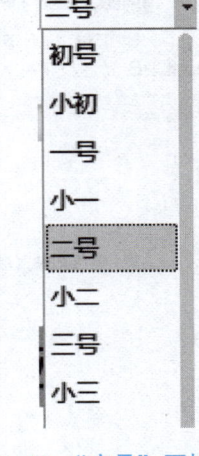

图 2-11 "字体"下拉列表　　　　图 2-12 "字号"下拉列表

　　（3）单击"开始"选项卡中的"字体颜色"下拉按钮 🅰·，打开如图 2-13 所示的下拉列表，单击"红色"色块，将字体颜色设置为红色。

　　（4）在"开始"选项卡中单击"加粗"按钮 B，此时"加粗"按钮 B 显示为按下状态，再次单击恢复，同时选定的文本也恢复原来的字形。

　　（5）在"开始"选项卡中单击"居中对齐"按钮 ≡，设置标题文本的对齐方式为"居中"，效果如图 2-14 所示。

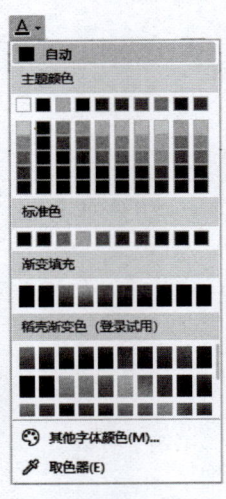

图 2-13 "字体颜色"下拉列表　　　　图 2-14 标题文本效果

　　（6）在"开始"选项卡中单击"字体"功能组右下角按钮 ↙，打开"字体"对话框。在"字体"选项卡中设置下划线线型为"双线"，下划线颜色为"黑色"，如图 2-15 所示。

图 2-15 "字体"选项卡

（7）在"字符间距"选项卡，设置间距为"加宽"，值为 0.1 厘米，如图 2-16 所示，单击"确定"按钮关闭对话框。

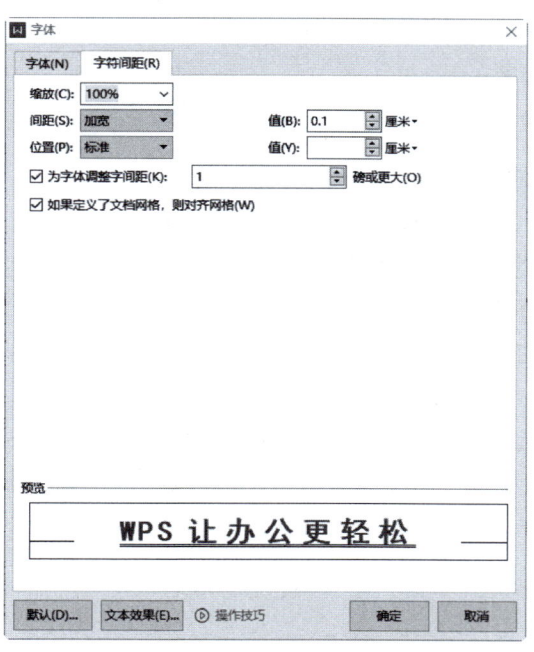

图 2-16 "字符间距"选项卡

（8）继续选中文档的标题，单击"段落"功能组右下角按钮，打开"段落"对话框。在"缩进和间距"选项卡中设置段后间距为 1 行，如图 2-17 所示。

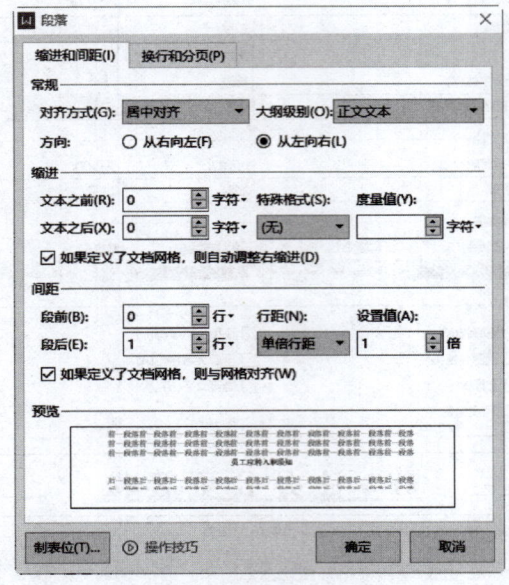

图 2-17　设置标题段落

（9）单击"确定"按钮关闭对话框，效果如图 2-18 所示。

图 2-18　格式化标题文本的效果

6. 设置正文的字符和段落格式

（1）选中正文文本，在"开始"选项卡中设置字体为"宋体"，字号为"五号"。

（2）单击"段落"功能组右下角按钮，打开"段落"对话框。在"缩进和间距"选项卡中设置缩进格式为"首行缩进"，度量值为 2 字符，行距为"1.5 倍行距"，如图 2-19 所示，单击"确定"按钮关闭对话框，段落效果如图 2-20 所示。

7. 添加项目符号

（1）按住 Ctrl 键，选取正文中的"应聘须知""入职"和"入职教育"三个段落，在"开始"选项卡中设置字号为"四号"，然后单击"编号"按钮，在打开的下拉列表中选择第二种样式，如图 2-21 所示。

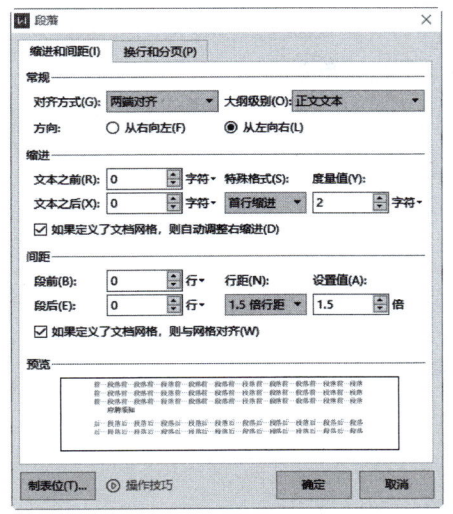

图 2-19 设置正文段落格式

图 2-20 段落效果

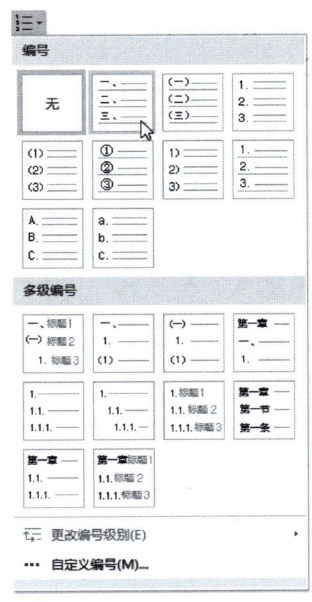

图 2-21 "编号"下拉列表

（2）采用相同的方法，选取正文中的第 2，3，4 段，单击"编号"下拉列表中的第三种样式，效果如图 2-22 所示。

提示：

如果项目符号下拉列表中没有需要的符号样式，用户还可以自定义一种符号作为项目符号。

一、应聘须知

（一）应聘人员本人持有效证件到保安室领取"应聘登记（履历）表"，并亲自如实地填写表格中相关内容，由他人代填/填写内容不真实者，取消面试资格；

（二）应聘人员填写完表格后，交人事科，由人事科负责根据岗位的不同要求对应聘者的身份、学历、工作经历、品性等进行考核；

（三）应聘者经初试合格后，由用人部门进行工作技能测试，并提出面试建议（是否录用及理由）；并将"应聘登记（履历）表"、试卷（如有）交人事科。

图 2-22　添加编号

（1）在"项目符号"下拉列表中选择"自定义编号"命令，打开如图 2-23 所示的"项目符号和编号"对话框的"编号"选项卡。

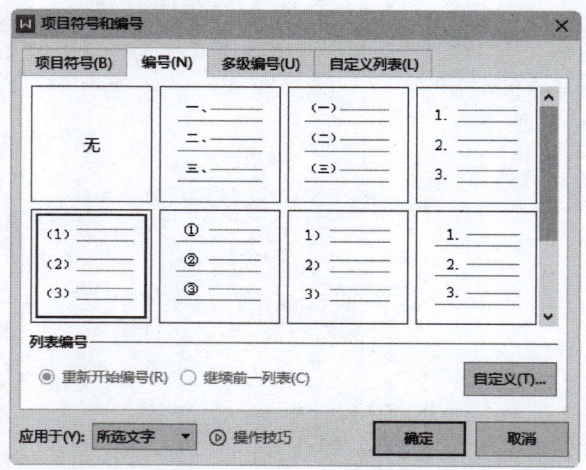

图 2-23　"项目符号和编号"对话框"编号"选项卡

（2）在编号列表中选择一种编号样式（不能选择"无"），单击"自定义"按钮打开如图 2-24 所示的"自定义编号列表"对话框。根据需要设置编号格式、编号样式以及起始编号。

（3）设置完成后，单击"确定"按钮关闭对话框，即可在文档中查看自定义的编号列表效果。

（3）选取第 6 至第 11 段落，在"开始"选项卡中单击"项目符号"下拉列表中的"带填充效果的大圆形项目符号"命令，如图 2-25 所示，添加圆形项目符号。

（4）在"项目符号"下拉列表中单击"自定义项目符号"命令，打开如图 2-26 所示的"项目符号和编号"对话框。

项目二 文档处理

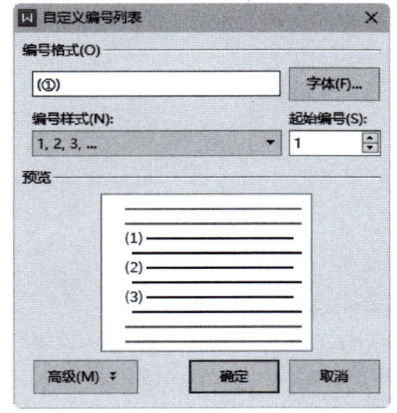

图 2-24 "自定义编号列表"对话框

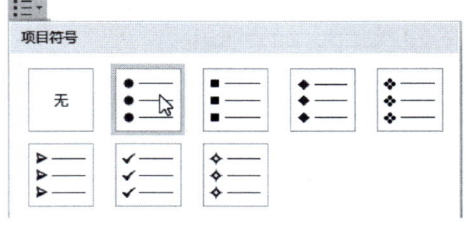

图 2-25 "项目符号"下拉列表

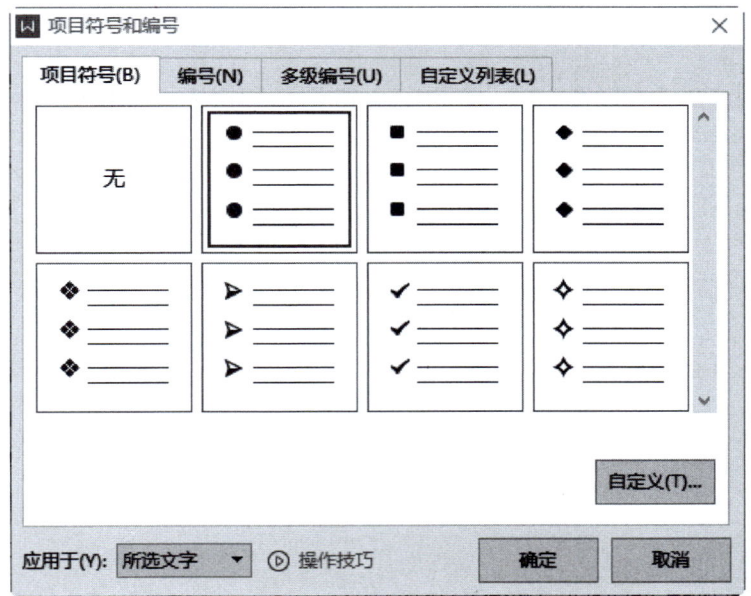

图 2-26 "项目符号和编号"对话框

（5）单击"自定义"按钮，打开"自定义项目符号列表"对话框，单击"高级"按钮，展开对话框，设置缩进位置为 1 厘米，其他采用默认设置，如图 2-27 所示。

（6）单击"确定"按钮，效果如图 2-28 所示。

（7）重复上述步骤，添加其他段落的编号和项目符号，如图 2-29 所示。

25

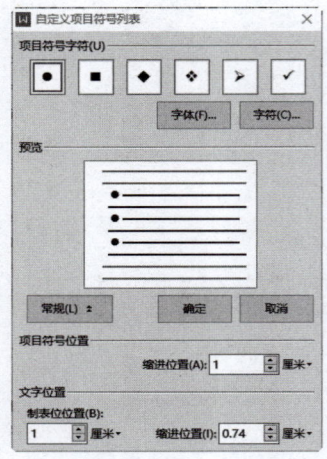

有以下情节者一律不予录用：
· 年龄未满16周岁的；
· 学历、专业知识达不到岗位要求的；
· 衣冠不整、言辞污秽、举止不端、有文身刺青，品德败坏、品性恶劣者；
· 有犯罪记录者、负案在逃人员；
· 伪造个人身份、履历的；
· 患有精神病、传染病或与岗位不相适应的。

图 2-27 "项目符号和编号"对话框　　　图 2-28 添加项目符号

二、入职

新进人员办理入职手续时，需提交以下证件原件给人事科查验，并提交相应复印件存档备查：

· 身份证明/户籍证明；
· 最高学历证书、学位证书；
· 其他必要的证件（如职称证书、上岗证等）；
· 新进人员应上交的其他资料：近期一寸免冠彩照4张。

三、入职教育

所有新进员工均须接受入职教育
（一）岗前培训：企业文化、组织概况、规章制度、织造基础知识；
（二）岗位培训：岗位职责、岗位技能、生产安全培训。

图 2-29 添加编号和项目符号

8. 打印预览和打印文档

（1）单击"文件"菜单中的"打印"→"打印预览"命令，或单击快速工具栏中的"预览"按钮 ，打开"打印预览"选项卡，如图 2-30 所示，检查文档的页面是否有误。用户所做的纸张方向、页边距等设置都可以通过预览区域查看效果，这个效果也是打印机打印的实际效果。用户还可以通过调整预览区下面的滑块改变预览视图的大小。

（2）单击"打印预览"选项卡中的"关闭"按钮 ，关闭打印预览，返回到文档编辑，对文档作进一步调整，直到预览效果满意为止。

（3）单击"文件"菜单中的"打印"→"打印"命令，或单击快速工具栏中的"预览"按钮 ，打开"打印"对话框。

（4）在"名称"下拉列表中选择电脑中安装的打印机，选择"当前页"单选项，如图 2-31 所示，单击"确定"按钮，打印文档。

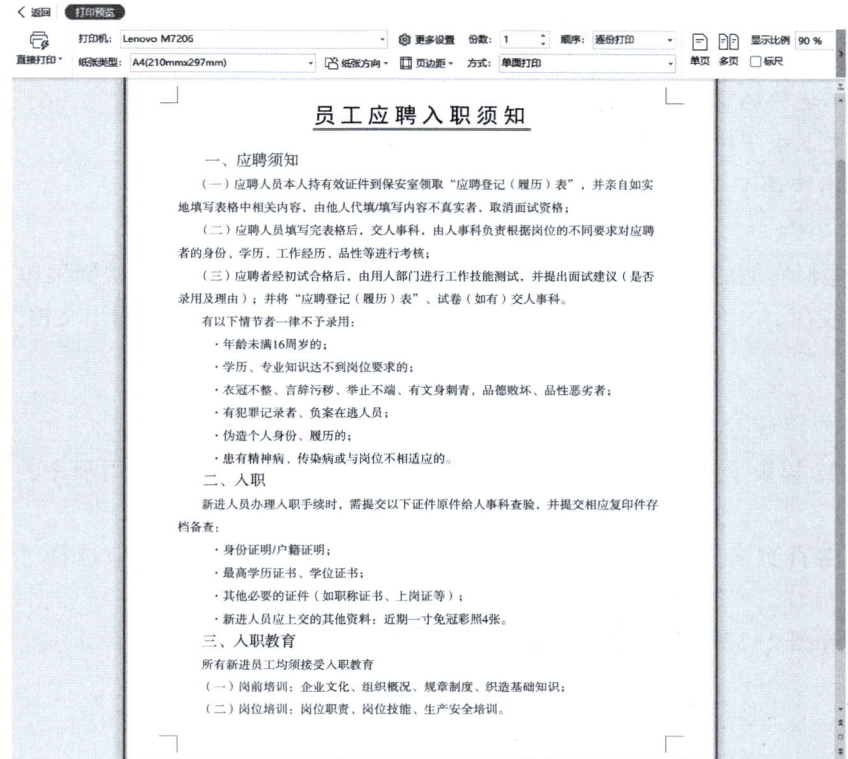

图 2-30　打印预览

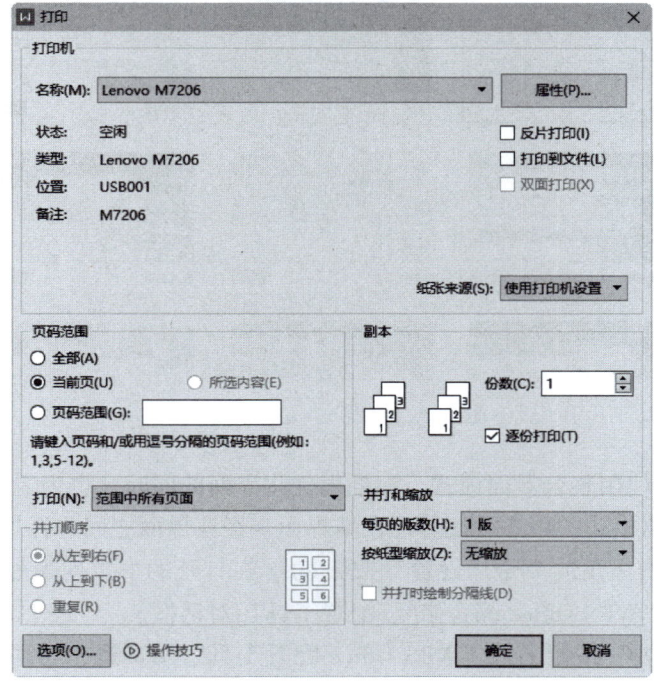

图 2-31　"打印"对话框

提示：

若仅想打印部分内容，选择"页码范围"选项，在"页数"文本框中输入页码范围，用逗号分隔不连续的页码，用连字符连接连续的页码。例如，要打印2，5，6，7，11，12，13，可以在文本框中输入"2，5-7，11-13"。

（5）单击快速工具栏上的"保存"按钮 ，保存文档。

9. 退出文档

单击标题栏右侧的"关闭"按钮 ，在标题栏上右击，在弹出的快捷菜单中选择"关闭"命令，或在"文件"菜单卡中单击"退出"命令，关闭该文档，退出文档工作界面。

拓展

1. 更换应用程序的皮肤和界面模式

WPS 2022 提供了多套风格不同的界面，用户可以根据喜好更换应用程序的皮肤和界面模式。

（1）单击首页右上角的"设置"按钮 ，在打开的下拉列表中选择"皮肤中心"命令。

（2）打开图 2-32 所示的"皮肤中心"对话框，选择需要的皮肤。

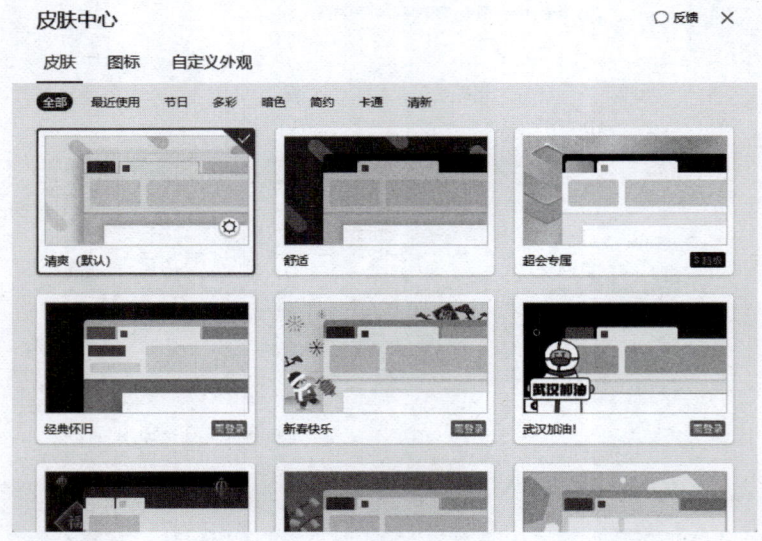

图 2-32　"皮肤中心"对话框

WPS 2022 默认使用整合界面模式，在推出优化界面的同时，也为老用户保留了 WPS 早期版本的多组件分离模式，用户可便捷地在新界面与经典界面之间进行切换。

（1）单击首页右上角的"全局设置"按钮 ，在打开的下拉列表中选择"配置和修复工具"命令，打开"WPS Office 综合修复/配置工具"对话框。

（2）单击"高级"按钮进入"WPS Office 配置工具"对话框，切换到"其他选项"选项卡，在"运行模式"区域单击"切换到旧版的多组件模式"。

（3）打开"切换窗口管理模式"对话框，可以查看"整合模式"与"多组件模式"的特点与区别。

"整合模式"在一个窗口中以文档标签区分不同组件的文档，支持多窗口多标签自由拆分与组合；"多组件模式"按文件类型分窗口组织文档标签，各个组件使用独立进程，但不同的工作簿仍然会在同一个界面中打开，无法设置为独立开启窗口，只能从顶部标签拖出文档进行分离。

（4）保存所有打开的 WPS 文档后，选中"多组件模式"单选按钮，然后单击"确定"按钮，将打开一个对话框，提示用户重启 WPS 使设置生效。

（5）单击"确定"按钮关闭对话框，然后重启 WPS 2022。

2. 插入特殊符号

"符号"在日常文本输入过程中会经常用到，有些输入法也带有一定的特殊符号，右击软键盘按钮，在打开的快捷菜单中选择特殊字符，结合键盘上的 Shift 键进行输入，除了直接使用键盘来输入常用的基本符号之外，有的时候会用到键盘上不存在的，这时可以使用"符号"对话框插入。

（1）在"插入"选项卡中单击"符号"按钮Ω，在打开的符号列表中可以看到一些常用的符号，如图 2-33 所示。单击需要的符号，即可将其插入到文档中。

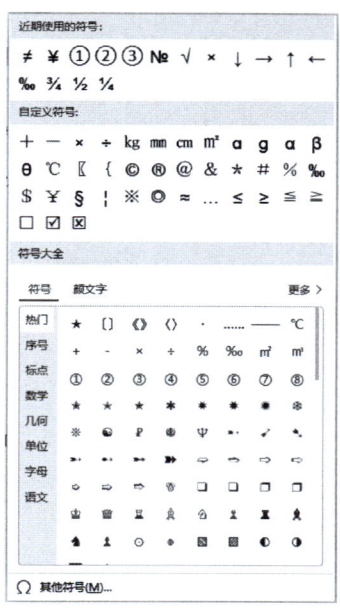

图 2-33　选择符号

（2）如果符号下拉列表中没有需要的符号，单击"其他符号（M）"命令，打开"符号"对话框。

（3）切换到"符号（S）"选项卡，选择字体类型和子集，找到需要的符号，然后单击"插入"按钮关闭对话框，符号将插入到文档中。

3. 设置文档网格

（1）单击"页面布局"选项卡中的扩展按钮 ，打开"页面设置"对话框，并切换到如图 2-34 所示的"文档网络"选项卡。

（2）在"文字排列"区域选择文字排列的"方向"可以设置文字排列的方向为水平或垂直。

（3）在"网格"区域指定文档网格的类型。

①无网格：不限定每页多少行、每行多少个字符。

②只指定行网格：只能指定每页最多的行数。

③指定行和字符网格：除了设定"每页"的行数还要在"每行"栏中输入每行的字符数。

④文字对齐字符网格：输入的文本自动对齐字符网格。

（4）在"每行"微调框中设置每行需要显示的字符数。

（5）在"每页"微调框中设置每页需要显示的行数。

（6）单击"绘图网格"按钮，在如图 2-35 所示的"绘图网格"对话框中设置文档内容的对齐方式、网格的间距，以及是否显示网格线。设置完成后，单击"确定"按钮关闭对话框。

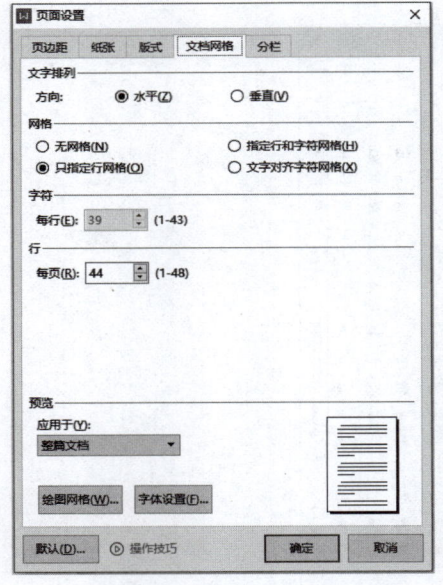

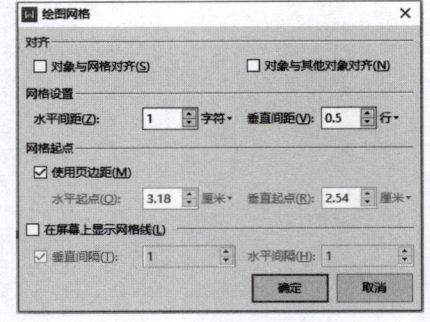

图 2-34 "文档网格"选项卡　　　　图 2-35 "绘图网格"对话框

①"使用页边距"复选框：选中则表明网格线从正文文档区开始显示，否则从设定的"水平起点"和"垂直起点"处开始显示。

②"在屏幕上显示网格线"：选中则可以在文档中显示网格线。默认同时显示水平和垂直网格线，如果希望只显示水平网格线，取消选中"垂直间隔"左侧的复选框。要调整相邻水平网格线的高度就设置"水平间隔"，要调整相邻垂直网格线的宽度就设置"垂直间隔"。

4. 初识 WPS AI 智能文档

WPS AI 从最初的版本打磨到现在，已经与 WPS 的产品深度融合，无论是个人用户还是企业用户都可以体验 WPS AI 功能。在 WPS 2022 版本中，可看到 WPS AI 已经无处不在，随手可用。例如，公文、通知、证明等多种格式文档，皆可一键生成。

启动 WPS 2022 后，在"新建"选项卡的左侧窗格中单击"在线文档"按钮，默认打开"首页"界面，如图 2-36 所示，用于新建智能文档、智能表格和演示文稿等。

图 2-36 "首页"界面

（1）在"首页"界面中单击"空白智能文档"按钮，或在"智能文档"界面中单击"空白智能文档"按钮，系统将创建一个名称为"未命名文档（1）"的文档，如图 2-37 所示。

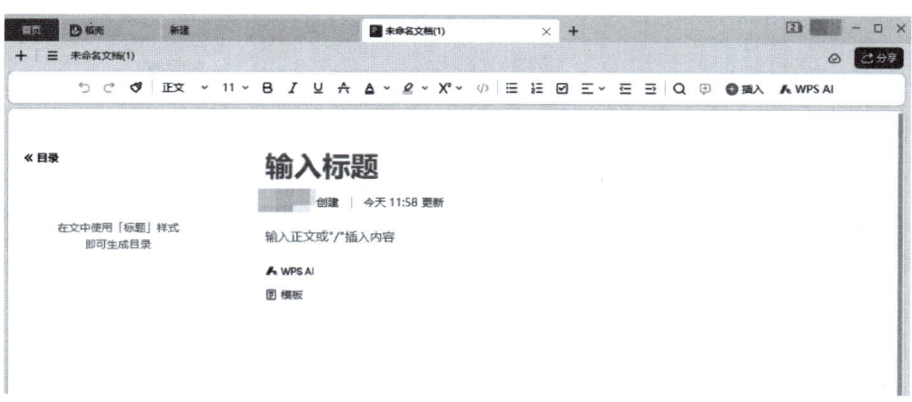

图 2-37 "未命名文档（1）"的文档

（2）单击"WPS AI"选项卡，打开下拉列表，WPS AI 提供了 AI 帮我读、AI 帮我改和 AI 帮我写等功能，选择"AI 帮我改"中的"润色"命令，如图 2-38 所示。

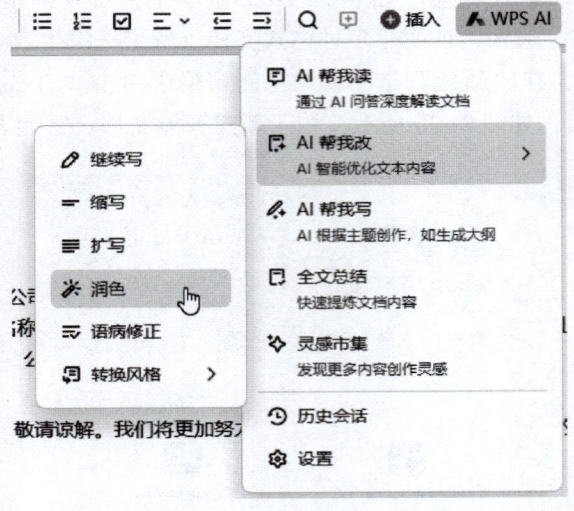

图 2-38　选择"润色"命令

（3）软件自动将需要润色的部分涂成蓝色，在下侧提示框中生成润色后的文字，如图 2-39 所示。

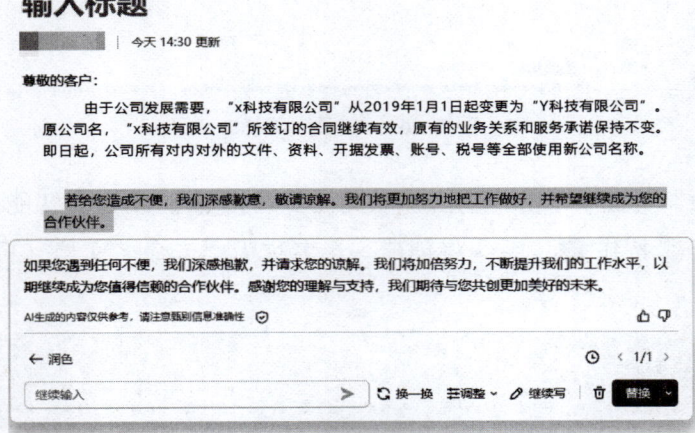

图 2-39　提取润色文字

（4）单击"替换"按钮 ，自动替换蓝色部分文字，润色效果如图 2-40 所示。

（5）在"智能文档"界面中，根据需要创作的方向，选择匹配的主题，如图 2-41 所示。

项目二　文档处理

图 2-40　润色后的文档

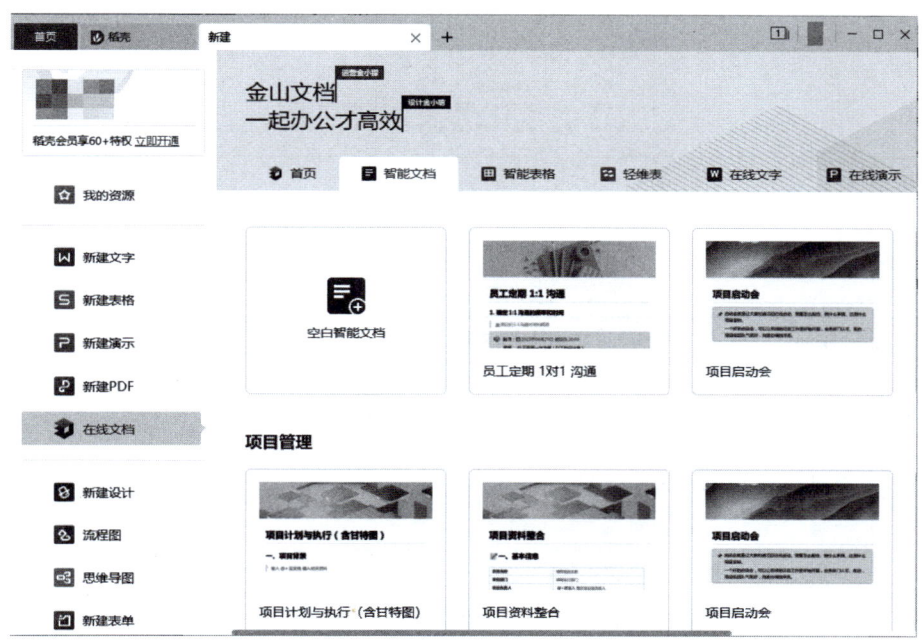

图 2-41　"智能文档"界面

（6）如选择"入职指南"，单击使用，软件打开"入职指南"文档，可以录入相关信息，如图 2-42 所示。

无论是文章大纲、工作周报、通知证明，还是论文、公文等各类格式文档，使用 WPS AI，写作就有了辅助，简化了操作步骤，提高了工作效率。

信息技术项目基础教程

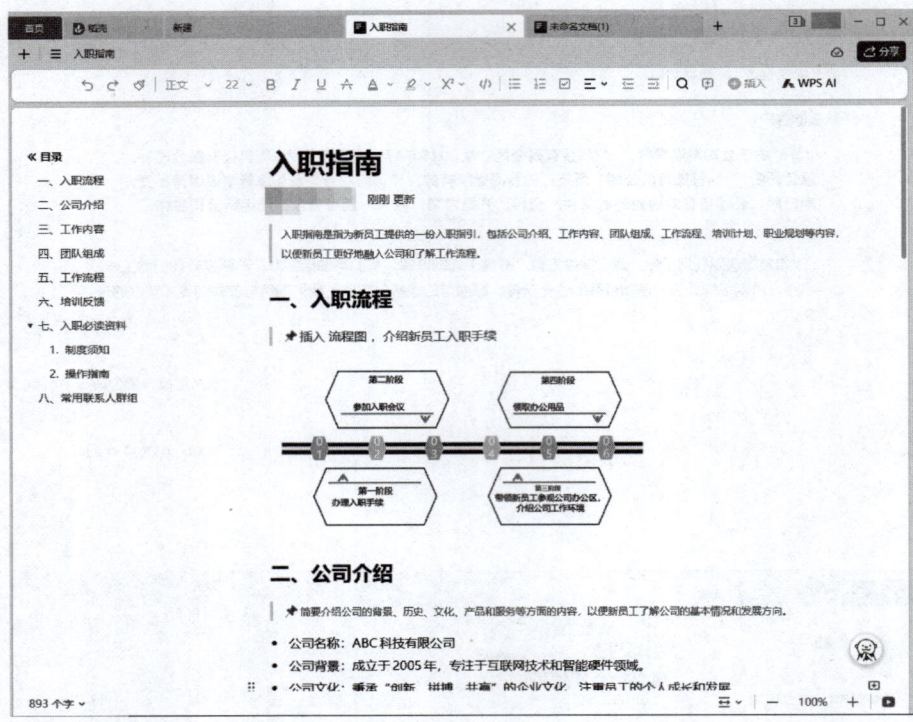

图 2-42 "入职指南"文档

任务评价

评价类型	序号	任务内容	分值	自评	师评
学习态度	1	主动学习	5		
	2	学习时长、进度	10		
操作能力	3	新建文档	5		
	4	设置页面	10		
	5	输入文字和符号	10		
	6	设置标题的字体样式和段落格式	20		
	7	设置正文的字体样式和段落格式	20		
育人素养	8	完成育人素养学习	20		
		总分	100		

自测任务书

通过本任务的学习，学生需要完成"求职信"文档的创建和排版，参考样式如图 2-43 所示。

求 职 信

尊敬的领导：

您好！

我叫××，22岁，性格活泼，开朗自信，是一个不轻易服输的人。带着十分的真诚，怀着执着希望来参加贵单位的招聘，希望我的到来能给您带来惊喜，给我带来希望。

"学高为师，身正为范"，我深知作为一名教师要具有高度的责任心。五年的大学深造使我树立了正确的人生观、价值观，形成了热情、上进、不屈不挠的性格和诚实、守信、有责任心、有爱心的人生信条，扎实的人生信条、扎实的基础知识给我的"轻叩柴扉"留下了一个自信而又响亮的声音。

诚实做人，忠实做事是我的人生准则，"天道酬勤"是我的信念，"自强不息"是我的追求。

复合型知识结构使我能胜任社会上的多种工作。我不求流光溢彩，但求在合适的位置上发挥得淋漓尽致，我不期望有丰厚的物质待遇，只希望用我的智慧、热忱和努力来实现我的社会价值和人生价值。在莘莘学子中，我并非最好，但我拥有不懈奋斗的意念，愈战愈强的精神和忠实肯干的作风，这才是最重要的。

追求永无止境，奋斗永无穷期。我要在新的起点、新的层次、以新的姿态、展现新的风貌，书写新的记录，创造新的成绩，我的自信，来自我的能力，您的鼓励，我的希望寄托于您的慧眼。如果您把信任和希望给我，那么我的自信，我的能力，我的激情，我的执着将是您最满意的答案。

您一刻的斟酌，我一生的选择！诚祝贵单位各项事业蒸蒸日上！

此致

敬礼！

求职者：×××

××××年×月×日

图 2-43　求职信

操作提示

1. 启动 WPS，新建文档。
2. 设置页面。
3. 录入文档内容。
4. 设置字符格式和段落格式。
5. 保存文档。

任务 2.2　制作公司宣传海报

任务描述

在当今竞争激烈的商业环境中，企业面临着巨大的挑战，需在众多竞争者中脱颖而出，吸引更多的客户和合作伙伴。为了实现这一目标，广告部的领导要求李红制作公司的宣传海报。

任务分析

通过本任务的学习，使学生了解企业的使命、愿景和价值观，教育学生如何通过视觉设计有效传达信息，增强对企业的认同感和归属感。

新建一个空白的 WPS 文字文档进行页面设置，接着插入、调整图片；然后绘制形状并调整形状的填充颜色、轮廓颜色等；再插入二维码，最后插入文本框并在文本框中输入文字，如图 2-44 所示。

图 2-44　公司宣传海报

项目二 文档处理

学习目标

1. 会插入和编辑图片。
2. 会插入和编辑二维码。
3. 会绘制和编辑形状。
4. 会插入和编辑文本框。

任务实施

1. 新建文档

启动 WPS 2022，单击"首页"上的"新建"按钮 ，打开"新建"选项卡，默认打开"文字"界面，单击"新建空白文字"，新建"文字文稿1"的空白文档。

2. 页面设置

（1）单击"页面布局"选项卡中的"纸张大小"下拉按钮 ，打开如图2-45所示的下拉列表，单击"A4 21厘米×29.7厘米"选项，设置页面大小为A4。

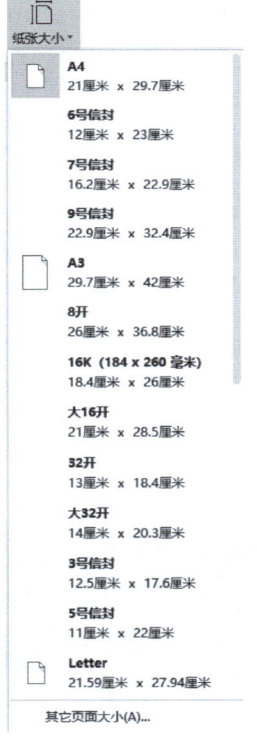

图2-45 "纸张大小"下拉列表

（2）单击"页面布局"选项卡中的"纸张方向"下拉按钮 ，打开如图2-46所示的下拉列表，单击"纵向"选项，设置页面的纸张方向为纵向。

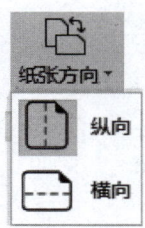

图 2-46 "纸张方向"下拉列表

（3）在"页面布局"选项卡中设置上、下、左、右页边距为 0，采用默认纸张，如图 2-47 所示。

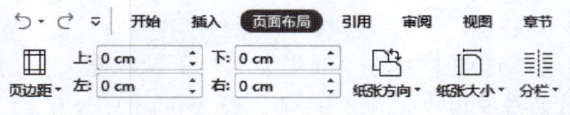

图 2-47 页面设置

3. 插入和编辑图片

（1）单击"插入"选项卡中的下拉按钮，在打开的下拉列表中单击"本地图片"命令，如图 2-48 所示。

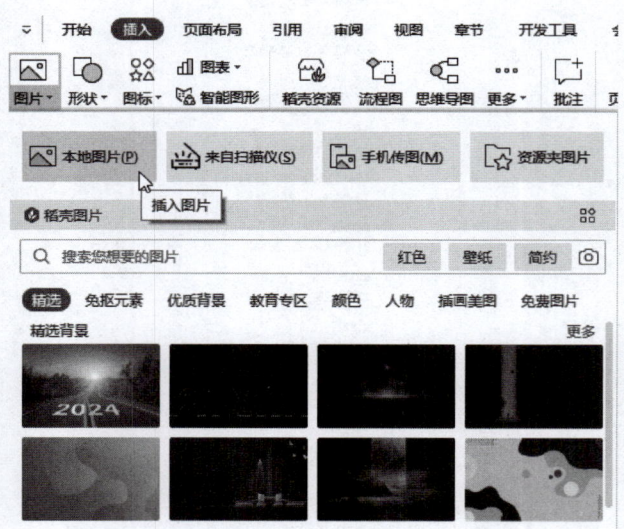

图 2-48 执行插入图片命令

（2）打开"插入图片"对话框，选择"背景.jpg"图片，如图 2-49 所示，单击"打开"按钮，插入背景图片，如图 2-50 所示。

项目二　文档处理

图 2-49　"插入图片"对话框

图 2-50　插入背景图片

（3）选中上步插入的图片，图片右侧出现控制手柄，如图 2-51 所示，将鼠标指针移动到圆形控制手柄上，指针变成双向箭头时，按下左键拖动到合适位置释放，即可改变图片的大小，使其与页面的左右对齐。

提示：

如果要精确地设置图片的尺寸，选中图片后，在"图片工具"选项卡"大小和位置"功能组分别设置图片的高度和宽度。选中"锁定纵横比"复选框，可以约束宽度和高度比例缩放图片。如果将图片恢复到原始尺寸，单击"重设大小"按钮 。

单击"大小和位置"功能组右下角的扩展按钮，在弹出的"布局"对话框中也可以精确设置图片的尺寸和缩放比例。

图 2-51　选中图片显示控制手柄

将鼠标指针移到旋转手柄 上，指针显示为 ，按下左键拖动到合适角度后释放，图片绕中心点进行相应角度的旋转，如图 2-52 所示。

图 2-52　旋转图片

如果要将图片旋转某个精确的角度，单击"大小和位置"功能组右下角的扩展按钮，打开"布局"对话框，在"旋转"选项区域输入角度。

如果要对图片进行 90°倍数的旋转，可在"图片工具"选项卡中单击"旋转"下拉按钮，在打开的下拉列表中选择需要的旋转角度，如图 2-53 所示。

项目二　文档处理

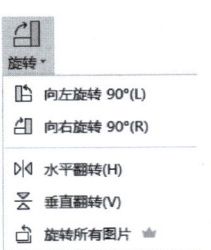

图 2-53　"旋转"下拉列表

（4）单击"插入"选项卡中的下拉按钮，在打开的下拉列表中单击"本地图片"命令，打开"插入图片"对话框，选择"02.jpg"图片，单击"打开"按钮，插入 02 图片，然后调整大小，如图 2-54 所示。

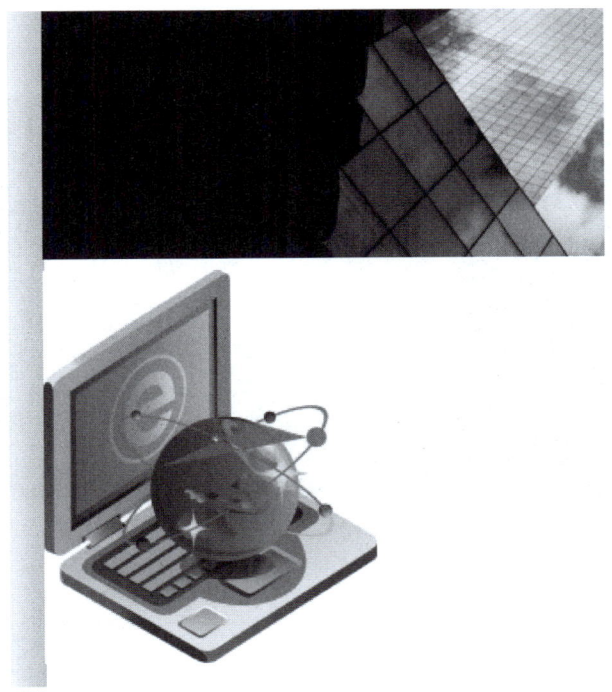

图 2-54　插入图片并调整大小

（5）选取 02 图片，单击图片右侧的"布局选项"图标，打开如图 2-55 所示的"布局选项"菜单，在打开的菜单中单击"浮于文字上方"文字环绕，然后拖动图片将其放置在背景图片的右下方，效果如图 2-56 所示。

41

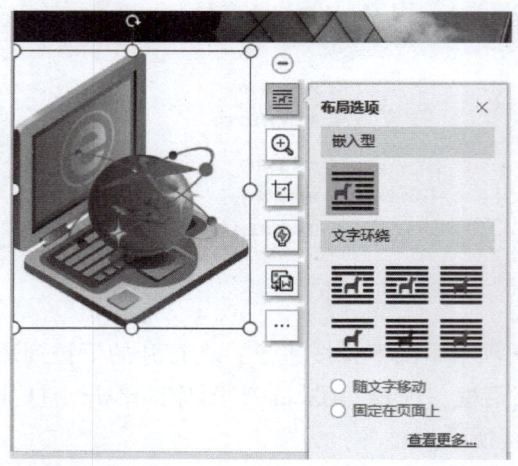

图 2-55 "布局选项"菜单

图 2-56 调整图片位置

提示：

默认情况下，图片以嵌入方式插入到文档中，位置是固定的，不能随意拖动，而且文字只能显示在图片上方或下方，或与图片同行显示。若要自由移动图片，或希望文字环绕图片排列，可以设置图片的文字环绕方式。

4. 绘制并编辑形状

（1）在"插入"选项卡中单击"形状"下拉按钮，打开"形状"下拉列表，如图 2-57 所示。

项目二　文档处理

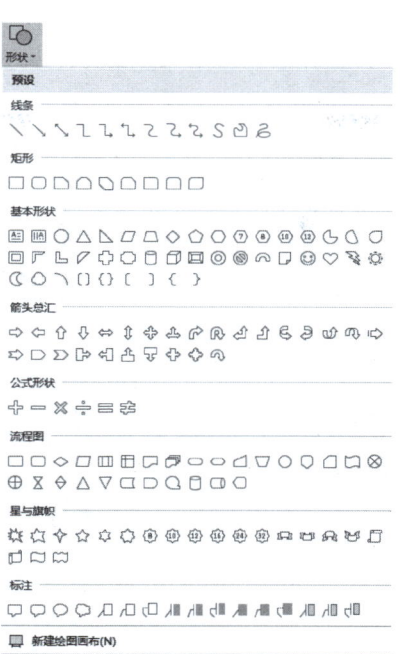

图 2-57　"形状"下拉列表

（2）单击"矩形"形状□，鼠标变成十字形，在页面的左下角指定矩形的起点位置，按下左键拖动到合适大小后释放，即可在指定位置绘制一个指定大小的形状，如图 2-58 所示。

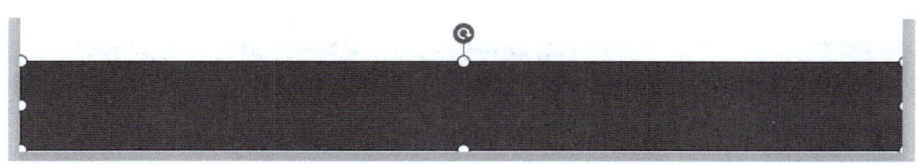

图 2-58　绘制矩形形状

（3）选取形状，单击"绘图工具"选项卡中的"填充"下拉按钮，在打开的下拉列表中选择"黑色，文本 1，浅色 25%"颜色，如图 2-59 所示，设置矩形形状的填充颜色。

（4）选取形状，单击"绘图工具"选项卡中的"轮廓"下拉按钮，打开如图 2-60 所示的下拉列表，选择"无边框颜色"，设置矩形形状的轮廓颜色为无，效果如图 2-61 所示。

（5）单击"插入"选项卡中的"形状"下拉列表中的"矩形"形状□，鼠标变成十字形，按住鼠标在适当位置绘制矩形，在"绘图工具"选项卡中设置填充颜色为"矢车菊蓝，着色 1"，轮廓颜色为"无边框颜色"。

43

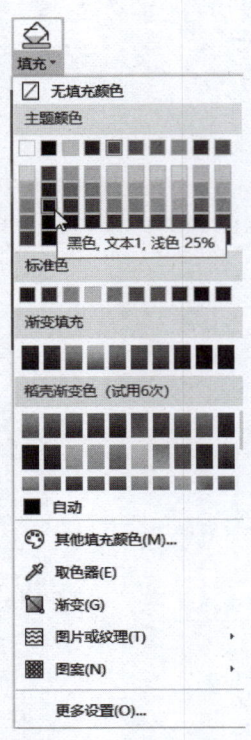
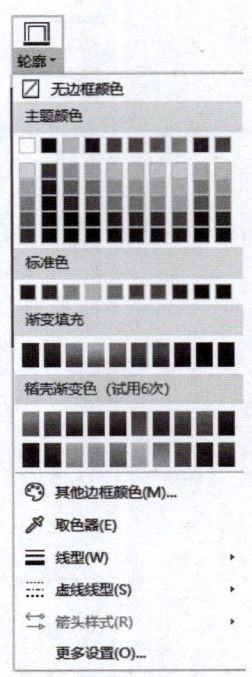

图 2-59 "填充"下拉列表　　　图 2-60 "轮廓"下拉列表

图 2-61 更改形状的填充和轮廓颜色

（6）单击"插入"选项卡中的"形状"下拉列表中的"直角三角形"形状，鼠标变成十字形，按住鼠标在适当位置绘制三角形，在"绘图工具"选项卡中设置填充颜色为"矢车菊蓝，着色1"，轮廓颜色为"无边框颜色"，调整大小与矩形匹配。

（7）选取矩形和直角三角形，右击，在弹出的快捷菜单中选择"组合"选项，将这两个图形组合在一起。

（8）将组合好的图形移动到页面的左下方，如图 2-62 所示。

图 2-62 移动图形

(9) 重复步骤（5）~（8），制作其他组合图形，如图 2-63 所示。

图 2-63　制作组合图形

（10）单击"插入"选项卡"形状"下拉列表中的"虚尾箭头"形状，鼠标变成十字形，按住鼠标在图片底部绘制虚尾箭头，在"绘图工具"选项卡中设置填充颜色为"黑色，文本 1，浅色 25%"，轮廓颜色为"无边框颜色"，效果如图 2-64 所示。

5. 插入二维码

（1）单击"插入"选项卡中的"更多"下拉按钮，打开如图 2-65 所示的"更多"下拉菜单，单击"二维码"命令。

（2）打开"插入二维码"对话框，输入内容为蓝天，其他采用默认设置，如图 2-66 所示，单击"确定"按钮，插入二维码，如图 2-67 所示。

图 2-64　绘制箭头

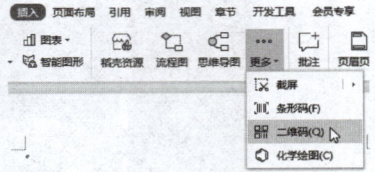
图 2-65　"更多"下拉菜单

图 2-66　"插入二维码"对话框

（3）选取二维码图片，单击图片右侧的"布局选项"图标，在打开的级联菜单中单击"浮于文字上方"按钮，然后移动图片到页面的左下方，效果如图 2-68 所示。

图 2-67　插入二维码

图 2-68　调整二维码的位置

6. 插入文字框及文字

（1）单击"插入"选项卡"文本框"下拉按钮，打开如图 2-69 所示的下拉列表框，单击"横向"命令。

（2）鼠标变成十字形，把它移到页面最上方的组合图形上，在适当的位单击确定起点，按住左键并拖动到目标位置，释放鼠标，即可绘制出以拖动的起始位置和终止位置为对角顶点的空白文本框，如图 2-70 所示。

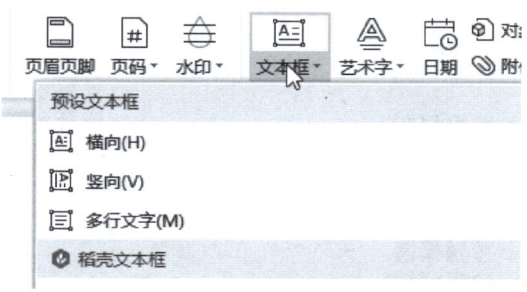

图 2-69 "文本框"下拉列表

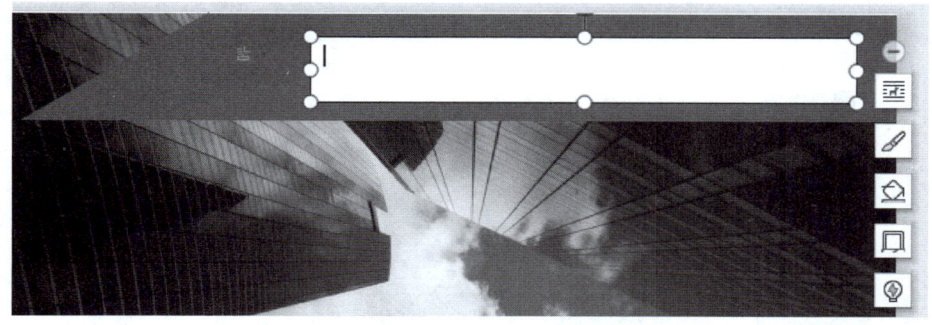

图 2-70 绘制文本框

（3）选取文本框，单击"文本工具"选项卡中的"形状填充"下拉按钮，打开如图 2-71 所示的下拉列表，选择"无填充颜色"，设置文本框的填充颜色为无。

（4）选取文本框，单击"文本工具"选项卡中的"形状轮廓"下拉按钮，打开如图 2-72 所示的下拉列表，选择"无边框颜色"，设置文本框的边框颜色为无，效果如图 2-73 所示。

（5）在文本框中输入公司名称，然后选中文字，在"开始"选项卡中设置字体颜色为白色，字体为宋体，字号为小二；单击字体功能组右下角按钮，打开"字体"对话框，切换到"字符间距"选项卡，设置间距为加宽，值为 0.2 厘米，其他设置如图 2-74 所示，单击"确定"按钮，结果如图 2-75 所示。

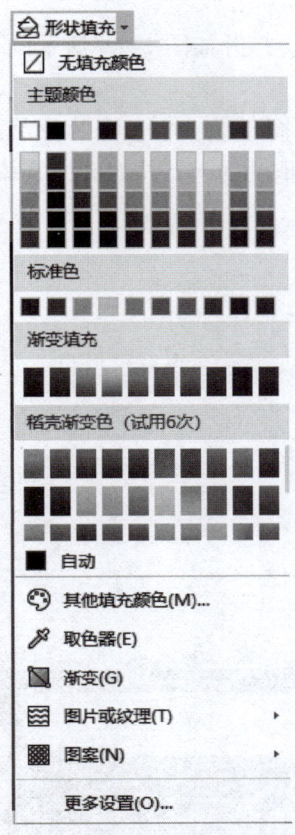
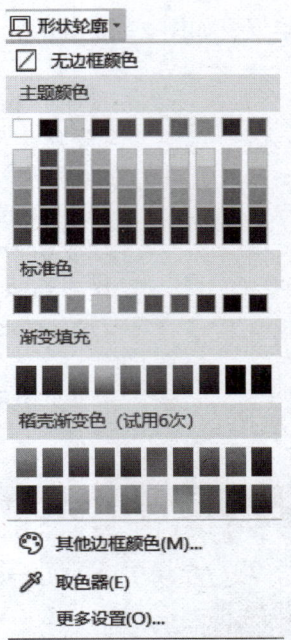

图 2-71 "形状填充"下拉列表　　图 2-72 "形状轮廓"下拉列表

图 2-73 设置文本框的填充颜色和边框颜色为无

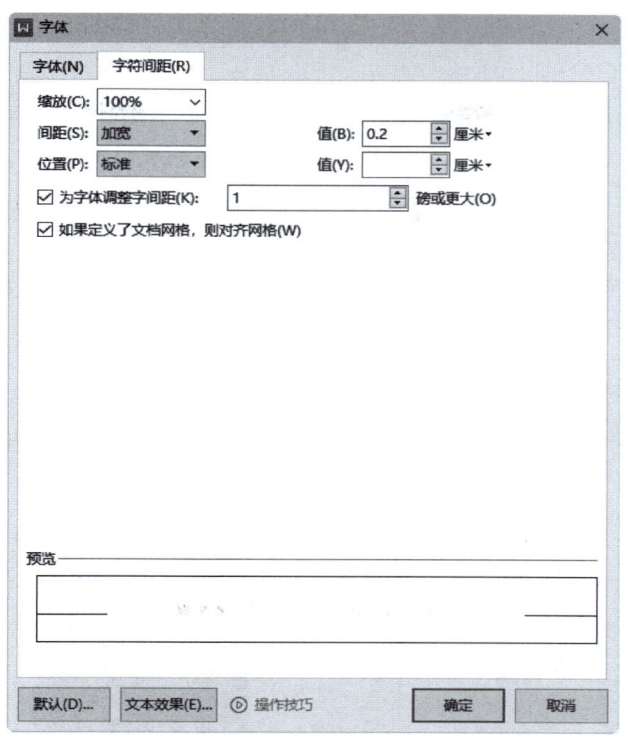

图 2-74 "字符间距"选项卡

图 2-75 文字效果

（6）继续插入文本框，输入文字，在"文本工具"选项卡中设置形状填充颜色为"无填充颜色"，形状轮廓颜色为边框颜色，在"开始"选项卡中设置字体、字号以及文字颜色，效果如图 2-44 所示。

7. 保存并退出文档

（1）单击快速工具栏上的"保存"按钮，打开"另存文件"对话框，设置保存位置，输入文件名为"公司宣传海报"，单击"保存"按钮，保存文档。

（2）单击标题栏右侧的"关闭"按钮，在标题栏上右击，在弹出的快捷菜单中选择"关闭"命令，或在"文件"菜单卡中单击"退出"命令，关闭该文档，退出文档工作界面。

拓展

1. 图片裁剪

如果插入的图片中包含不需要的部分，或者希望仅显示图片的某个区域，不需要启动专业的图片处理软件，使用 WPS 提供的图片裁剪功能就可轻松实现。

选中图片，在"大小和位置"功能组中单击"裁剪"按钮 ，图片四周显示黑色的裁剪标志，右侧显示裁剪级联菜单，如图 2-76 所示。将鼠标指针移动某个裁剪标志上，按下左键拖动至合适的位置释放，即可沿鼠标拖动方向裁剪图片，如图 2-77 所示。确认无误后按 Enter 键或单击空白区域完成裁剪。

图 2-76 "裁剪"状态的图片

图 2-77 裁剪图片

如果要将图片裁剪为某种形状，单击"裁剪"级联菜单中的形状，如图 2-78 所示，按 Enter 键或单击文档的空白区域完成裁剪。

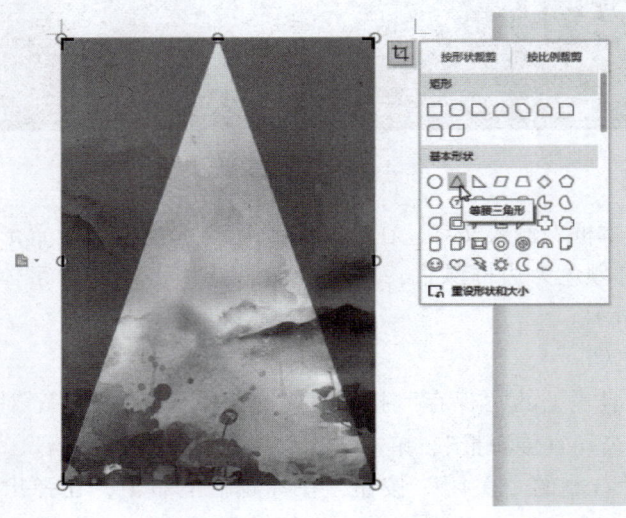
图 2-78 裁剪为形状

如果要将图片的宽度和高度裁剪为某种比例，在"裁剪"级联菜单中切换到"按比例裁剪"选项卡，然后单击需要的比例，如图 2-79 所示，按 Enter 键或单击文档的空白区域完成裁剪。

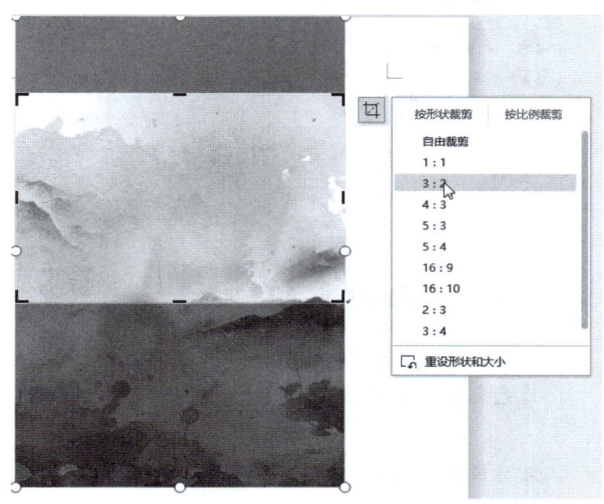

图 2-79　按比例裁剪

2. 调整图片颜色效果

选中图片，在"图片工具"选项卡中，利用"设置形状格式"功能组的工具按钮修改图片的颜色效果。

如果要调整图片画面的明暗反差程度，单击"增加对比度"按钮 或"降低对比度"按钮 。增加对比度，画面中亮的地方会更亮，暗的地方会更暗；降低对比度，则明暗反差会减小。

如果要调整图片画面的亮度，单击"增加亮度"按钮 或"降低亮度"按钮 。

如果要将图片中特定颜色变为透明，单击"设置透明色"按钮 ，鼠标指针显示为 时，在要设置为透明的颜色区域单击。

如果要更改图片的颜色效果，例如显示为灰度、黑白，或冲蚀效果，单击"色彩"下拉按钮 ，在弹出的下拉菜单中选择相应的命令。

3. 插入并编辑艺术字

在文档中，艺术字的运用能够赋予文字以超越常规的视觉魅力和表现力。它通过独特的字体风格、丰富的色彩搭配以及多变的形态设计，为标题、标语或其他需要强调的文字信息增添了一抹引人注目的艺术效果。

在 WPS 中创建艺术字有两种方式，一种是为选中的文字套用一种艺术字效果，另一种是直接插入艺术字。

（1）选中需要制作成艺术字的文本。如果不选中文本，将直接插入艺术字。

（2）单击"插入"选项卡中的"艺术字"按钮 ，打开如图 2-80 所示的下拉列表。

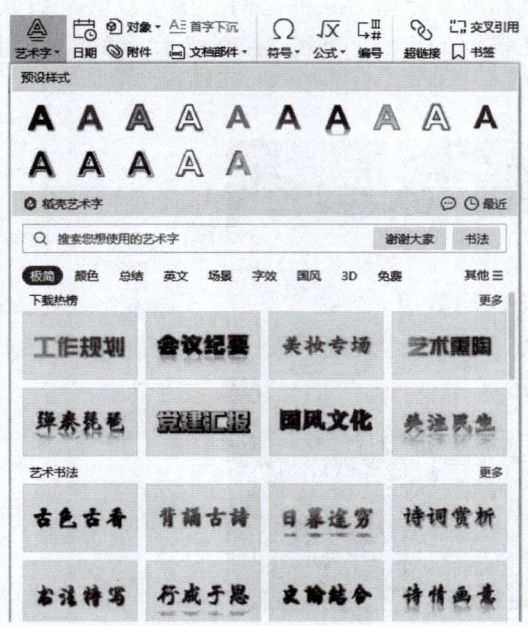

图 2-80　艺术字样式

(3) 单击需要的艺术字样式，即可应用样式。

如果应用样式之前选中了文本，则选中的文本可在保留字体的同时，应用指定的字号和效果，且文本显示在文本框中，如图 2-81 所示。

如果没有选中文本，则直接插入对应的艺术字编辑框，且自动选中占位文本"请在此放置您的文字"，如图 2-82 所示，输入文字替换占位文本，然后修改文本字体。

图 2-81　套用艺术字样式前、后的效果　　　　图 2-82　插入的艺术字编辑框

创建艺术字后，不仅可以编辑艺术字所在的文本框格式，还可以编辑艺术字的文本效果。

(4) 选中艺术字所在的文本框，利用快速工具栏中的"形状填充"按钮和"形状轮廓"按钮设置文本框的效果。单击"布局选项"按钮修改艺术字的布局方式。

(5) 在"文本工具"菜单选项卡中单击"文本效果"下拉按钮，在如图 2-83 所示的下拉菜单中选择"转换"命令，然后在级联菜单中选择一种文本排列方式，创建具有特殊排列方式的艺术字。

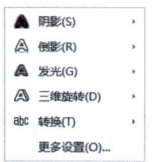

图 2-83 "文本效果"下拉菜单

4. 插入智能图形

所谓智能图形，也就是 SmartArt 图形，是一种能快速将信息之间的关系通过可视化的图形直观、形象地表达出来的逻辑图表。WPS 2022 提供了多种现成的 SmartArt 图形，用户可根据信息之间的关系套用相应的类型，只需更改其中的文字和样式即可快速制作出常用的逻辑图表。

（1）在"插入"选项卡中单击"智能图形"按钮 智能图形，弹出如图 2-84 所示的"智能图形"对话框。

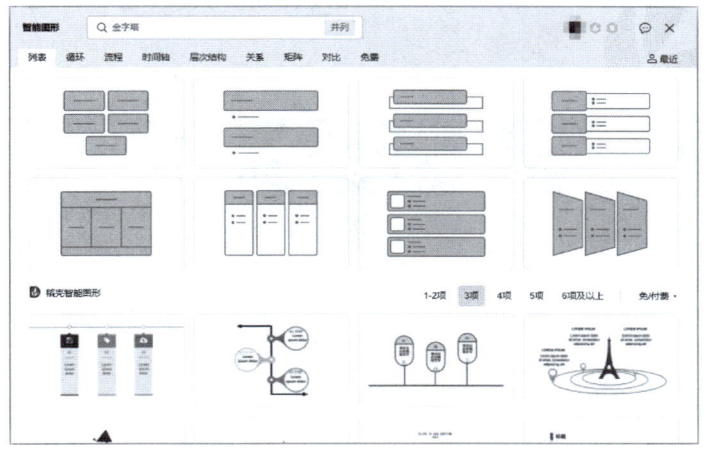

图 2-84 "智能图形"对话框

选择一种图形，在对话框右侧可以查看该图形的简要介绍。

（2）在对话框中选择需要的图形，单击"确定"按钮，即可在工作区插入图示布局，菜单功能区自动切换到"设计"选项卡。例如，插入"重点流程"的效果如图 2-85 所示。

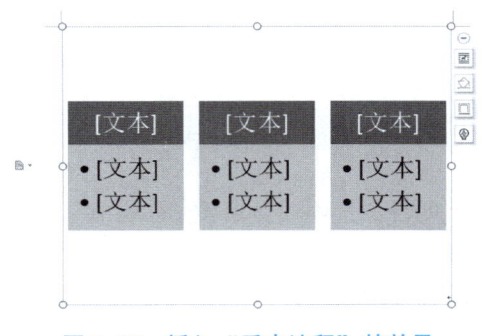

图 2-85 插入"重点流程"的效果

（3）单击图形中的占位文本，输入图示文本，效果如图 2-86 所示。

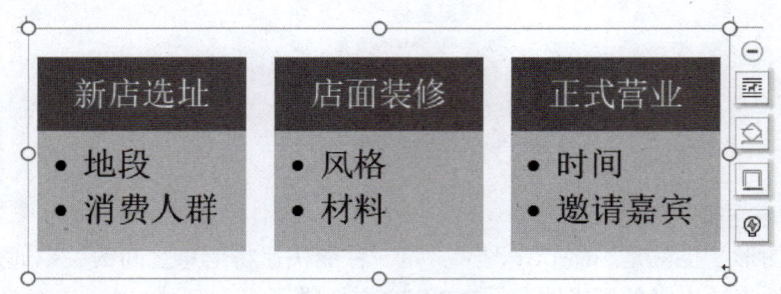

图 2-86　在图形中输入文本

默认生成的图形布局通常不符合设计需要，需要在图形中添加或删除项目。

（4）选中要在相邻位置添加新项目的现有项目，然后单击项目右上角的"添加项目"按钮 ，在如图 2-87 所示的下拉菜单中选择添加项目的位置，即可添加一个空白的项目，如图 2-88 所示。

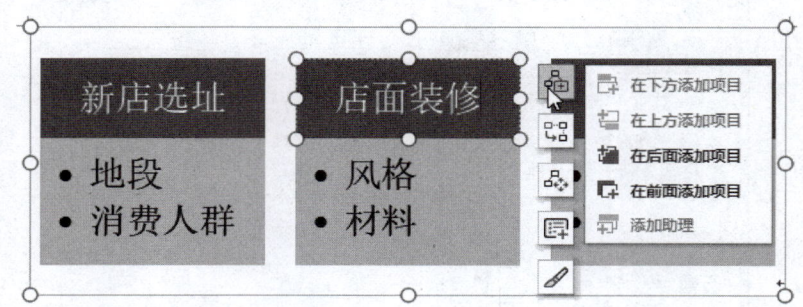

图 2-87　"添加项目"下拉菜单

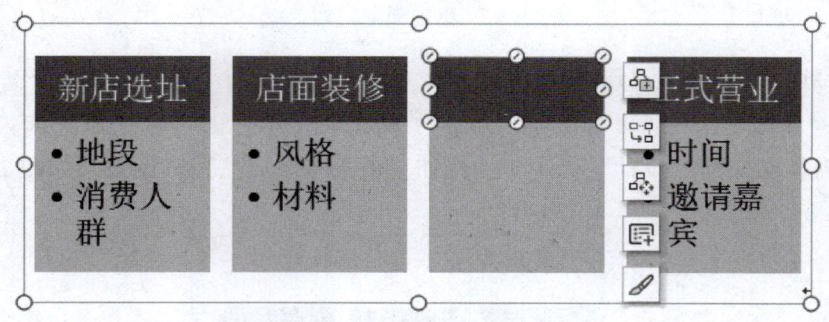

图 2-88　添加项目的效果

如果要删除图形中的某个项目，选中项目后按 Delete 键；如果要删除整个图形，则单击图形的边框，然后按 Delete 键。

创建智能图形后，还可以轻松地改变图形的配色方案和外观效果。

（5）选中图形，在"设计"选项卡中单击"更改颜色"按钮 ，可以修改图形的配色；在"图形样式"下拉列表框中可套用内置的图形效果。

选中图形中的一个项目形状，单击右侧的"形状样式"按钮，也可以很方便地设置形状样式。

（6）在"格式"选项卡中可以更改文本的显示效果，如图2-89所示。

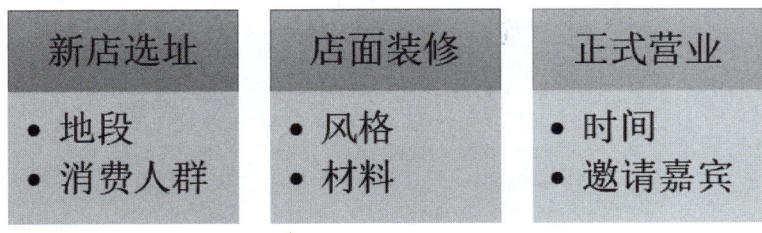

图 2-89　设置图形样式的效果

创建智能图形后，可以根据需要升级或降级某个项目。

（7）选中要调整级别的项目形状，在"设计"选项卡中单击"升级"按钮 或"降级"按钮，即可将选中的项目形状升高或降低一级，图形的整体布局也会根据图形大小随之变化。

（8）如果要调整项目形状的排列次序，选中项目形状后，单击"上移"按钮 或"下移"按钮。

任务评价

评价类型	序号	任务内容	分值	自评	师评
学习态度	1	主动学习	5		
	2	学习时长、进度	10		
操作能力	3	新建文档	5		
	4	设置页面	5		
	5	插入并编辑图片	15		
	6	插入二维码	10		
	7	插入并编辑形状	15		
	8	插入并编辑文本框	15		
育人素养	9	完成育人素养学习	20		
总分			100		

自测任务书

通过本任务的学习，学生需要完成"宣传海报"文档的创建和排版，参考样式如图2-90所示。

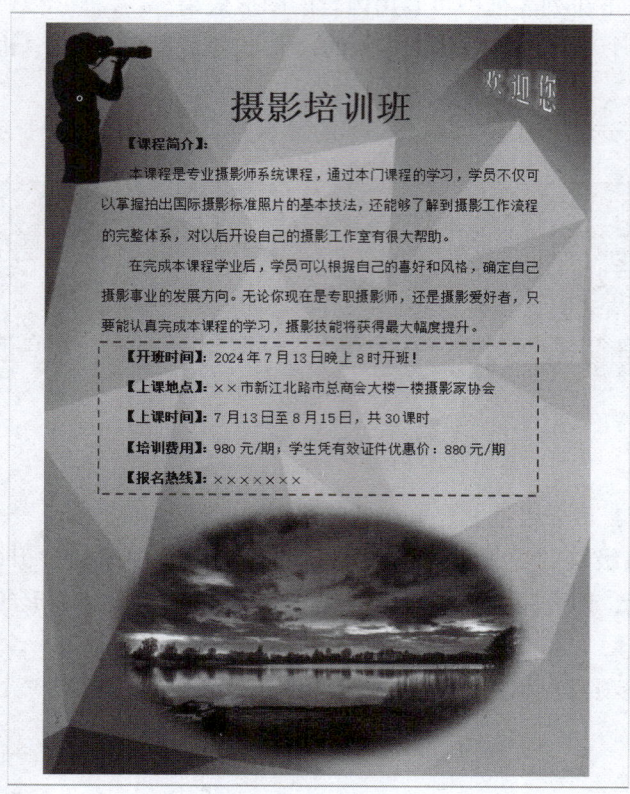

图 2-90　宣传海报

操作提示

1. 启动 WPS，新建文档。
2. 录入文档内容。
3. 插入并编辑图片。
4. 插入并编辑艺术字。
5. 插入并编辑形状。
6. 保存文档。

任务 2.3　制作党员信息表

任务描述

随着党员队伍的不断壮大和组织结构的日益复杂化，如何高效、准确地管理和利用党员信息资源，成为学校各级党组织面临的重要问题。为了方便管理党员信息，党支部书记要求刘丽丽制作党员信息表来实现自动化、精准化的管理。

任务分析

通过本任务的学习，教育学生重视个人信息的准确录入与管理，培养细致的工作态度和对党组织工作的尊重。

新建空白文档，输入标题，然后绘制表格并编辑表格，再设置表格的边框和属性，最后输入文本，效果如图 2-91 所示。

党员信息表

姓名		性别		出生年月		
民族		籍贯		婚姻状况		（照片）
入党时间		转正日期		参加工作时间		
身份证号						
党籍信息	入党时所在支部			入党介绍人		
	转入当前支部日期			转出党支部名称		
	现任党内职务					
学历信息	学历学位			毕业院校系及专业		
职业信息	□在岗职工 □农牧渔民 □军人、武警 □学生 □离退休人员 □个体工商户从业人员 □其他（请注明）：					
	现工作单位及职务					
联系方式	户籍所在地					
	家庭住址					
	手机号码			QQ 号或微信号		

图 2-91　党员信息表

学习目标

1. 会绘制表格。
2. 会编辑表格。
3. 会设置表格边框和底纹。
4. 会设置表格属性。

任务实施

1. 新建文档

启动 WPS 2022，单击"首页"上的"新建"按钮，打开"新建"选项卡，默认打开"文字"界面，单击"新建空白文字"，新建"文字文稿 1"的空白文档。

2. 添加标题

输入文字"党员信息表",在"开始"选项卡中设置字体为"宋体",字号为"一号",字体颜色为黑色,文本对齐方式为"居中"。

3. 创建表格

(1) 单击"插入"选项卡中"表格"下拉按钮 ,打开如图 2-92 所示的下拉列表,单击"插入表格"命令,打开"插入表格"对话框。

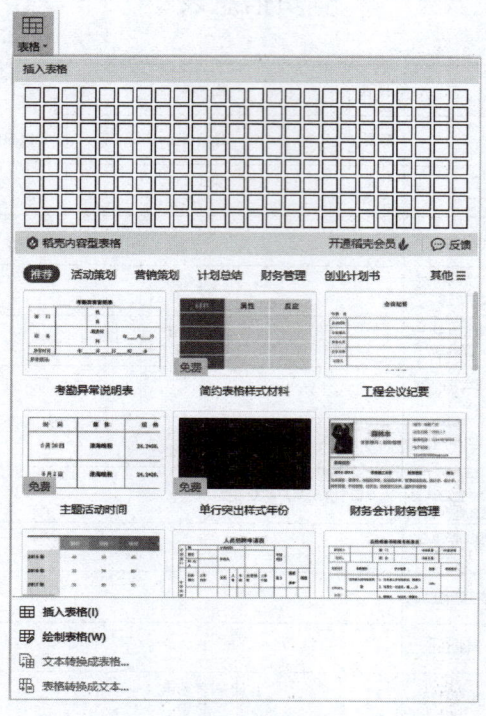

图 2-92 "表格"下拉列表

(2) 在对话框中设置列数为 7,行数为 13,选择"自动列宽"单选项,如图 2-93 所示,单击"确定"按钮,插入表格,如图 2-94 所示。

提示:

除了上述介绍的使用对话框插入表格,还有另外两种方法可以创建表格。

(3) 使用"表格"按钮创建表格。

①如果要快速创建一个无任何样式的表格,在下拉菜单中的表格模型上移动鼠标指定表格的行数和列数,选中的单元格区域显示为橙色,表格模型顶部显示当前选中的行列数,如图 2-95 所示。

②单击,即可在文档中插入表格,列宽按照窗口宽度自动调整。

项目二 文档处理

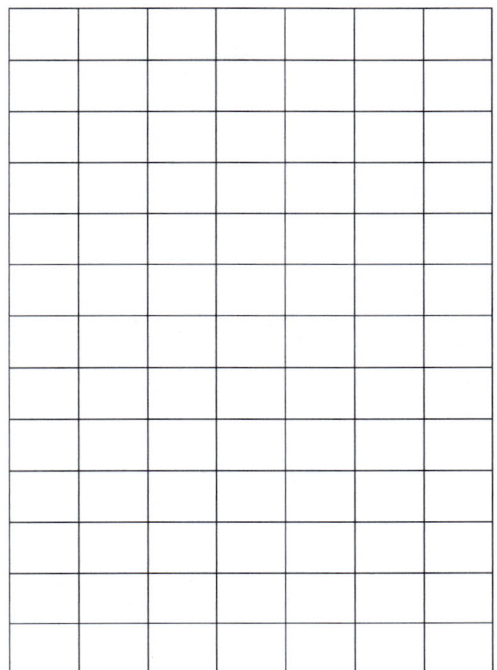

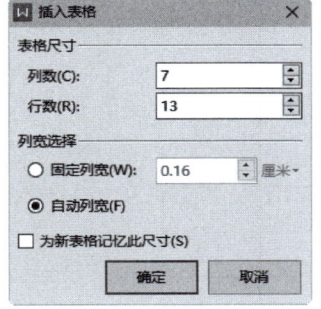

图 2-93 "插入表格"对话框　　　　图 2-94 插入的表格

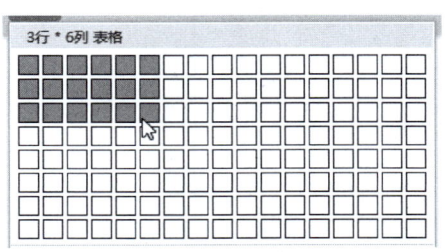

图 2-95 使用表格模型创建表格

③表格创建后，就可以在表格中输入所需的内容了，其方法与在文档中输入内容的方法相似，只需将光标插入点定位到需要输入内容的单元格内，即可在表格中输入所需的内容。

（4）手动绘制表格。

①如果希望快速创建特殊结构的表格，选择"绘制表格"命令。

②此时鼠标指针显示为铅笔形，按下左键拖动，文档中将显示表格的预览图，指针右侧显示当前表格的行列数，如图 2-96 所示。释放鼠标，即可绘制指定行列数的表格。

在表格绘制模式下，在单元格中按下左键拖动，就可以很方便地绘制斜线表头，或将单元格进行拆分。绘制完成后，单击"表格工具"选项卡中的"绘制表格"按钮，即可退出绘制模式。

59

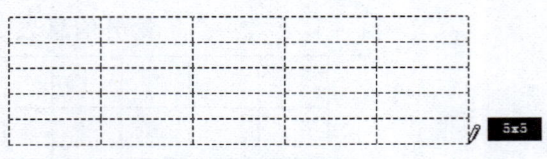

图 2-96 绘制表格

4. 编辑表格

（1）将指针停留在第一列右侧边框线上，当鼠标指针变为 ↔ 形状时，按住鼠标左键向左拖动，达到所需列宽时，松开鼠标即可。

（2）采用相同的方法，调整其他列的宽度，如图 2-97 所示。

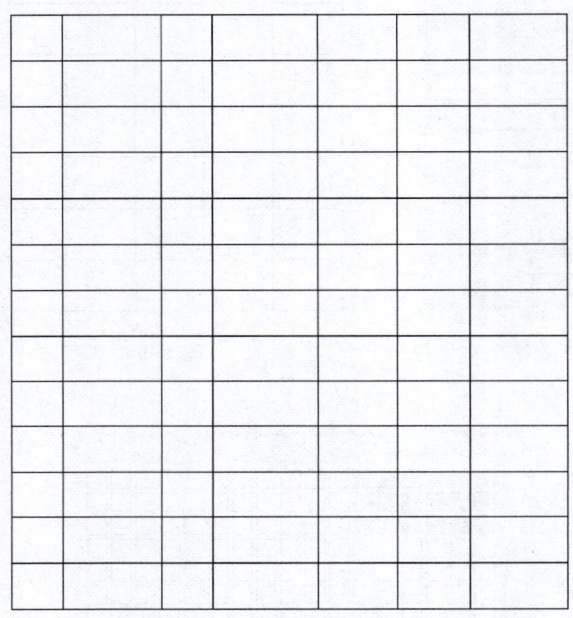

图 2-97 调整列宽

提示：

1. 调整行高

先将鼠标光标指向需要调整的行的下边框，待鼠标光标变成双向箭头 ↕ 时，按下鼠标左键并拖动，表格中将出现虚线，待虚线达到合适的位置后释放鼠标即可。

2. 调整列宽

将鼠标光标指向需要调整的列的边框，待鼠标光标变成双向箭头 ↔ 时，用鼠标光标拖动边框，则边框左边一列的宽度发生变化，而整个表格的总宽度保持不变。如果按住 Ctrl 键并拖动鼠标，则边框左边一列的宽度发生变化，边框右边的各列也发生均匀的变化，而整个表格的总体宽度不变。如果按住 Shift 键并拖动鼠标，则边框左边一列的宽度发生变化，整个表格的总体宽度随之改变。

（3）将光标置于表格中任意位置。表格的左上角出现一个十字形的小方框 ✥ 形控制点，右下角出现一个小方框形控制点，单击这两个控制点中的任意一个，即可选取整个表格。

提示：

在编辑表格内容时，时常需要插入或删除一些行、合并或者拆分单元格。选取表格区域是对表格或者表格中的部分区域进行编辑的前提。不同的表格区域，选取操作也不同。

1. 选择单元格

单元格的选取主要分为3种：选取单个单元格、选取多个连续单元格以及选取多个不连续单元格。

根据具体需要选择方法如下：

选取单个单元格：将鼠标置于单元格的左边缘，当鼠标外观变为黑色右上方向实箭头➚时，单击可以选取该单元格。

选取多个连续单元格：将鼠标置于第一个单元格的左边缘，按住鼠标左键并拖动到最后一个单元格。

选取多个不连续单元格：选中第一个要选择的单元格后，按住Ctrl键不放，再分别选取其他单元格即可。

2. 选取行

行的选取主要分为3种：选取一行、选取连续的多行以及选取不连续的多行。

根据具体需要选择方法如下：

选取一行：将鼠标移到某行的左侧，当鼠标外观变为白色右上方向箭头➚时，单击可以选取该行。

选取连续的多行：将鼠标移到某行的左侧，当鼠标外观变为白色右上方向箭头➚时，按住鼠标左键不放并向下或向上拖动，即可选取连续的多行。

选取不连续的多行：选中第一个要选择的行后，按住Ctrl键不放，再分别选取其他行的左侧即可。

3. 选取列

列的选取主要分为3种：选取一列、选取连续的多列以及选取不连续的多列。

根据具体需要可以按照以下操作：

选取一列：将鼠标移到某列的上边，当鼠标外观变为黑色向下箭头⬇时，单击可以选取该列。

选取连续的多列：将鼠标移到某列的上侧，当鼠标外观变为黑色向下箭头⬇时，按住鼠标左键不放并向左或向右拖动，即可选取连续的多列。

选取不连续的多列：将选中第一列要选择的列后，按住Ctrl键不放，再分别选取其他列的上方即可。

（4）单击"表格工具"选项卡中的"表格属性"按钮，打开"表格属性"对话框，切换至"行"选项卡，勾选"指定高度"复选框，输入高度为1厘米，设置行高值是最小值，如图2-98所示，单击"确定"按钮，调整行高。

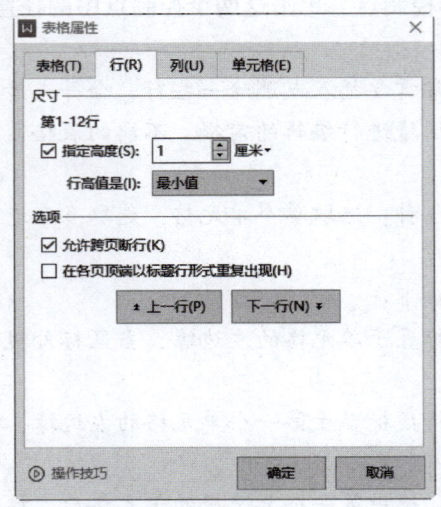

图 2-98 "表格属性"对话框

（5）选定要进行合并操作的单元格，单击"表格工具"选项卡中的"合并单元格"按钮 ，选中的单元格合并成一个。

（6）采用相同的方法，合并其他单元格，结果如图 2-99 所示。

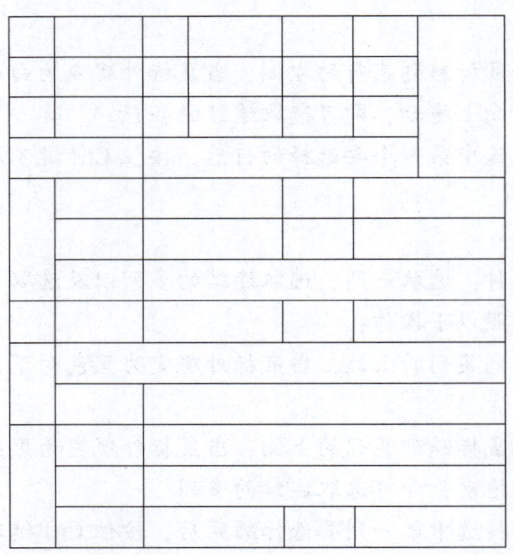

图 2-99 合并单元格

5. 设置边框和底纹

选取整个表格，单击"表格样式"选项卡中的"边框"下拉按钮 边框 ，打开如图 2-100 所示的下拉列表，单击"边框和底纹"命令，打开"边框和低纹"对话框。

在对话框的"设置"中选择"网格"，在"宽度"下拉列表中选择 1.5 磅，其他设为默认值，如图 2-101 所示。

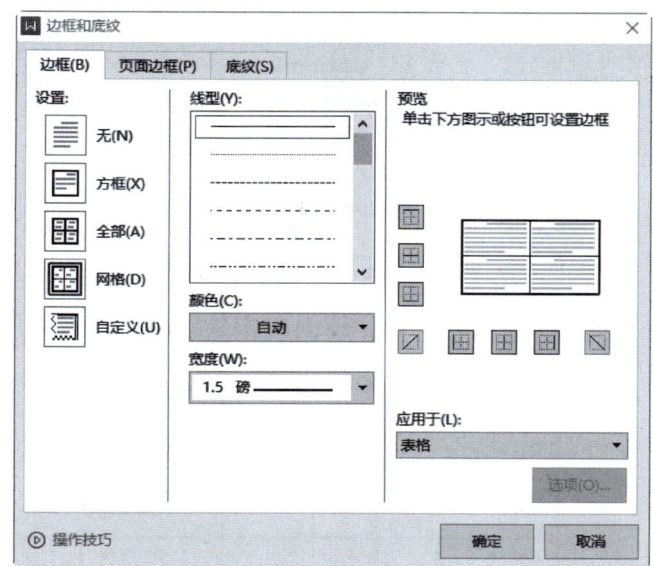

图 2-100 "边框"下拉列表　　　　图 2-101 "边框和底纹"对话框

单击"确定"按钮，关闭对话框。表格效果如图 2-102 所示。

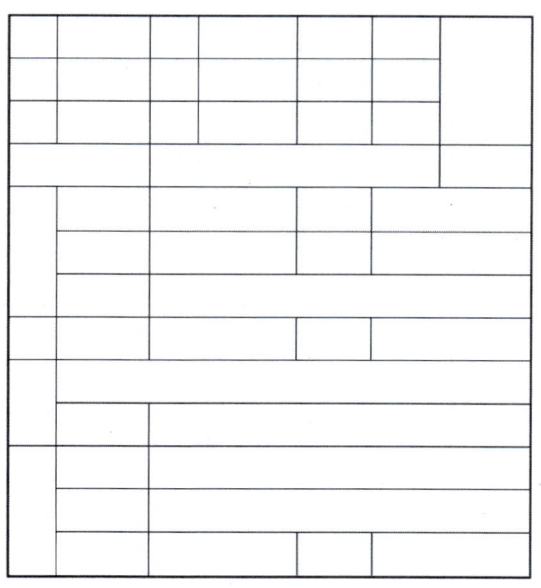

图 2-102 设置好边框后的表格

6. 添加文字

（1）选中单元格，右击，在弹出的右键菜单中选择"单元格对齐方式"级联菜单中的"居中"选项，如图 2-103 所示。

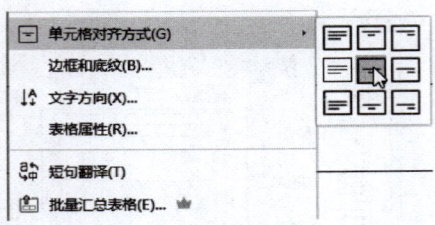

图 2-103　右键菜单

（2）选取整个表格，设置字体为"宋体"，字号为"小四"，在表格中输入文本，如图 2-104 所示。

姓名		性别		出生年月			
民族		籍贯		婚姻状况		（照片）	
入党时间		转正日期		参加工作时间			
身份证号							
党籍信息	入党时所在支部			入党介绍人			
	转入当前支部日期			转出党支部名称			
	现任党内职务						
学历信息	学历学位			毕业院校系及专业			
职业信息	□在岗职工 □农牧渔民 □军人、武警 □学生 □离退休人员 □个体工商户从业人员 □其他（请注明）：						
	现工作单位及职务						
联系方式	户籍所在地						
	家庭住址						
	手机号码			QQ 号或微信号			

图 2-104　输入文本

7. 保存并退出文档

（1）单击快速工具栏上的"保存"按钮 ，打开"另存文件"对话框，设置保存位置，输入文件名为"党员信息表"，单击"保存"按钮，保存文档。

（2）单击标题栏右侧的"关闭"按钮 ，在标题栏上右击，在弹出的快捷菜单中选择"关闭"命令，或在"文件"菜单卡中单击"退出"命令，关闭该文档，退出文档工作界面。

拓展

1. 美化表格

创建表格后，通常还需要设置表格内容的格式，美化表格外观。WPS 内置了丰富的表格样式，提供现成的边框和底纹设置，可以很便捷地美化表格。

（1）选中整个表格，在弹出的快速工具栏中设置表格内容的文本格式。

（2）切换到"表格工具"选项卡，单击"对齐方式"下拉按钮 ，在弹出的下拉菜单中选择单元格内容的对齐方式。

（3）切换到如图 2-105 所示的"表格样式"选项卡，设置表格的填充方式，然后在"表格样式"下拉列表框中单击套用一种内置的表格样式。

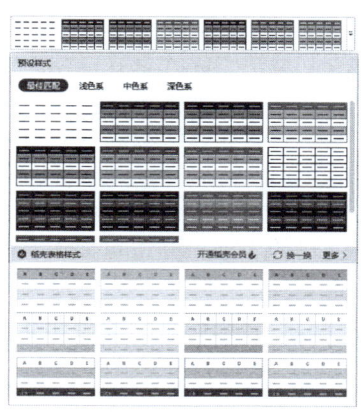

图 2-105　使用表格样式

2. 文本转换表格

（1）选中要转换为表格的文本，并将要转换为表格行的文本用段落标记分隔，要转换为列的文本用分隔符（逗号、空格、制表符等其他特定字符）分开。如图 2-106 所示，每行用段落标记符隔开，列用制表符分隔。

序号 → 品牌 → 商品名 → 单价 → 购买地点↵
1 → A → 茶叶 → 180 → ××超市↵
2 → B → 速溶咖啡 → 69 → ××便利店↵
3 → C → 酸奶 → 89 → ××鲜果店↵

图 2-106　待转换的文本

（2）切换到"插入"选项卡，单击"表格"下拉按钮，在弹出的下拉菜单中选择"文本转换成表格"命令，弹出如图 2-107 所示的"将文字转换成表格"对话框。

（3）设置表格尺寸和文字分隔位置。

①表格尺寸：WPS 根据段落标记符和列分隔符自动填充"行数"和"列数"，用户也可以根据需要进行修改。

②文字分隔位置：选择将文本转换成行或列的位置。选择段落标记指示文本要开始的新行的位置，选择逗号、空格、制表符等特定的字符指示文本分成列的位置。

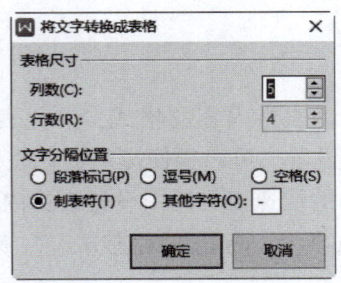

图 2-107 "将文字转换成表格"对话框

（4）单击"确定"按钮关闭对话框，即可将选中的文本转换成表格，如图 2-108 所示。

序号	品牌	商品名	单价	购买地点
1	A	茶叶	180	××超市
2	B	速溶咖啡	69	××便利店
3	C	酸奶	89	××鲜果店

图 2-108 文本转换成表格的效果

使用文本转换的表格与直接创建的表格一样，可以进行表格的所有相关操作。

3. 表格转换文本

将表格转换为文本，可以将表格中的内容按顺序提取出来，但是会丢失一些特殊的格式。

（1）在表格中选定要转换成文字的单元格区域。如果要将所有表格内容转换为文本，选中整个表格，或将光标定位在表格中。

（2）切换到"表格工具"选项卡，单击"转换成文本"按钮 ，打开如图 2-109 所示的"表格转换成文本"对话框。

（3）根据需要选择单元格内容之间的分隔符。

①段落标记：以段落标记分隔每个单元格的内容。

②制表符：以制表符分隔每个单元格的内容，每行单元格的内容为一个段落。

③逗号：以逗号分隔每个单元格的内容，每行单元格的内容为一个段落。

④其他字符：输入特定字符分隔各个单元格内容。

⑤转换嵌套表格：将嵌套表格中的内容也转换为文本。

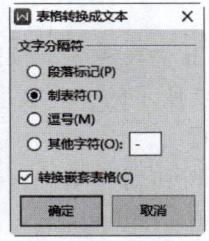

图 2-109 "表格转换成文本"对话框

（4）单击"确定"按钮关闭对话框，即可看到表格转换成文本的效果。例如，选择自定义符号">"为分隔符的转换效果如图 2-110 所示。

```
序号>品牌>商品名>单价>购买地点
1>A>茶叶>180>××超市
2>B>速溶咖啡>69>××便利店
3>C>酸奶>89>××鲜果店
```

图 2-110　表格转换为文本的效果

任务评价

评价类型	序号	任务内容	分值	自评	师评
学习态度	1	主动学习	5		
	2	学习时长、进度	10		
操作能力	3	新建文档	5		
	4	输入标题	5		
	5	创建表格	10		
	6	编辑表格	15		
	7	设置表格边框和底纹	10		
	8	设置表格属性	10		
	9	在表格中输入文字	10		
育人素养	10	完成育人素养学习	20		
总分			100		

自测任务书

通过本任务的学习，学生需要完成"商品出入库明细表"文档的创建和排版。参考样式如图 2-111 所示。

商品出入库明细表

序号	商品名称	日期	类型	数量	金额	备注
1	商品1	2024/3/27	入库	10	30.0	
2	商品2	2024/3/27	入库	15	10.0	
3	商品3	2024/3/27	出库	10	20.0	
4	商品4	2024/3/27	出库	20	55.0	
5	商品5	2024/3/27	入库	10	30.0	

图 2-111　商品出入库明细表

操作提示

1. 新建 WPS 文档。
2. 添加标题。
3. 创建并编辑表格。
4. 美化表格。
5. 添加文字。
6. 保存文档。

任务 2.4　制作绩效管理方案

任务描述

随着市场竞争的加剧和人才流动的加速，如何科学、公正地评估员工的工作表现，以及如何通过有效的激励机制来促进员工的持续成长和组织的共同发展，成为企业管理者面临的关键挑战，为此，公司领导要求李红制作一个绩效管理方案。

任务分析

通过本任务的学习，教育学生如何通过数据分析制订合理的绩效管理方案，提高他们的分析和决策能力。

首先打开原始文件中的"制作绩效管理方案"文件，其次进行页眉页脚设置，以及样式设置和套用样式，再次添加分页符并生成目录，最后保存文档，效果如图 2-112 所示。

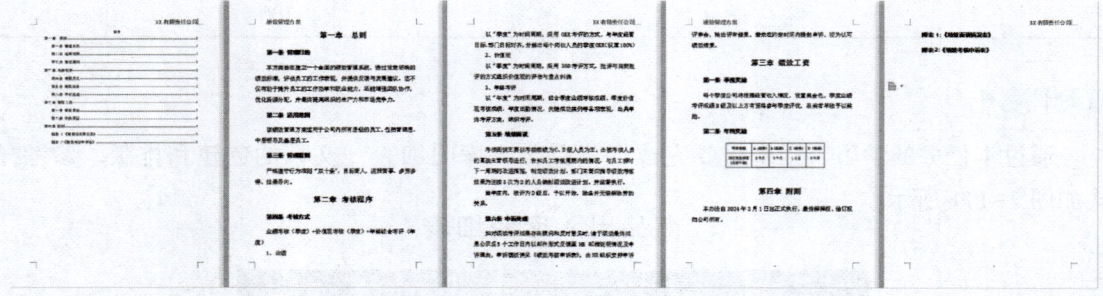

图 2-112　制作绩效管理方案

学习目标

1. 会设置页面页脚。
2. 会设置并套用样式。
3. 会插入分页符。
4. 会生成目录。

任务实施

1. 打开文档

（1）双击桌面上的 WPS 2022 快捷图标，启动 WPS 2022。

（2）单击"文件"菜单中的"打开"命令，或单击"首页"上的"打开"按钮 ，打开如图 2-113 所示的"打开文件"对话框。

（3）在对话框中选择"原始文件"中的"制作绩效管理方案"文件，单击"打开"按钮，打开文档。

图 2-113　"打开文件"对话框

2. 设置首页页眉

（1）单击"插入"选项卡中的"页眉页脚"按钮，此时页眉页脚为编辑状态，如图 2-114 所示。

图 2-114　页眉

（2）在首页页眉处输入"××有限责任公司"。

（3）在"页眉页脚"选项卡中设置页眉顶端距离为 2.00 厘米。

（4）在"开始"选项卡中设置页眉的字体为"黑体"，字号为"三号"，对齐方式为"右对齐"，效果如图 2-115 所示。

3. 设置正文的页眉/页脚

（1）单击"页眉页脚"选项卡中的"页眉页脚选项"按钮，打开"页眉/页脚设置"对话框，勾选"奇偶页不同"，在"页脚"下拉列表中选择"页脚中间"，其他采用默认设置，如图 2-116 所示，单击"确定"按钮。

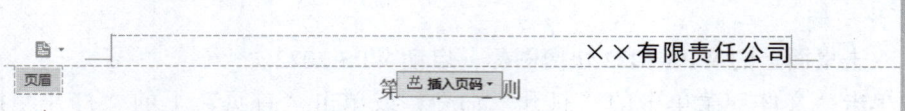

图 2-115　首页页眉

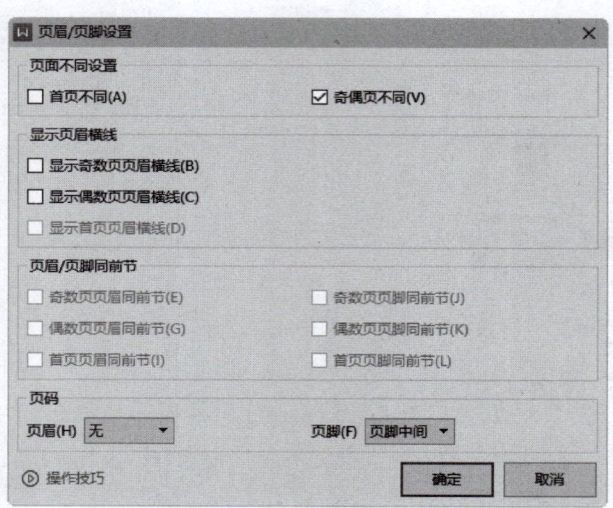

图 2-116　"页眉/页脚设置"对话框

（2）在偶数页页眉输入"绩效管理方案"；在"页眉页脚"选项卡中设置页眉顶端距离为 2.00 厘米，设置页眉的字体为"黑体"，字号为"三号"，对齐方式为"左对齐"，效果如图 2-117 所示。

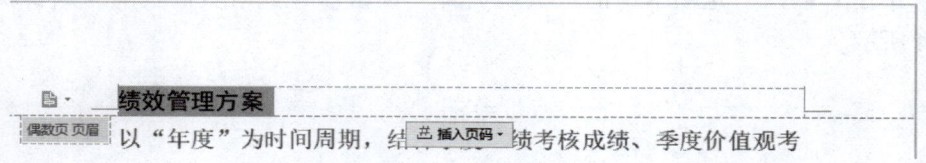

图 2-117　偶数页页眉

（3）在第一页的页脚处单击"页码设置"按钮，打开"页码设置"对话框，设置样式为"1，2，3…"，应用范围为"整篇文档"，如图 2-118 所示，单击"确定"按钮，插入页码。

（4）单击"页眉页脚"选项卡中的"关闭"按钮，退出页眉页脚编辑。

4. 设置并套用样式

（1）在"开始"选项卡的"样式"列表框中选取"标题 1"样式，右击，在弹出的快捷菜单中选择"修改样式"选项，打开"修改样式"对话框，单击"居中"按钮，如图 2-119 所示，单击"确定"按钮，设置标题 1 样式居中对齐。

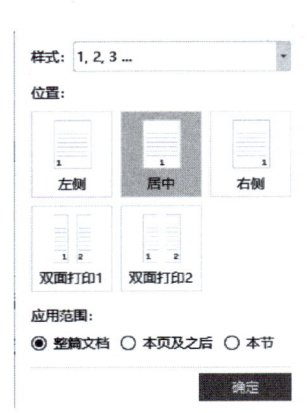

图 2-118 "页码设置"对话框

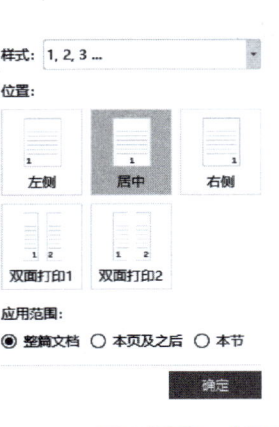

图 2-119 "修改样式"对话框

（2）选中文字"第一章 总则"，在"开始"选项卡的"样式"列表框中单击"标题 1"样式，效果如图 2-120 所示。

> XX 有限责任公司
>
> **第一章 总则**
>
> **第一条 管理目的**
> 本方案旨在建立一个全面的绩效管理系统，通过设定明确的绩效标准，评估员工的工作表现，并提供反馈与发展建议。这不仅有助于提升员工的工作效率和职业能力，还能增强团队协作，优化资源分配，并最终提高组织的生产力和市场竞争力。

图 2-120 套用"标题 1"样式

（3）采用相同的方法，将其他章的章名设置为"标题 1"样式。

（4）选取"第一条 管理目的"，在"开始"选项卡的"样式"列表框中单击"标题 2"样式，效果如图 2-121 所示。

> **第一章 总则**
>
> **第一条 管理目的**
> 本方案旨在建立一个全面的绩效管理系统，通过设定明确的绩效

图 2-121 套用"标题 2"样式

（5）采用相同的方法，将其他条设置为"标题 2"样式。

（6）在"开始"选项卡的"样式"列表框中选取"正文"样式，右击，在弹出的快捷菜单中选择"修改样式"选项，打开"修改样式"对话框，在"格式"下拉列表中单击

"段落"选项。

（7）打开"段落"对话框，设置首行缩进 2 字符，行距为"1.5 倍行距"，连续单击"确定"按钮，如图 2-122 所示。

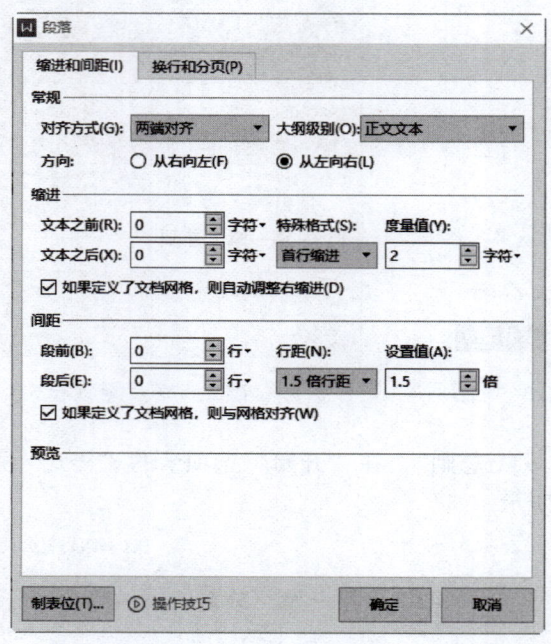

图 2-122　设置段落格式

5. 添加分页符

将光标放在"第一章　总则"前面，单击"插入"选项卡中的"分页"下拉按钮，打开如图 2-123 所示的下拉列表，单击"分页符"命令，新建一个空白页，并插入分页符，如图 2-124 所示。

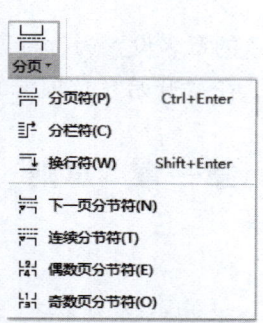

图 2-123　"分页"下拉列表

图 2-124　插入分页符

6. 插入目录

（1）将光标放在空白页的分页符前。

（2）单击"引用"选项卡中的"目录"下拉列表中的"依据标题/大纲识别"命令，如图 2-125 所示，系统自动根据前面设置的样式生成目录，如图 2-126 所示。

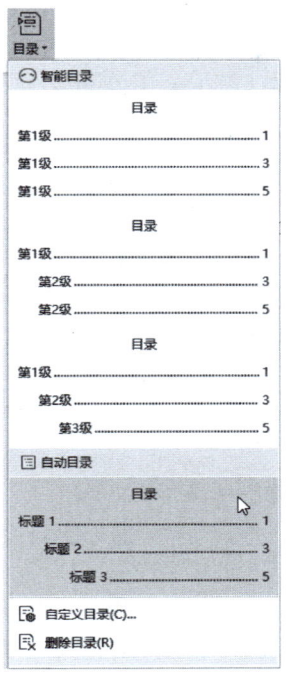

图 2-125　"目录"下拉列表

×× 有限责任公司

目录

第一章　总则 2
　　第一条　管理目的 2
　　第二条　适用范围 2
　　第三条　管理原则 2
第二章　考核程序 2
　　第四条　考核方式 2
　　第五条　绩效面谈 3
　　第六条　申诉处理 3
第三章　绩效工资 4
　　第一条　季度奖励 4
　　第二条　年终奖励 4
第四章　附则 4
　　附表 1：绩效面谈情况表 5
　　附表 2：绩效考核申诉表 5

图 2-126　目录

（3）单击"文件"菜单中的"另存为"命令，打开"另存文件"对话框，设置保存位置，输入文件名为"绩效管理方案"，单击"保存"按钮，保存文件。

拓展

1. 脚注添加

（1）将光标定位在需要插入脚注的位置，单击"引用"选项卡中的"插入脚注"按钮 ab¹，WPS 将自动跳转到该页的底端，显示一条分隔线和注释标记。

（2）输入脚注内容，如图 2-127 所示。

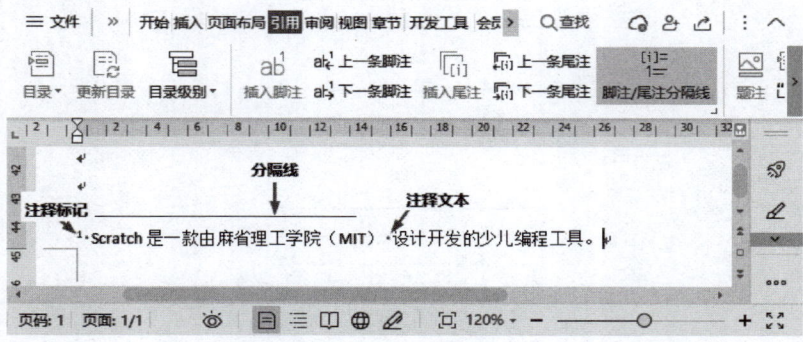

图 2-127 插入脚注

（3）输入完成后，在插入脚注的文本右上角显示对应的脚注注释标号。将鼠标指针移到标号上，指针显示为 ，并自动显示脚注文本提示，如图 2-128 所示。

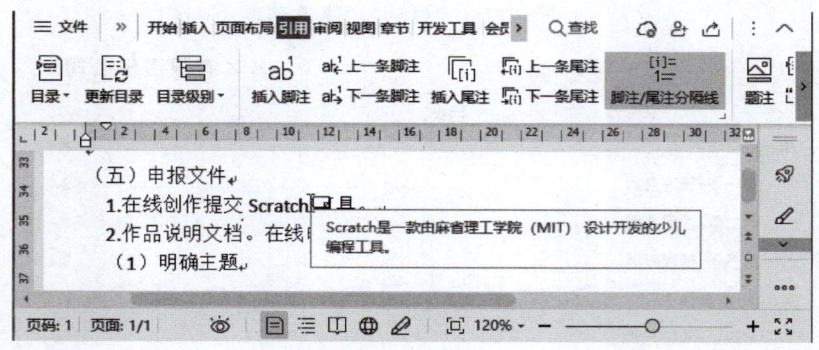

图 2-128 查看脚注

（4）重复上述步骤，在 WPS 文档中添加其他脚注。添加的脚注会根据脚注在文档中的位置自动调整顺序和编号。

（5）如果要修改脚注的注释文本，直接在脚注区域修改文本内容即可。

（6）如果要修改脚注格式和布局，单击"引用"选项卡"脚注和尾注"功能组右下角的扩展按钮 ，打开如图 2-129 所示的"脚注和尾注"对话框，在对话框中修改脚注显示的位置、注释标号的样式、起始编号、编号方式和应用范围。

如果希望将一种特殊符号作为脚注的注释标号，单击"符号"按钮，在打开的"符号"

对话框中选择符号。

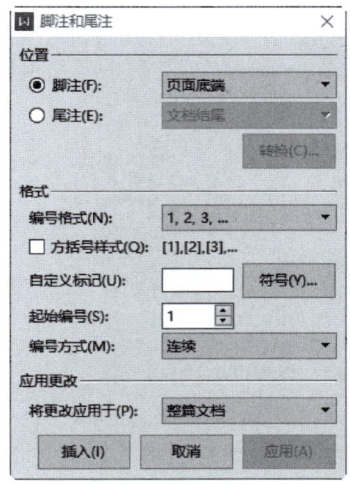

图 2-129 "脚注和尾注"对话框

（7）如果要删除脚注，在文档中选中脚注标号后，按 Delete 键。

2. 尾注添加

（1）将光标置于需要插入尾注的位置。

（2）在"引用"菜单选项卡中单击"插入尾注"按钮 ，WPS 将自动跳转到文档的末尾位置，显示一条分隔线和一个注释标号。

（3）直接输入尾注内容即可。输入完成后，将鼠标指针指向插入尾注的文本位置，将自动显示尾注文本提示。

与脚注类似，在一个页面中可以添加多个尾注，WPS 会根据尾注注释标记的位置自动调整顺序并编号。如果要修改尾注标号的格式，可以打开如图 2-129 所示的"脚注和尾注"对话框进行设置。

3. 制作索引

目录可以帮助读者快速了解文档的主要内容，索引可以帮助读者快速查找需要的信息。

（1）单击"引用"选项卡中的"插入索引"按钮 ，打开如图 2-130 所示"索引"对话框，在对话框中设置选择相关的项，单击"确定"即可。

①类型：选择索引的布局类型，通常多级索引选择"缩进式"。

②栏数：指定索引中的分栏数。

③语言：选择索引使用的语言。

④排序依据：设置索引项的排序依据。

（2）单击"标记索引项"选项，打开如图 2-131 所示"标记索引项"对话框。

①主索引项：自动填充为选定的文档内容，可以保留默认设置，也可以指定主索引项。

②次索引项：编辑下一级的索引项内容。方法与设置主索引项相同。

③选项：设置索引的显示方式。

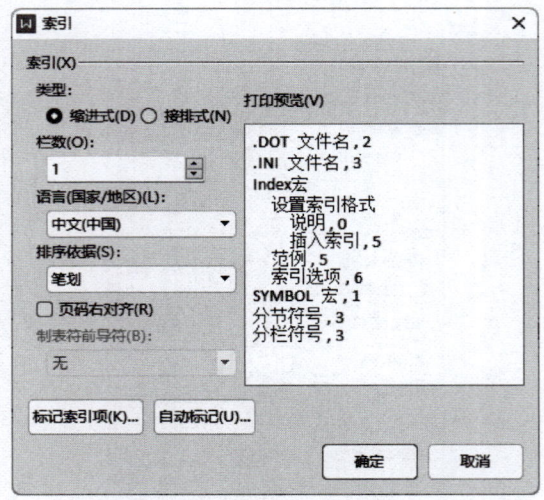

图 2-130 "索引"对话框

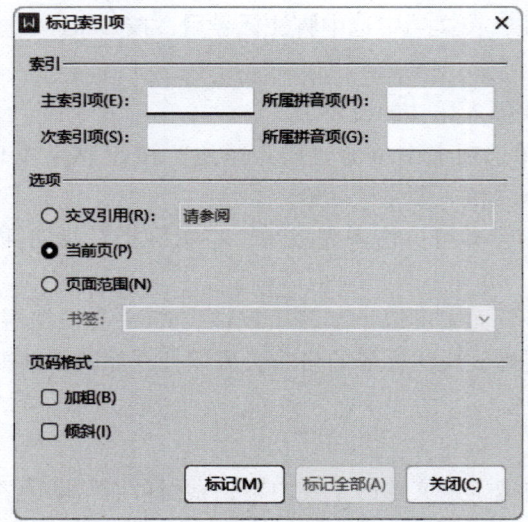

图 2-131 "标记索引项"对话框

如果希望通过指定的文本内容而不是页码进行检索,选中"交叉引用"单选按钮,并在其后的文本框中输入交叉引用的内容。

如果希望通过对应的页码检索,选中"当前页"单选按钮。

如果希望通过一个页码范围检索,选中"页面范围"单选按钮。

"页码格式"选项区设置页码文本的字形,可以加粗或倾斜。

(3)单击"标记"按钮,即可将当前所选文字标记为一个索引项。如果要将所有与所选文字相同的内容标记为索引项,则单击"标记全部"按钮。

(4)重复上面的步骤标记其他索引项。

（5）完成所有标记后单击"关闭"按钮关闭"标记索引项"对话框。在文档中可以查看标记索引项的文本，效果如图 2-132 所示。

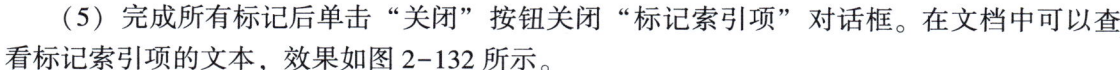

图 2-132 出现索引标记的文本效果

在文档中标记好所有的索引项之后，就可以创建索引了。

如果创建索引后又修改了文档内容，索引与文档可能不一致，此时需要对索引进行更新。

将光标定位在索引内右击，在打开的快捷菜单中选择"更新域"命令；或者单击"引用"选项卡中的"更新索引"按钮 ；也可以单击选中整个索引，然后按 F9 键更新索引。

对于不需要的索引项，可以选中对应的 XE 域代码，按 Delete 键将其删除。

4. 分享文档

在 WPS 2022 中，通过将文档上传到 WPS 云端，不仅可实现文档的安全备份，以便实时追踪文档版本记录和跨设备访问，还能将制作好的 WPS 文档分享给 QQ、微信好友或联系人，前提是必须有可应用的网络环境。

（1）登录 WPS 账号后，打开要共享的文档，单击"分享"按钮 ，打开如图 2-133 所示的"另存云端开启'分享'"对话框，设置保存位置，单击"上传到云端"按钮，即可自动将文档上传到 WPS 云空间。

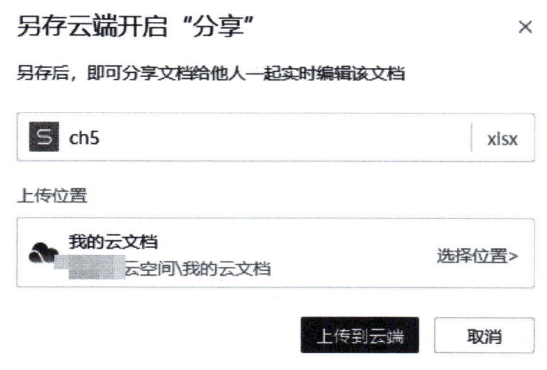

图 2-133 "另存云端开启'分享'"对话框

（2）上传完成后，打开如图 2-134 所示的分享设置对话框 1，如果选择"任何人可查看"选项，分享的文件只能查看不能编辑，如果选择"任何人可编辑"选项，分享的文件可以编辑内容并实时更新，单击"创建并分享"按钮。

（3）打开如图 2-135 所示的分享设置对话框 2，单击"复制链接"按钮，将链接分享给他人即可邀请其参与协作。

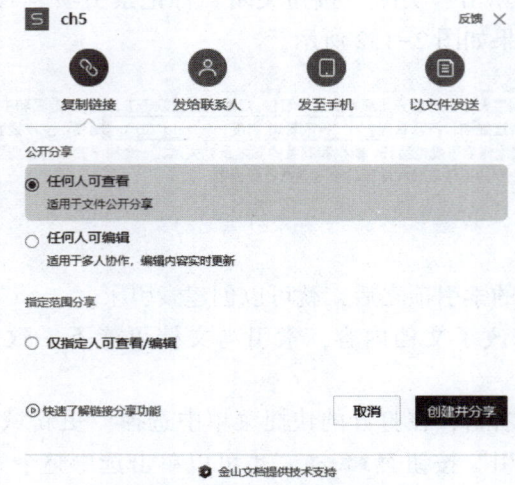

图 2-134 分享设置对话框 1

图 2-135 分享设置对话框 2

任务评价

评价类型	序号	任务内容	分值	自评	师评
学习态度	1	主动学习	5		
	2	学习时长、进度	10		
操作能力	3	打开文档	5		
	4	设置页眉、页脚	20		
	5	设置并套用样式	20		
	6	插入分页符	10		
	7	插入目录	10		

续表

评价类型	序号	任务内容	分值	自评	师评
育人素养	8	完成育人素养学习	20		
总分			100		

自测任务书

通过本任务的学习，学生需要完成"企业文化培训手册"文档的排版，参考样式如图 2-136 所示。

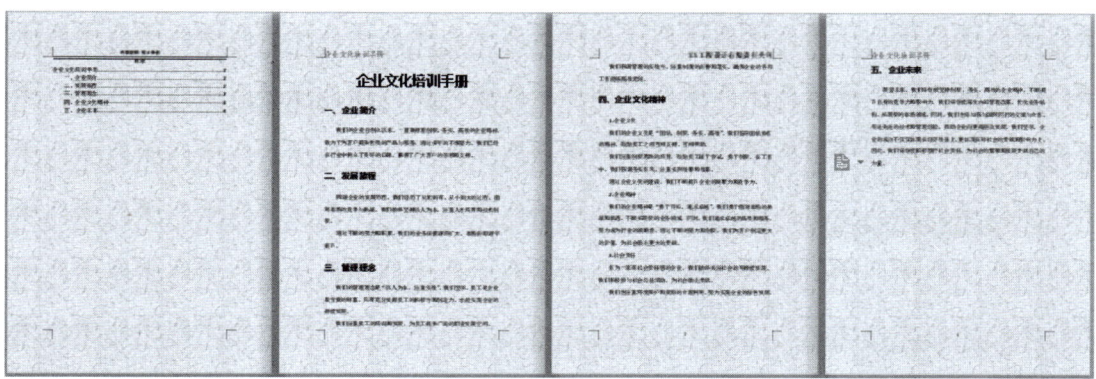

图 2-136　企业文化培训手册

操作提示

1. 打开文档。
2. 页面设置。
3. 设置并应用标题。
4. 添加页面页脚。
5. 插入分页符。
6. 插入目录。
7. 保存文档。

习题与思考

一、理论习题

1. WPS 文字中，如何设置段落的首行缩进？（　　）

A. 在"段落"对话框中设置

B. 在"字体"对话框中设置

C. 在"页面布局"选项卡中设置

D. 在"插入"选项卡中设置

2. 第一次保存文档时，系统打开的对话框是（　　）。

A. 保存　　　　　　B. 另存文件　　　　　C. 新建　　　　　　D. 关闭

3. 在 WPS 2022 中，默认保存后的文档格式扩展名是（　　）。

A. ＊.docx　　　　　B. ＊.doc　　　　　　C. ＊.html　　　　　D. ＊.txt

4. 对于一段两端对齐的文字，只选定其中的几个字符，单击"居中对齐"按钮，则（　　）。

　A. 整个段落均变成居中格式

　B. 只有被选定的文字变成居中格式

　C. 整个文档变成居中格式

　D. 格式不变

5. WPS 文字中，如何快速复制选定的文本？（　　）

　A. 使用 Ctrl+C 和 Ctrl+V　　　　　　　B. 使用 Ctrl+X 和 Ctrl+V

　C. 使用 Ctrl+A 和 Ctrl+V　　　　　　　D. 使用 Ctrl+B 和 Ctrl+V

6. 如何快速将 WPS 文字中的文本转换为大写字母？（　　）

　A. 使用"更改大小写"功能

　B. 手动逐个字母修改

　C. 在"字体"对话框中设置

　D. WPS 文字不支持文本大小写转换功能

7. WPS 文字中，如何设置文档的页面边距？（　　）

　A. 在"页面布局"选项卡中选择"页边距"

　B. 在"字体"对话框中设置

　C. 在"段落"对话框中设置

　D. 使用快捷键设置页面边距

8. 在 WPS 文字中，如何设置脚注或尾注？（　　）

　A. "引用"选项卡

　B. "页面布局"选项卡

　C. "插入"选项卡

　D. 无法在 WPS 文字中设置脚注或尾注

二、操作题

1. 制作工作牌，如图 2-137 所示。

（1）绘制图形并设置图形格式。

（2）绘制文本框并添加文字，然后设置文字格式。

（3）插入艺术字并设置格式。

2. 制作某公司会议记录表，如图 2-138 所示。

（1）绘制并编辑表格。

（2）正确输入样例中的文字。

图 2-137　工作牌

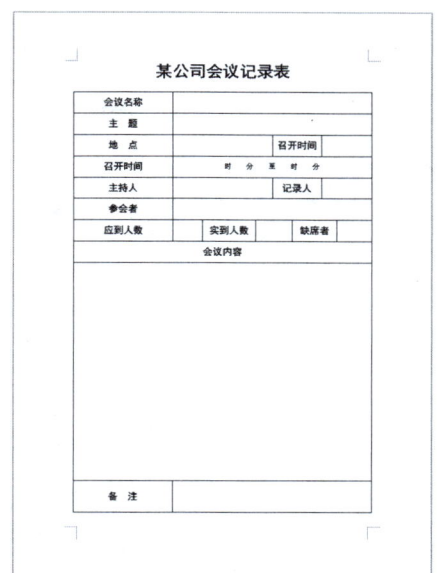

图 2-138　会议记录表

项目三

电子表格处理

导读

WPS Office 中的电子表格处理功能不仅继承了传统电子表格软件的基本功能，如数据输入、计算和图表生成等，还具有智能化的特性，如数据验证、条件格式化、公式助手等，极大地简化了数据处理流程，提高了工作效率。无论是管理、金融还是教育行业，WPS 电子表格都能帮助用户高效地完成各项任务。

学习要点

1. 掌握新建、保存、打开和关闭工作簿等基本操作。
2. 掌握插入、删除、重命名、移动、复制、显示及隐藏工作表等操作。
3. 掌握单元格、行和列的相关操作。
4. 掌握相对引用、绝对引用、混合引用及工作表外单元格的引用方法。
5. 熟悉公式和函数的使用，掌握平均值、最大/最小值、求和、计数等常见函数的使用。
6. 掌握筛选、排序和分类汇总、有效性数据设置、条件格式设置等操作。
7. 掌握利用表格数据制作常用图表的方法。
8. 掌握数据透视表和数据透视图的创建。

素养目标

通过制作学生信息表，培养学生对个人和他人信息的责任感。
通过统计学生成绩，培养学生客观公正地评价他人和自己。
通过处理商品库存数据，培养学生的诚信经营观念和职业道德。
通过制作员工工资图表，强化学生对劳动的尊重和劳动价值的认识。

任务 3.1　制作学生信息表

任务描述

又到了一年一度的新生入学季，为了更好地管理和服务于新同学，学校决定对每位学生的信息进行全面登记和管理。作为班长的陈晓需要制作一份详细的学生信息表。

任务分析

通过本任务的学习，教育学生如何有效地组织和整理信息，提高他们的逻辑思维和条理性。

首先应该创建一个工作簿，其次进行各种数据的输入，再快速填充数据，接着格式化工作表，包括设置数据的对齐方式、设置数据格式、直接套用表格样式，最后进行条件格式的设置，突出显示满足条件的单元格，效果如图 3-1 所示。

	A	B	C	D	E	F	G	H
1	序号	学号	姓名	性别	出生日期	籍贯	联系方式	备注
2	1	230101	王明	男	2005年3月1日	河南省洛阳市	13888615968	
3	2	230102	李丽	女	2005年4月2日	河南省洛阳市	13788615968	
4	3	230103	高英	女	2005年8月3日	河南省开封市	13868615968	
5	4	230104	张雪	女	2005年4月4日	河南省洛阳市	13888615468	
6	5	230105	马刚	男	2004年12月5日	河南省洛阳市	13888615962	
7	6	230106	张一恒	男	2005年4月6日	河南省开封市	13488615968	
8	7	230107	胡晓玲	女	2004年11月9日	河南省洛阳市	13538615962	
9	8	230108	郑春玲	女	2005年7月8日	河南省安阳市	13857615978	
10	9	230109	马晓丽	女	2005年4月20日	河南省洛阳市	13853615968	
11	10	230110	郭金华	男	2005年5月18日	河南省洛阳市	13884525968	
12	11	230111	周光荣	男	2004年10月22日	河南省新乡市	13888615542	
13	12	230112	李庆泰	男	2005年2月19日	河南省洛阳市	13188625381	
14	13	230113	杨丽娜	女	2005年4月13日	河南省开封市	13281615954	
15	14	230114	何晓燕	女	2005年1月7日	河南省洛阳市	13485615167	
16	15	230115	白晓生	男	2004年12月22日	河南省新乡市	13185559612	

图 3-1　学生信息表

学习目标

1. 会新建文档、保存文档。
2. 会录入文字和符号。
3. 会设置文档页面。
4. 会熟练设置字符格式和段落格式。
5. 会添加编号和项目符号。
6. 会退出文档。

任务实施

1. 新建工作簿

（1）双击桌面上的 WPS 2022 快捷图标，启动 WPS 2022。

（2）单击"首页"上的"新建"按钮 ⊕，打开"新建"选项卡，单击"新建表格"按钮 🆂 新建表格，在表格界面中单击"新建空白文档"按钮，即可创建一个名称为"工作簿1"的电子表格，如图 3-2 所示。

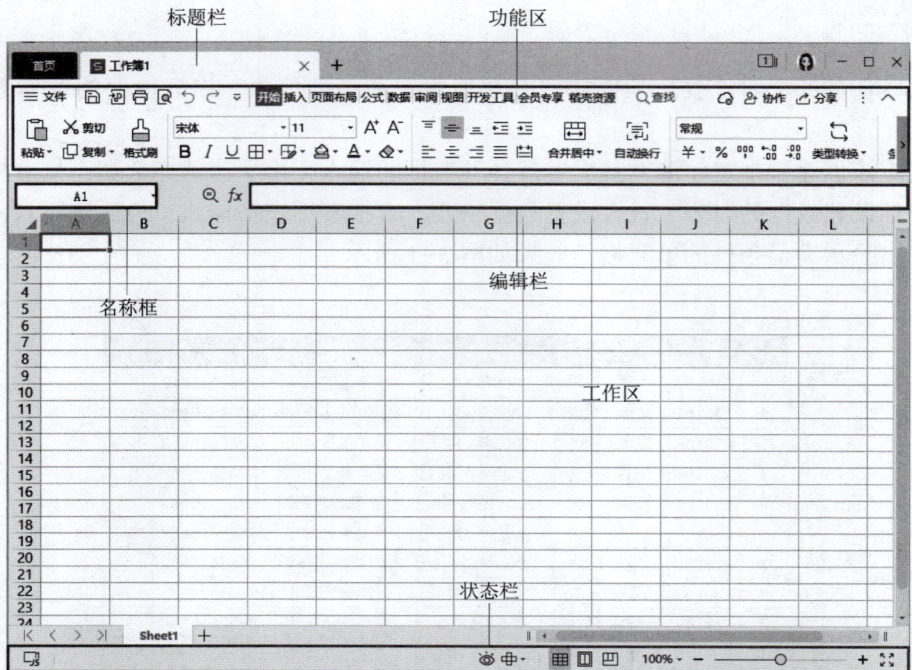

图 3-2 新建"工作簿 1"

提示：

WPS 2019 表格工作界面中的标题栏、功能区、状态区和文档处理操作界面中的功能是类似的，这里不再进行介绍，下面介绍 WPS 2022 表格工作界面中特有的功能。

名称框用于定义单元格或单元格区域的名称。如果单元格没有定义名称，在名称框中显示活动单元格的地址名称（例如 A1）。如果选中的是单元格区域，则名称框显示单元格区域左上角的地址名称。

编辑栏用于显示活动单元格的内容或使用的公式。单元格的宽度不能显示单元格的全部内容时，通常在编辑区中编辑内容。

工作区是编辑表格和数据的主要工作区域，左侧显示行号，顶部为列号，绿框包围的单元格为活动单元格，底部的工作表标签用于标记工作表的名称，白底绿字的标签为当前活动工作表的标签。

2. 更改工作表名称

双击工作表名称标签"Sheet1"，使其处于编辑状态，输入新的名称为"学生信息表"，按 Enter 键确认，如图 3-3 所示。

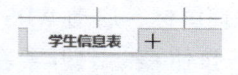

图 3-3 更改工作表名称

3. 录入数据

（1）在工作表中的 A1：H1 单元格区域依次输入文本，如图 3-4 所示。

项目三 电子表格处理

图 3-4 在单元格中输入文本

（2）在工作表中的 A2：G2 单元格区域依次输入第一个学生信息，如图 3-5 所示。

图 3-5 输入学生信息

（3）选中 A2 单元格，将鼠标指针移到单元格右下角的绿色方块（称为"填充手柄"）上，指标显示为黑色十字形 **+**。按下左键拖动 A16 单元格，释放左键，即可在选择区域的所有单元格中以序列方式填充数据，如图 3-6 所示。

图 3-6 快速填充"序号"

（4）采用相同的方法，快速填充"学号"，如图 3-7 所示。

图 3-7 快速填充"学号"

（5）继续填充学生的其他信息，结果如图 3-8 所示。

	A	B	C	D	E	F	G	H
1	序号	学号	姓名	性别	出生日期	籍贯	联系方式	备注
2	1	230101	王明	男	2005/3/1	河南省洛阳	13888615968	
3	2	230102	李丽	女	2005/4/2	河南省洛阳	13788615968	
4	3	230103	高英	女	2005/8/3	河南省开封	13868615968	
5	4	230104	张雪	女	2005/4/4	河南省洛阳	13888615468	
6	5	230105	马刚	男	2004/12/5	河南省洛阳	13888615962	
7	6	230106	张一恒	男	2005/4/6	河南省开封	13488615968	
8	7	230107	胡晓玲	女	2004/11/9	河南省洛阳	13538615962	
9	8	230108	郑春玲	女	2005/7/8	河南省安阳	13857615978	
10	9	230109	马晓丽	女	2005/4/20	河南省洛阳	13853615968	
11	10	230110	郭金华	男	2005/5/18	河南省洛阳	13884525968	
12	11	230111	周光荣	男	2004/10/22	河南省新乡	13888615542	
13	12	230112	李庆泰	男	2005/2/19	河南省洛阳	13188625381	
14	13	230113	杨丽娜	女	2005/4/13	河南省开封	13281615954	
15	14	230114	何晓燕	女	2005/1/7	河南省洛阳	13485615167	
16	15	230115	白晓生	男	2004/12/22	河南省新乡	13185559612	

图 3-8　学生信息表

提示：

输入数字时，若单元格中出现符号"####"，是因为单元格的列宽不够，不能显示全部数据，此时增大单元格的列宽即可。如果输入的数据过长（超过单元格的列宽或超过 11 位时），系统则自动以科学计数法表示。

4. 设置单元格格式

（1）选中 E 列，单击"开始"选项卡"单元格"下拉按钮 ，打开如图 3-9 所示的下拉列表，单击"设置单元格格式"命令，打开"单元格格式"对话框。

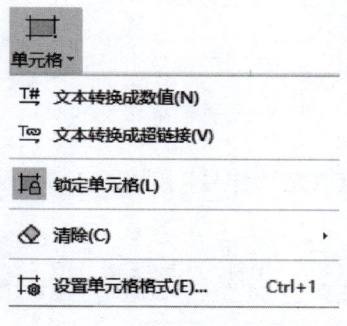

图 3-9　"单元格"下拉列表

（2）在"数字"选项卡的"分类"列表中选择"日期"，在"类型"列表框中选择"2001 年 3 月 7 日"类型，如图 3-10 所示，单击"确定"按钮，更改日期类型，结果如图 3-11 所示。

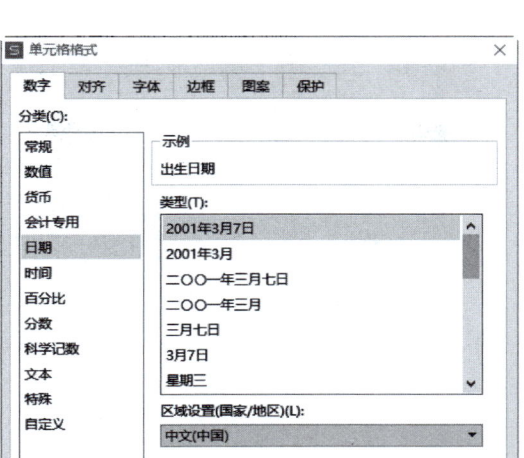

图 3-10 "单元格格式"对话框

图 3-11 更改日期类型

5. 调整单元格大小

（1）选中 A 列到 H 列，单击"开始"选项卡"行和列"下拉按钮，打开如图 3-12 所示的下拉列表，单击"最适合的列宽"命令，以合适的列宽显示文本。

（2）单击"开始"选项卡中的"水平居中"按钮，使单元格中的内容都水平居中，结果如图 3-13 所示。

（3）选中 A 列到 C 列，单击"开始"选项卡"行和列"下拉列表中的"行高"命令，然后在打开的"行高"对话框中设置行高为 20 磅，如图 3-14 所示，单击"确定"按钮，调整单元格的行高。

图 3-12　"行和列"下拉列表　　　　　　　图 3-13　显示文本

6. 美化表格

（1）选择 A1：H16 区域，单击"开始"选项卡"表格样式"下拉按钮 ，打开如图 3-15 所示的下拉列表，单击"表样式浅色 9"样式。

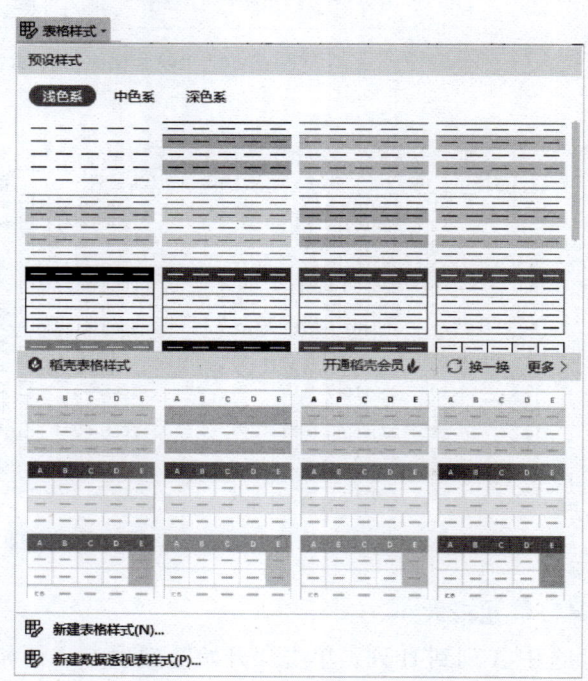

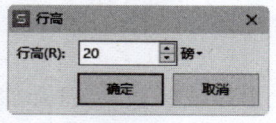

图 3-14　设置行高　　　　　　　图 3-15　"表格样式"下拉列表

（2）打开如图 3-16 所示的"套用表格样式"对话框，这里采用默认设置，单击"确定"按钮，套用所选表格样式，结果如图 3-17 所示。

项目三　电子表格处理

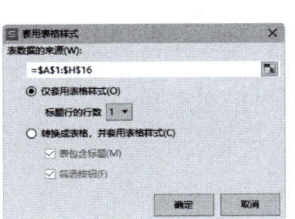

图 3-16　"套用表格样式"对话框

图 3-17　套用表格样式

7. 突出显示

（1）选中 F 列，单击"开始"选项卡"条件格式"下拉按钮，在打开的下拉列表中"突出显示单元格规则"→"文本包含"命令，如图 3-18 所示，打开如图 3-19 所示的"文本中包含"对话框。

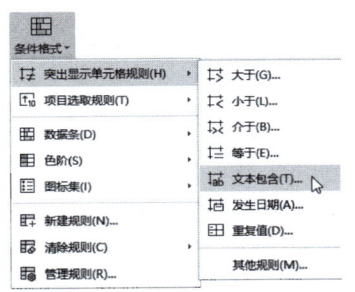

图 3-18　"条件格式"下拉列表　　　　图 3-19　"文本中包含"对话框

（2）在对话框中输入包含文本为"洛阳"，设置为"绿填充色深绿色文本"，如图 3-20 所示。

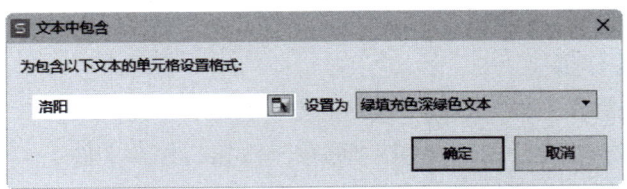

图 3-20　设置条件

（3）在对话框中单击"确定"按钮，表格中籍贯包含有"洛阳"文本的表格将以"绿填充色深绿色文本"显示，如图 3-21 所示。

89

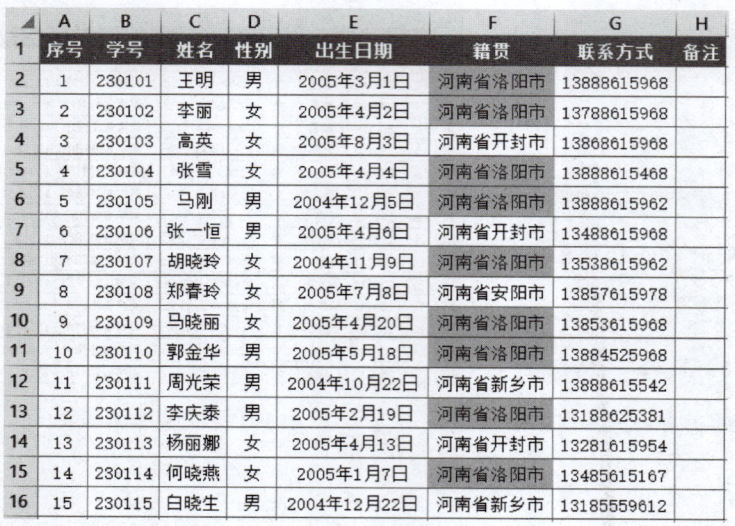

图 3-21 突出显示包含"洛阳"的籍贯

（4）选中 D 列，单击"开始"选项卡"条件格式"下拉列表中"突出显示单元格规则"→"等于"命令，打开"等于"对话框。

（5）在对话框中输入等于值为"女"，设置为"浅红填充色深红色文本"，如图 3-22 所示。

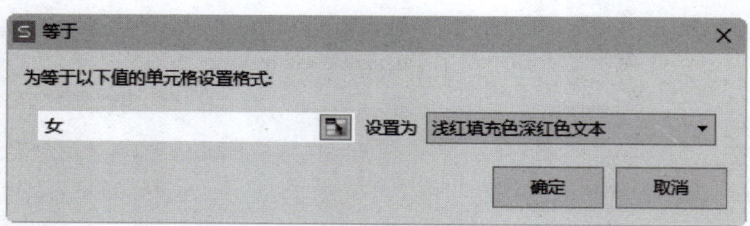

图 3-22 "等于"对话框

（6）在对话框中单击"确定"按钮，表格中性别为"女"的表格将以"浅红填充色深红色文本"显示，如图 3-23 所示。

8. 保存并关闭工作簿

（1）单击快速工具栏上的"保存"按钮，打开"另存文件"对话框，设置保存位置，输入文件名为"学生信息表"，单击"保存"按钮，保存文件。

（2）单击工作簿标签右侧的"关闭"按钮，或在工作簿标签上右击，在弹出的快捷菜单中选择"关闭"按钮，关闭工作簿。

项目三　电子表格处理

图 3-23　突出显示包含"洛阳"的籍贯

拓展

1. 管理工作表

工作簿建立后，根据需要，可以对工作表进行插入、重命名、移动、复制、隐藏和显示、冻结、删除等操作。

（1）插入工作表。

在默认情况下，每个工作簿中只包含 1 个工作表"Sheet1"。根据需要，用户可以在一个工作簿中插入多张工作表，常用的方法有以下两种。

①单击工作表标签右侧的"新工作表"按钮 ＋，即可在当前活动工作表右侧插入一个新的工作表。新工作表的名称依据活动工作簿中工作表的数量自动命名。

②在工作表标签上右击，在弹出的快捷菜单中选择"插入工作表"命令，如图 3-24 所示，打开如图 3-25 所示的"插入工作表"对话框，设置插入数目以及插入位置，然后单击"确定"按钮，即可插入新的工作表。

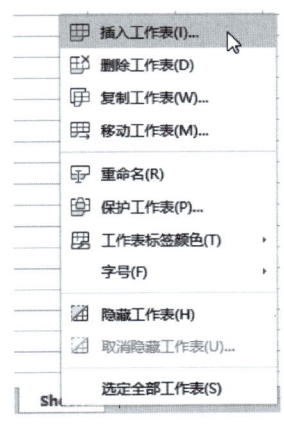

图 3-24　快捷菜单

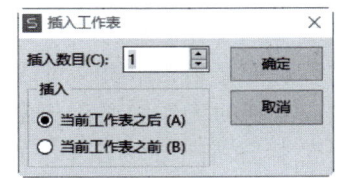

图 3-25　"插入工作表"对话框

（2）选择工作表。

在实际应用中，一个工作簿通常包含多张工作表，用户可能要在多张工作表中编辑数据，或对不同工作表的数据进行汇总计算，这就要在不同的工作表之间进行切换。

单击工作表的名称标签，即可进入对应的工作表。工作表的名称标签位于状态栏上方，其中高亮显示的工作表为活动工作表。

如果要选择多个连续的工作表，可以选中一个工作表之后，按下 Shift 键单击最后一个要选中的工作表。

如果要选择不连续的工作表，可以选中一个工作表之后，按下 Ctrl 键单击其他要选中的工作表。

如果要选中当前工作簿中所有的工作表，可以在工作表标签上右击，然后在弹出的快捷菜单中选择"选定全部工作表"命令。

（3）重命名工作表。

如果一个工作簿中包含多张工作表，给每个工作表指定一个具有代表意义的名称是很有必要的。重命名工作表有以下两种常用方法。

①双击要重命名的工作表名称标签，键入新的名称后按 Enter 键。

②在要重命名的工作表名称标签上右击，在弹出的快捷菜单中选择"重命名"命令，输入新名称后按 Enter 键。

（4）移动和复制工作表。

在实际应用中，可能需要在同一个工作簿中制作两个相似的工作表，或者将一个工作簿中的工作表移动或拷贝到另一个工作簿中。

将工作表移动或复制到工作簿中指定的位置，可以利用以下两种方式：

①用鼠标拖放。

如果要在同一个工作簿中快速移动或复制工作表，可以使用鼠标拖动工作表标签。

选中要移动的工作表标签，按下左键拖动，鼠标指针显示为 ，当前选中工作表标签的左上角出现一个黑色倒三角标志，如图 3-26 所示。当黑色倒三角显示在目标位置时释放左键，即可将工作表移动到指定的位置。

如果拖放的同时按住 Ctrl 键，鼠标指针显示为 ，当前选中工作表标签的左上角出现一个黑色倒三角标志，如图 3-27 所示。当黑色倒三角显示在目标位置时释放左键，即可在指定位置生成当前选中工作表的一个副本。

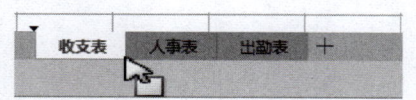

图 3-26　按住鼠标左键拖动工作表标签

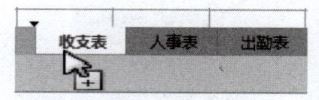

图 3-27　按住左键和 Ctrl 键拖动工作表标签

②利用"移动或复制工作表"对话框。

在要移动或复制的工作表名称标签上右击，在弹出的快捷菜单中选择"移动或复制"命令，打开如图 3-28 所示的对话框。在"下列选定工作表之前"下拉列表中选择要移到的目标位置。如果要复制工作表，还要选中"建立副本"复选框。单击"确定"按钮。

（5）隐藏和显示工作表。

如果不希望他人查看工作簿中的某个工作表，或在编辑工作表时为避免对重要的数据进行误操作，可以隐藏工作表。

在要隐藏的工作表名称标签上右击，在弹出的快捷菜单中选择"隐藏"命令，即可隐藏对应的工作表，其名称标签也随之隐藏。

如果要取消隐藏，右击任一工作表名称标签，在弹出的快捷菜单中选择"取消隐藏"命令，打开如图 3-29 所示的"取消隐藏"对话框，选择要显示的工作表，单击"确定"按钮关闭对话框，即可显示工作表。

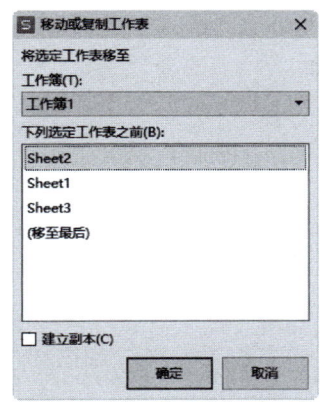

图 3-28 "移动或复制工作表"对话框

图 3-29 "取消隐藏"对话框

（6）冻结工作表。

如果在滚动工作表时，希望某些行或列始终显示在可视区域，可以将这些行或列冻结。被冻结的部分通常是标题行或列，也就是表头部分。

选中要冻结的行和列交叉处的单元格的右下方单元格。例如，要冻结第 1 行和第 1 列，则选中 B2 单元格。单击"视图"菜单选项卡中"冻结窗格"下拉按钮 ，弹出如图 3-30 所示的下拉列表。

图 3-30 "冻结窗格"下拉列表

注意：该下拉列表中的第一项命令会根据当前选中的单元格位置自动变化。例如，选中 A1 单元格时显示为"冻结窗格"；选中 D5 单元格时显示为"冻结至第 4 行 C 列"。

根据需要选择要冻结的范围。选中的单元格左上方显示两条相互垂直的绿色拆分线，将窗口拆分为四部分。此时，无论怎样拖动滚动条，冻结的行和列都会固定显示在窗口中。

如果要撤销被冻结的窗口，单击"冻结窗格"下拉列表中的"取消冻结窗格"命令。

（7）删除工作表。

如果不再使用某个工作表，可以将其删除。

在要删除的工作表标签上右击，在弹出的快捷菜单中选择"删除"命令。删除工作表是永久性的，不能通过"撤销"命令恢复。

删除多个工作表的方法与此类似，不同的是在选定工作表时要按住 Ctrl 键或 Shift 键以选择多个工作表。

2. 单元格操作

（1）选定单元格区域。

在输入和编辑单元格内容之前，必须使单元格处于活动状态。所谓活动单元格，是指可以进行数据输入的选定单元格，特征是被绿色粗边框围绕的单元格。

通过键盘和鼠标选定单元格区域的操作如表 3-1 所示。

表 3-1　选定单元格区域

选定内容	操作
单个单元格	单击相应的单元格，或用方向键移动到相应的单元格
连续单元格区域	单击选定该区域的第一个单元格，然后按下鼠标左键拖动，直至选定最后一个单元格。值得注意的是：拖动鼠标前鼠标指针应呈空心十字形
工作表中所有单元格	单击工作表左上角的"全选"按钮
不相邻的单元格或单元格区域	先选定一个单元格或区域，然后按住 Ctrl 键选定其他的单元格或区域
较大的单元格区域	先选定该区域的第一个单元格，然后按住 Shift 键单击区域中的最后一个单元格
整行	单击行号
整列	单击列号
相邻的行或列	沿行号或列号拖动鼠标
不相邻的行或列	先选中第一行或列，然后按住 Ctrl 键选定其他的行或列
增加或减少活动区域中的单元格	按住 Shift 键并单击新选定区域中最后一个单元格，在活动单元格和所单击的单元格之间的矩形区域将成为新的选定区域
取消单元格选定区域	单击工作表中其他任意一个单元格

（2）插入单元格。

在需要插入单元格的位置，右击，弹出如图 3-31 所示的快捷菜单，选择不同的插入方式，插入单元格。

如果选择"插入单元格，活动单元格右移"或"插入单元格，活动单元格下移"选项，新单元格将插入到活动单元格左侧或上方。

如果选择"插入行"选项，在活动单元格下方将插入一个或多个空行。

如果选择"插入列"选项，在活动单元格左侧将插入一个或多个空列。

项目三 电子表格处理

（3）清除或删除单元格。

清除单元格只是删除单元格中的内容、格式或批注，单元格仍然保留在工作表中；删除单元格则是从工作表中移除这些单元格，并调整周围的单元格，填补删除后的空缺。

①清除单元格内容。

选中要清除的单元格区域，按 Delete 键即可清除指定单元格区域的内容。

②清除单元格中的格式和批注。

选中要清除的单元格、行或列。单击"开始"选项卡"单元格"下拉列表中的"清除"命令，然后在如图 3-32 所示的级联菜单中选择要清除的内容。

图 3-31　快捷菜单

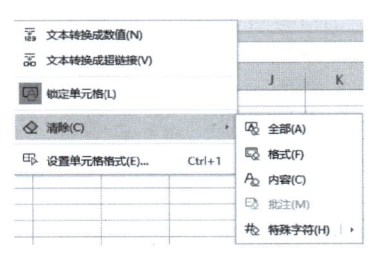

图 3-32　"清除"级联菜单

③删除单元格。

选中要删除的单元格、行或列，右击，在弹出的快捷菜单中选择"删除"命令，然后在如图 3-33 所示的级联菜单中选择需要删除单元格的方式。

（4）移动或复制单元格。

移动单元格是指把某个单元格（或区域）的内容从当前的位置移动到另外一个位置；而复制是指当前内容不变，在另外一个位置生成一个副本。

用鼠标拖动的方法可以方便地移动或复制单元格。

①选定要移动或复制的单元格。

②将鼠标指向选定区域的边框，此时鼠标的指针变为 ✥ 。

③按下鼠标左键拖动到目的位置，释放鼠标，即可将选中的区域移到指定位置。

④如果要复制单元格，则在拖动鼠标的同时按住 Ctrl 键。

如果要将选定区域拖动或复制到其他工作表上，可以选定区域后单击"剪切"按钮 或"复制"按钮 ，然后打开要复制到的工作表，在要粘贴单元格区域的位置单击"粘贴"按钮 。

（5）合并单元格。

WPS 表格中的单元格默认大小一样，排列规整。如果希望某些单元格占用多行或多列，可以指将一个矩形区域中的多个单元格合并为一个单元格。

①选择要合并的多个连续的单元格，且这些单元格组成一个矩形区域。

②单击"开始"选项卡中的"合并居中"下拉按钮 ，弹出如图 3-34 所示的下拉列表。选择需要的合并方式。

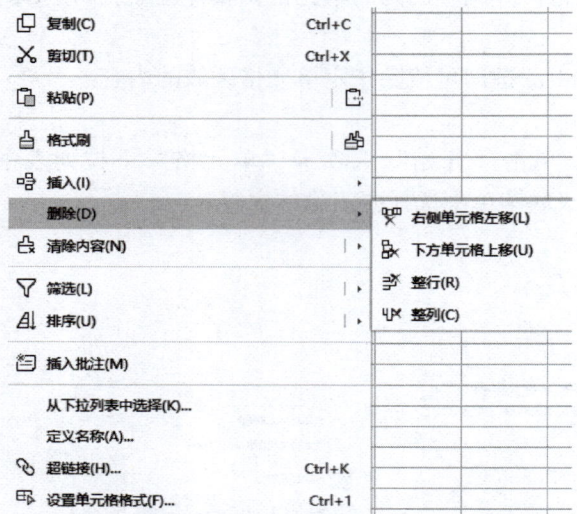
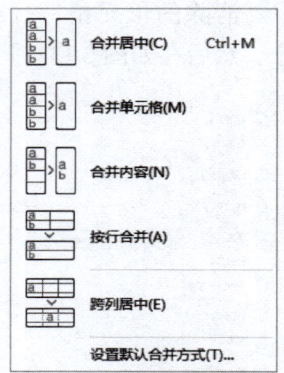

图 3-33 "删除"级联菜单　　　　　　　图 3-34 合并单元格子菜单

如果要取消合并单元格，选中合并后的单元格，单击"开始"选项卡中"合并居中"下拉按钮 ，在下拉列表中选择"取消合并单元格"命令，如图 3-35 所示。

注意： 取消合并之后，单元格将被拆分为合并之前的样子。如果合并后的单元格中仅保留了最左侧或左上角单元格中的数据，则取消合并后，其他单元格中的数据会丢失。

（6）调整行高与列宽。

WPS 工作表中的所有单元格默认拥有相同的行高和列宽，如果要在单元格中容纳不同大小和类型的内容，就需要调整行高和列宽。

如果对行高与列宽的要求不高，可以利用鼠标拖动进行调整。

①将鼠标指针移到行号的下边界上，指针显示为纵向双向箭头 时，按下左键拖动到合适位置释放，可改变指定行的高度。

②将鼠标指针移到列标的右边界上，指针显示为横向双向箭头 时，按下左键拖动到合适位置释放，可改变指定列的宽度。

提示：

双击列标题的右边界，可使列宽自动适应单元格中内容的宽度。如果要一次改变多行或多列的高度或宽度，只需要选中多行或多列，然后用鼠标拖动其中任何一行或一列的边界即可。

如果希望精确地指定行高和列宽，可以使用菜单命令进行设置。

①选中要调整行高或列宽的单元格。

②单击"开始"选项卡中的"行和列"下拉按钮 ，在打开的如图 3-36 所示下拉列表中选择需要的命令。

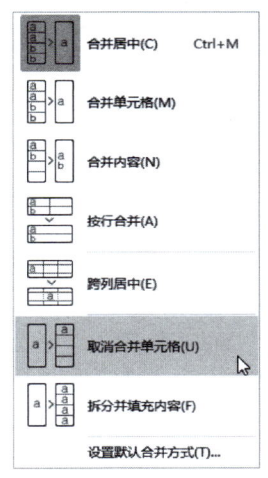

图 3-35　取消合并单元格　　　　图 3-36　"行和列"下拉列表

③如果要调整行高，单击"行高"命令，打开"行高"对话框设置行高的单位与数值，如图 3-37 所示。如果希望 WPS 根据键入的内容自动调整行高，单击"最适合的行高"命令。

④如果要调整列宽，单击"列宽"命令，打开"列宽"对话框设置列宽的单位与数值，如图 3-38 所示。如果希望 WPS 根据键入的内容自动调整列宽，单击"最适合的列宽"命令。

⑤如果希望将工作表中的所有列宽设置为一个固定值，单击"标准列宽"命令，在如图 3-39 所示的"标准列宽"对话框中设置宽度和单位。

　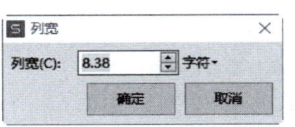　

图 3-37　"行高"对话框　　　图 3-38　"列宽"对话框　　　图 3-39　"标准列宽"对话框

3. 设置单元格边框和底纹

默认情况下，WPS 工作表的背景颜色为白色，各个单元格由浅灰色网格线进行分隔，但网格线不能打印显示。为单元格或区域设置边框和底纹，不仅能美化工作表，而且可以更清楚地区分单元格。

（1）选中要添加边框和底纹的单元格或区域。

（2）右击，在弹出的快捷菜单中选择"设置单元格格式"命令，打开"单元格格式"对话框，然后切换到如图 3-40 所示的"边框"选项卡设置边框线的样式、颜色和位置。

设置边框线的位置时，在"预置"区域单击"无"可以取消已设置的边框；单击"外边框"可以在选定区域四周显示边框；单击"内部"设置分隔相邻单元格的网格线样式。

在"边框"区域的预览草图上单击，或直接单击预览草图四周的边框线按钮，即可在指定位置显示或取消边框。

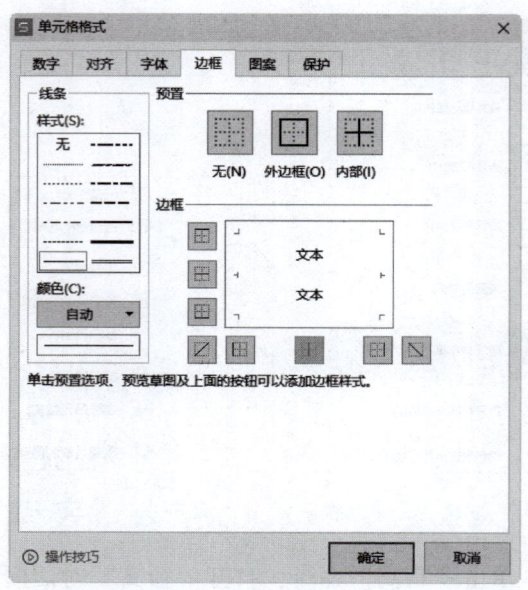

图 3-40 "边框"选项卡

（3）切换到如图 3-41 所示的"图案"选项卡，在"颜色"列表中选择底纹的背景色；在"图案样式"列表框中选择底纹图案；在"图案颜色"列表框中选择底纹的前景色。

（4）设置完成后，单击"确定"按钮关闭对话框。

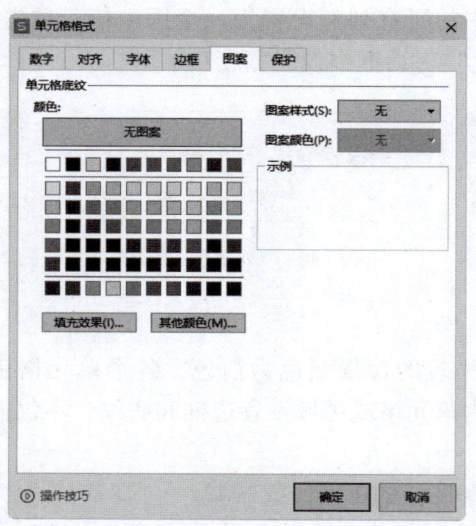

图 3-41 "图案"选项卡

4. AI 智能表格

AI 智能表格是在传统表格的基础上，可以更加快捷智能地收集汇总数据，分析数据，可以让工作管理和协作更加井井有条的工具。

（1）在"首页"界面中单击"空白智能表格"按钮，系统将创建一个名称为"工作簿"的表格，如图3-42所示。

图3-42 新建"工作簿"

（2）单击"WPS AI"选项卡，打开下拉列表，WPS AI提供了AI写公式、AI条件格式等功能，帮助用户更简单高效地管理数据、处理数据，如图3-43所示。

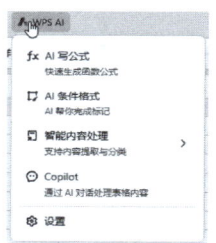

图3-43 "WPS AI"选项卡

①AI 公式：根据描述，生成匹配的表格公式。
②AI 条件格式：根据描述，自动快速标记表格。
③智能内容处理：包括了智能分类、智能抽取和情感分析。智能分类是按照自定义类别进行智能分类，管理数据。智能抽取是提取特定信息，如地名、公司名等。情感分析是分析用户的满意度，按好评、中评和差评分析情感并给出结论。其中1分是不满意，可用于用户反馈，用户建议，还可以了解用户整体满意度并筛选出不同满意度的评价。
④Copilot：通过 AI 对话处理表格内容。

（3）单击"WPS AI"选项卡，选择"AI 条件格式"命令，打开"AI 条件格式"对话框，输入"将 F 列超过 100 000 的金额标记为红色"，如图3-44所示，然后按 Enter 键。

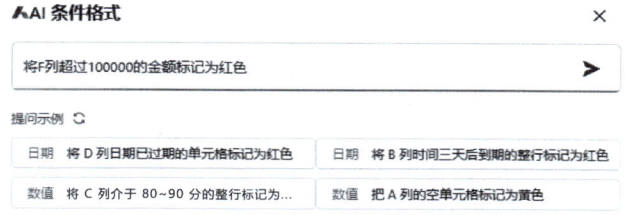

图3-44 输入条件格式

（4）软件将金额大于 100 000 涂成红色，如图 3-45 所示。

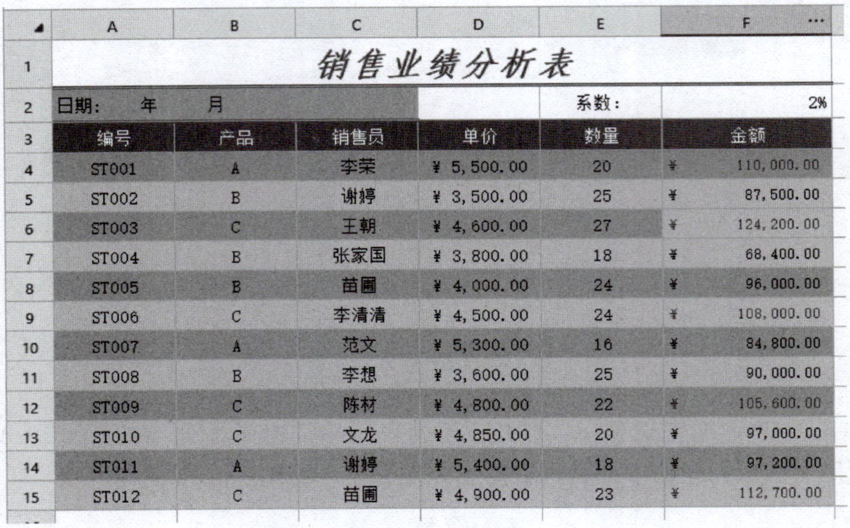

	A	B	C	D	E	F
1	销售业绩分析表					
2	日期：　年　月				系数：	2%
3	编号	产品	销售员	单价	数量	金额
4	ST001	A	李荣	¥ 5,500.00	20	¥ 110,000.00
5	ST002	B	谢婷	¥ 3,500.00	25	¥ 87,500.00
6	ST003	C	王朝	¥ 4,600.00	27	¥ 124,200.00
7	ST004	B	张家国	¥ 3,800.00	18	¥ 68,400.00
8	ST005	B	苗圃	¥ 4,000.00	24	¥ 96,000.00
9	ST006	C	李清清	¥ 4,500.00	24	¥ 108,000.00
10	ST007	A	范文	¥ 5,300.00	16	¥ 84,800.00
11	ST008	B	李想	¥ 3,600.00	25	¥ 90,000.00
12	ST009	C	陈材	¥ 4,800.00	22	¥ 105,600.00
13	ST010	C	文龙	¥ 4,850.00	20	¥ 97,000.00
14	ST011	A	谢婷	¥ 5,400.00	18	¥ 97,200.00
15	ST012	C	苗圃	¥ 4,900.00	23	¥ 112,700.00

图 3-45　涂红金额的表格

任务评价

评价类型	序号	任务内容	分值	自评	师评
学习态度	1	主动学习	5		
	2	学习时长、进度	10		
操作能力	3	新建工作簿	5		
	4	修改工作表名称	5		
	5	输入文本	15		
	6	设置行和列	15		
	7	格式化表格	10		
	8	设置条件格式	10		
	9	保存工作簿	5		
育人素养	10	完成育人素养学习	20		
总分			100		

自测任务书

通过本任务的学习，学生需要完成“员工工资表”的制作，参考样式如图 3-46 所示。

员工工资表							
日期:2024年01月							
员工编号	姓名	基本工资	收入提成	住房补助	应扣请假费	加班费	实发工资
ST001	李荣	¥2,400.00	¥1,400.00	¥120.00	¥60.00	¥100.00	¥3,960.00
ST002	谢婷	¥2,400.00	¥1,325.00	¥120.00	¥0.00	¥100.00	¥3,945.00
ST003	王朝	¥2,400.00	¥1,475.00	¥120.00	¥0.00	¥0.00	¥3,995.00
ST004	张家国	¥2,400.00	¥1,425.00	¥120.00	¥200.00	¥200.00	¥3,945.00
ST005	苗圃	¥2,400.00	¥1,380.00	¥120.00	¥50.00	¥200.00	¥4,050.00
ST006	李清清	¥2,400.00	¥1,470.00	¥120.00	¥100.00	¥200.00	¥4,090.00
ST007	范文	¥2,400.00	¥1,495.00	¥120.00	¥0.00	¥0.00	¥4,015.00
ST008	李想	¥2,400.00	¥1,300.00	¥120.00	¥0.00	¥100.00	¥3,920.00
ST009	陈材	¥2,400.00	¥1,400.00	¥120.00	¥240.00	¥200.00	¥3,880.00
ST010	文龙	¥2,400.00	¥1,355.00	¥120.00	¥100.00	¥0.00	¥3,775.00

图 3-46　员工工资表

操作提示

1. 启动 WPS，新建工作簿。
2. 输入文本和数据。
3. 设置行高和列宽。
4. 设置单元格格式。
5. 设置单元格样式。
6. 套用表格样式。
7. 设置条件格式，采用不同的格式显示符合条件单元格。
8. 保存工作簿。

任务 3.2　统计学生成绩表

任务描述

随着学期的推进，学校迎来了期末考试。为了全面评估学生的学习成果，并为后续的教学改进提供数据支持，学校决定对每位学生的成绩进行详细的记录和分析。作为学习委员的李华需要制作成绩表对本班的学生成绩进行统计。这份表格不仅需要包含每位学生在不同科目上的考试成绩，还需要计算出每位学生的总分、平均分、排名以及成绩等级。

任务分析

通过本任务的学习，教育学生如何使用工具和方法来处理和分析数据，提高他们的数据处理技能。

首先打开学生成绩表，然后使用求和函数，通过公式和引用单元格计算得到总分；其次使用平均值函数，通过公式和引用单元格计算得到平均分；再次使用排名函数，通过公式和引用单元格计算得到排名；最后使用 IF 函数，通过公式和引用单元格计算得到成绩等级，效果如图 3-47 所示。

2023年下半年期末成绩表											
序号	学号	姓名	高数	大学英语	形势与政策	化学	体育	总分	平均分	排名	成绩等级
1	230101	王明	68	85	77	83	88	401	80.2	2	优秀
2	230102	李丽	78	72	68	76	86	380	76	4	良
3	230103	高英	85	67	78	63	75	368	73.6	11	良
4	230104	张雪	92	78	65	62	72	369	73.8	9	良
5	230105	马刚	56	89	71	87	70	373	74.6	7	良
6	230106	张一恒	75	75	86	76	68	380	76	4	良
7	230107	胡晓玲	86	78	74	70	65	373	74.6	7	良
8	230108	郑春玲	81	52	85	95	64	377	75.4	6	良
9	230109	马晓丽	79	68	73	87	62	369	73.8	9	良
10	230110	郭金华	72	74	69	65	77	357	71.4	13	良
11	230111	周光荣	66	88	72	78	79	383	76.6	3	良
12	230112	李庆泰	63	75	88	82	58	366	73.2	12	良
13	230113	杨丽娜	95	99	55	86	78	413	82.6	1	优秀
14	230114	何晓燕	53	73	76	64	90	356	71.2	14	良
15	230115	白晓生	74	64	63	71	65	337	67.4	15	及格

图 3-47 统计学生成绩表

学习目标

1. 会打开工作簿。
2. 会输入公式计算数据。
3. 会输入函数计算数据。
4. 会另存工作簿。

任务实施

1. 打开工作簿

单击“文件”→“打开”命令，打开“打开文件”对话框，选择“学生成绩表”，单击“打开”按钮，打开学生成绩表，如图 3-48 所示。

2023年下半年期末成绩表										
序号	学号	姓名	高数	大学英语	形势与政策	化学	体育	总分	平均分	排名
1	230101	王明	68	85	77	83	88			
2	230102	李丽	78	72	68	76	86			
3	230103	高英	85	67	78	63	75			
4	230104	张雪	92	78	65	62	72			
5	230105	马刚	56	89	71	87	70			
6	230106	张一恒	75	75	86	76	68			
7	230107	胡晓玲	86	78	74	70	65			
8	230108	郑春玲	81	52	85	95	64			
9	230109	马晓丽	79	68	73	87	62			
10	230110	郭金华	72	74	69	65	77			
11	230111	周光荣	66	88	72	78	79			
12	230112	李庆泰	63	75	88	82	58			
13	230113	杨丽娜	95	99	55	86	78			
14	230114	何晓燕	53	73	76	64	90			
15	230115	白晓生	74	64	63	71	65			

图 3-48 学生成绩表

2. 计算总分

（1）单击 I3 单元格，在单元格中输入公式"=SUM("，然后用鼠标选取 D3：H3 单元格，然后输入")"，如图 3-49 所示，表示计算 D3：H3 单元格区域的总和。

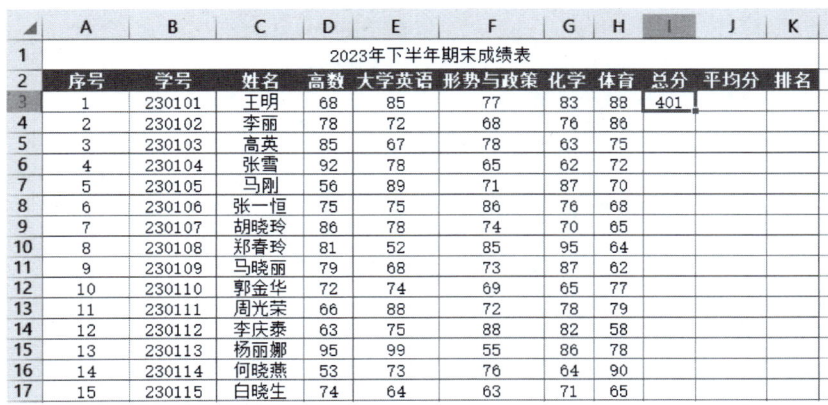

图 3-49　输入求和公式

（2）按 Enter 键，或单击编辑栏中的"输入"按钮 ✓，即可得到王明的总分，如图 3-50 所示。

图 3-50　计算王明的总分

（3）单击 I4 单元格，在编辑栏中单击"插入函数"按钮 *fx*，打开"插入函数"对话框，在"选择函数"列表框中选择"SUM"函数，如图 3-51 所示，单击"确定"按钮。

（4）打开"函数参数"对话框，单击数值 1 右侧的 ▦，选取 D4：H4 单元格，如图 3-52 所示，单击"确定"按钮，即可得到李丽的总分，如图 3-53 所示。

图 3-51 “插入函数”对话框

图 3-52 选取数据区域

	A	B	C	D	E	F	G	H	I	J	K
1	2023年下半年期末成绩表										
2	序号	学号	姓名	高数	大学英语	形势与政策	化学	体育	总分	平均分	排名
3	1	230101	王明	68	85	77	83	88	401		
4	2	230102	李丽	78	72	68	76	86	380		
5	3	230103	高英	85	67	78	63	75			
6	4	230104	张雪	92	78	65	62	72			
7	5	230105	马刚	56	89	71	87	70			
8	6	230106	张一恒	75	75	86	76	68			
9	7	230107	胡晓玲	86	78	74	70	65			
10	8	230108	郑春玲	81	52	85	95	64			
11	9	230109	马晓丽	79	68	73	87	62			
12	10	230110	郭金华	72	74	69	65	77			
13	11	230111	周光荣	66	88	72	78	79			
14	12	230112	李庆泰	63	75	88	82	58			
15	13	230113	杨丽娜	95	99	55	86	78			
16	14	230114	何晓燕	53	73	76	64	90			
17	15	230115	白晓生	74	64	63	71	65			

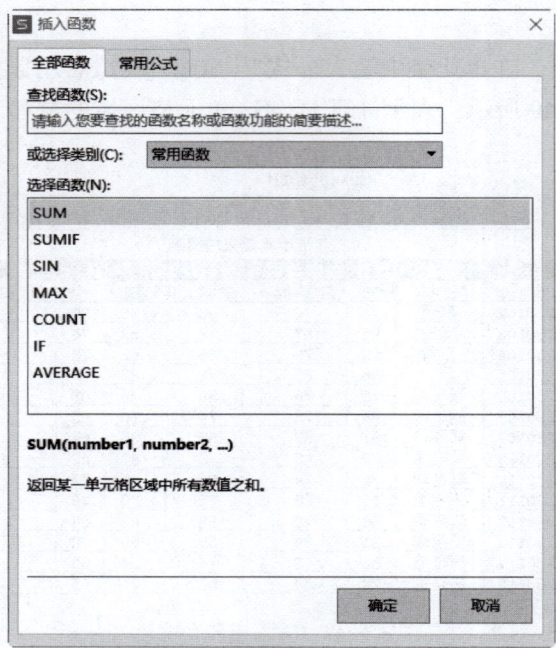

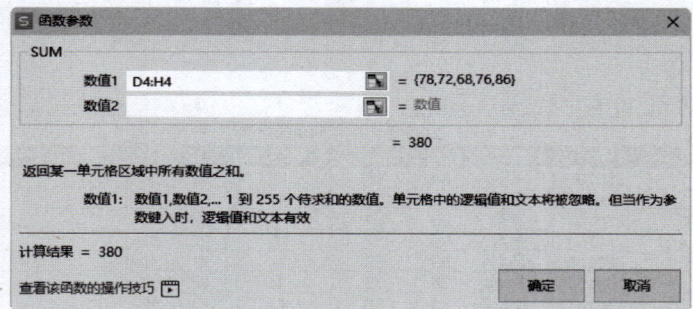

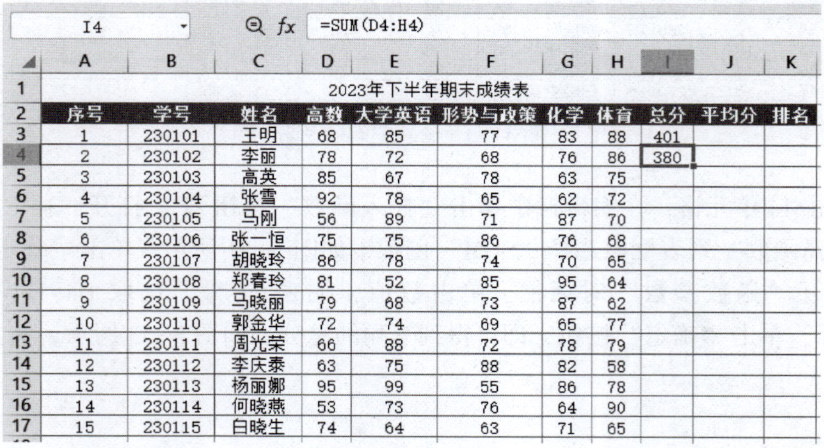

图 3-53 计算李丽的总分

(5) 选中 I4 单元格，将鼠标指针移到单元格右下角，指针显示为黑色十字形 ✚。按下左键拖动 I17 单元格，释放左键，即可在选择区域的所有单元格中复制 I3 单元格中的公式计算数据得到所有学生的总分，如图 3-54 所示。

图 3-54　计算所有学生的总分

3. 计算平均分

（1）单击 J3 单元格，在单元格中输入公式"=AVERAGE（D3:H3）"，如图 3-55 所示，表示计算 D3:H3 单元格区域的平均分。

（2）按 Enter 键，或单击编辑栏中的"输入"按钮 ✓，即可得到王明的平均分，也可以输入公式"=I3/5"求平均分。

图 3-55　输入求平均分公式

（3）选中 J3 单元格，将鼠标指针移到单元格右下角，指针显示为黑色十字形 ✚。按下左键拖动 J17 单元格，释放左键，即可在选择区域的所有单元格中复制 J3 单元格中的公式计算数据得到所有学生的平均分，如图 3-56 所示。

图 3-56 计算所有学生的平均分

4. 计算排名

（1）单击 K3 单元格，在单元格中输入公式"=RANK(I3,$I$3:$I$17,0)"，如图 3-57 所示，表示计算 I3 在 D3:H3 单元格区域的排名。

（2）按 Enter 键，或单击编辑栏中的"输入"按钮 ✓，即可得到王明的排名。

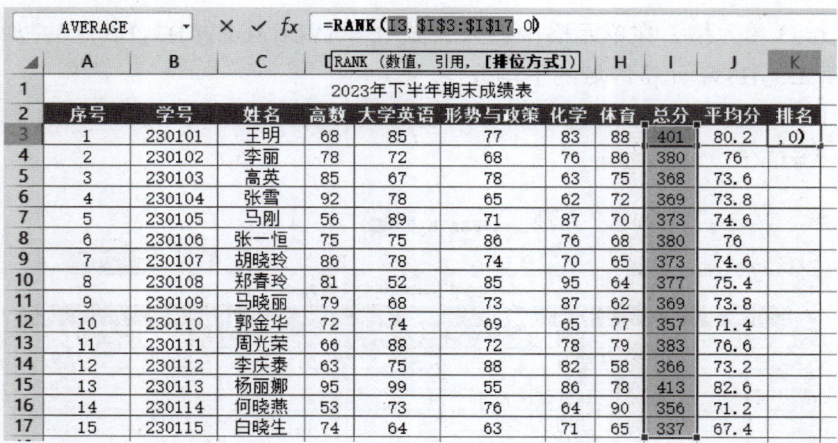

图 3-57 引用排名函数

（3）选中 K3 单元格，将鼠标指针移到单元格右下角，指针显示为黑色十字形 ✚。按下左键拖动 K17 单元格，释放左键，即可在选择区域的所有单元格中复制 K3 单元格中的公式计算数据得到所有学生的排名，如图 3-58 所示。

5. 评价成绩等级

（1）在 L2 单元格中输入"成绩等级"，然后选取 L2:L17 区域应用表格样式，使该区域与表格样式统一。

（2）单击 L3 单元格，在单元格中输入公式"=IF(J3>=80,"优秀",IF(J3>=70,"良",IF(J3>=60,"及格","不及格")))"，如图 3-59 所示。

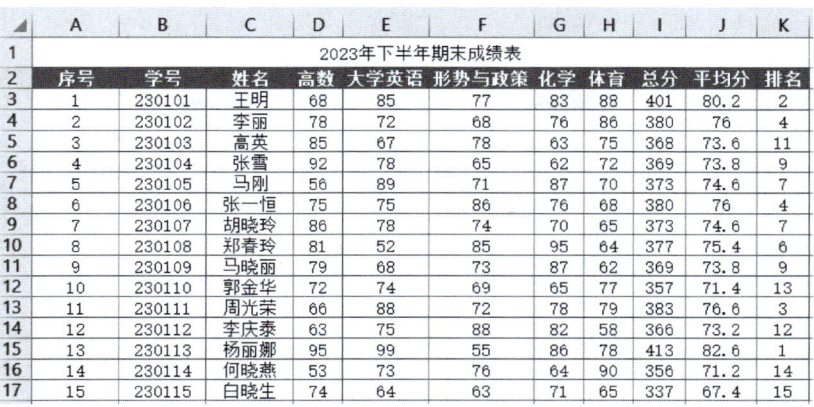

图 3-58 计算所有学生的排名

图 3-59 输入评价成绩等级公式

（3）按 Enter 键，或单击编辑栏中的"输入"按钮 ✓，即可得到王明的成绩等级。

（4）选中 L3 单元格，将鼠标指针移到单元格右下角，指针显示为黑色十字形 ✚。按下左键拖动到 L17 单元格，释放左键，即可在选择区域的所有单元格中复制 L3 单元格中的公式计算数据得到每个学生的成绩等级，如图 3-60 所示。

6. 保存并关闭工作簿

（1）单击"文件"菜单中的"另存为"命令，打开"另存为"对话框，设置保存位置，输入文件名为"统计学生成绩表"，单击"保存"按钮，保存文件。

（2）单击工作簿标签右侧的"关闭"按钮 ✕，或在工作簿标签上右击，在弹出的快捷菜单中选择"关闭"按钮，关闭工作簿。

图 3-60　计算每个学生的成绩等级

拓展

1. 单元格引用

默认情况下，WPS 使用 A1 引用样式，使用字母标识列（从 A 到 IV，共 256 列）和数字标识行（从 1 到 65，536）标识单元格的位置，示例如表 3-2 所示。

表 3-2　A1 引用样式示例

引用区域	引用方式
列 E 和行 3 交叉处的单元格	E3
在列 E 和行 3 到行 10 的单元格区域	E3：E10
在行 5 和列 A 到列 E 的单元格区域	A5：E5
行 5 中的全部单元格	5：5
行 5 到行 10 的全部单元格	5：10
列 H 中的全部单元格	H：H
列 H 到列 J 的全部单元格	H：J
列 A 到列 E 和行 10 到行 20 的单元格区域	A10：E20

提示：

WPS 2022 还支持 R1C1 引用样式，同时统计工作表上行和列，这种引用样式对于计算位于宏内的行和列很有用。在 WPS 表格的"选项"对话框中切换到"常规与保存"选项界面，选中"R1C1 引用样式"复选框，即可打开 R1C1 引用样式。

在 WPS 表格中，常用的单元格引用有三种类型，下面分别进行介绍。

（1）相对引用。

相对引用是基于公式和单元格引用所在单元格的相对位置。

在公式中引用单元格时，可以直接输入单元格的地址，也可以单击该单元格。

例如，在计算第一个学生的总分时，可以直接在 I3 单元格中输入"＝D3+E3+F3+G3+H3"，也可以在输入"＝"后，单击 D3 单元格，然后输入加号"+"，再单击 E3 单元格，等等，一直加到 H3 单元格，如图 3-61 所示。按 Enter 键得到计算结果。

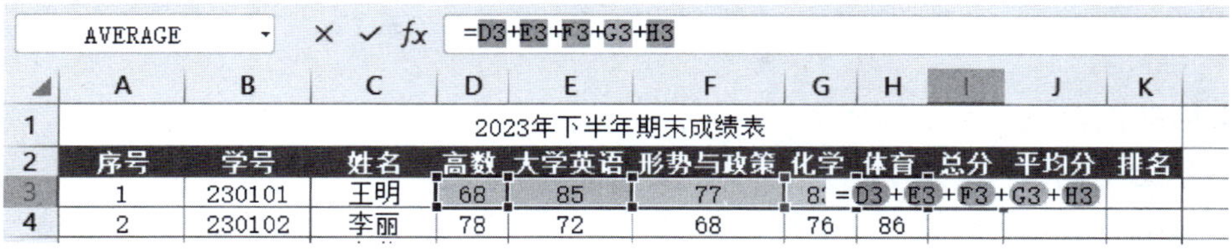

图 3-61　在公式中引用单元格

如果公式所在单元格的位置改变，引用也随之自动调整。例如，使用填充手柄将 I3 单元格中的公式"＝D3+E3+F3+G3+H3"复制到 I4 和 I5 单元格，I4 和 I5 单元格中的公式将自动调整为"＝D4+E4+F4+G4+H4"和"＝D5+E5+F5+G5+H5"，如图 3-62 所示。

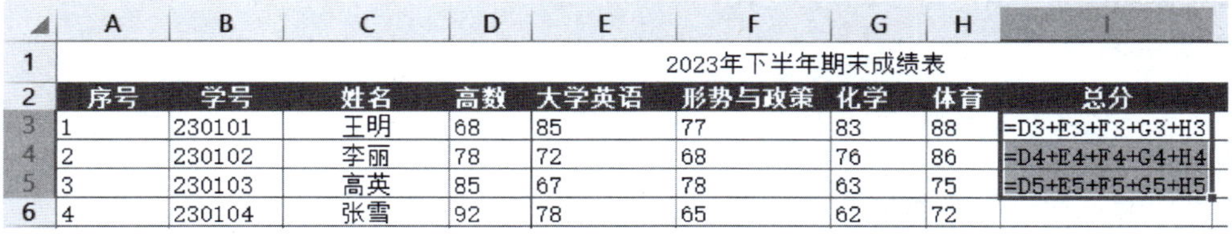

图 3-62　复制相对引用的效果

提示：

默认情况下，单元格中显示的是计算结果，如果要查看单元格中输入的公式，可以双击单元格，或者选中单元格后在编辑栏中查看。

如果要查看的公式较多，可以在英文输入状态下，按下 Ctrl+"`"键，显示当前工作表中输入的所有公式。再次按下 Ctrl+"`"键，隐藏公式，显示所有单元格中公式计算的结果。

单击"公式"选项卡中的"显示公式"按钮 ，也可以显示或隐藏单元格中的所有公式。

如果移动 F2:F4 单元格区域的公式，单元格中的公式不会变化。

（2）绝对引用。

绝对引用顾名思义，引用的地址是绝对的，不会随着公式位置的改变而改变。绝对引用在单元格地址的行、列引用前显示有绝对地址符"$"。

例如，将 I3 单元格中的公式"＝SUM($D$3:$H$3)"复制到 I4:I5，可以看到 I4:I5 单元格中的公式也是"＝SUM($D$3:$H$3)"，如图 3-63 所示。也就是说，复制绝对引用的公式后，公式中引用的仍然是原单元格数据。

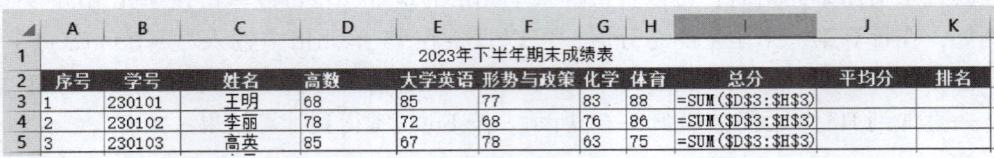

图 3-63 复制包含绝对引用的公式

如果移动包含绝对引用的公式，单元格中的公式不会变化。

（3）混合引用。

混合引用与绝对引用类似，不同的是单元格引用中有一项为绝对引用，另一项为相对引用，因此，可分为绝对引用行（采用 A$1、B$1 等形式）和绝对引用列（采用 $A1、$B1 等形式）。

如果复制混合引用，相对引用自动调整，而绝对引用不变。例如，如果将一个混合引用"=B$3"从 E3 复制到 F3，它将自动调整为"=C$3"；如果复制到 F4 单元格，也自动调整为"=C$3"，因为列为相对引用，行为绝对引用。

如果移动混合引用，公式不会变化。

2. 常用函数

（1）SUM 函数。

函数名称：SUM。

主要功能：计算所有参数数值的和。

使用格式：SUM(number1,number2,…)

参数说明：number1,number2,…代表需要计算的值或单元格（区域）。

应用举例：在 B8 单元格中输入公式=SUM(D3:H3)，确认后，即可求出 D3 至 H3 区域的总和。

（2）AVERAGE 函数。

函数名称：AVERAGE。

主要功能：求出所有参数的算术平均值。

使用格式：AVERAGE(number1,number2,…)

参数说明：number1,number2,…代表需要求平均值的数值或引用单元格（区域），参数不超过 30 个。

应用举例：在 B8 单元格中输入公式=AVERAGE(B7:D7,F7:H7,7,8)，确认后，即可求出 B7 至 D7 区域、F7 至 H7 区域中的数值和 7，8 的平均值。

特别提醒：如果引用区域中包含"0"值单元格，则计算在内；如果引用区域中包含空白或字符单元格，则不计算在内。

（3）MAX 函数。

函数名称：MAX。

主要功能：求出一组数中的最大值。

使用格式：MAX(number1,number2,…)

参数说明：number1,number2,…代表需要求最大值的数值或引用单元格（区域），参数不超过 30 个。

应用举例：输入公式=MAX(E44:J44,7,8,9,10)，确认后即可显示出 E44 至 J44 单元格区域和数值 7，8，9，10 中的最大值。

特别提醒：如果参数中有文本或逻辑值，则忽略。

(4) MIN 函数。

函数名称：MIN。

主要功能：求出一组数中的最小值。

使用格式：MIN(number1,number2,…)

参数说明：number1,number2,…代表需要求最小值的数值或引用单元格（区域），参数不超过 30 个。

应用举例：输入公式=MIN(E44:J44,7,8,9,10)，确认后即可显示出 E44 至 J44 单元格区域和数值 7，8，9，10 中的最小值。

特别提醒：如果参数中有文本或逻辑值，则忽略。

(5) IF 函数。

函数名称：IF。

主要功能：根据对指定条件的逻辑判断的真假结果，返回相对应的内容。

使用格式：=IF(logical,value_if_true,value_if_false)

参数说明：logical 代表逻辑判断表达式；value_if_true 表示当判断条件为逻辑"真（True）"时的显示内容，如果忽略返回"True"；value_if_false 表示当判断条件为逻辑"假（False）"时的显示内容，如果忽略返回"False"。

应用举例：在 C29 单元格中输入公式=IF(C26>=18,"符合要求","不符合要求")，确认后，如果 C26 单元格中的数值大于或等于 18，则 C29 单元格显示"符合要求"字样，反之显示"不符合要求"字样。

特别提醒：本文中类似"在 C29 单元格中输入公式"中指定的单元格，读者在使用时，并不需要受其约束，此处只是配合本文所附的实例需要而给出的相应单元格，具体请大家参考所附的实例文件。

(6) COUNT 函数。

函数名称：COUNT。

主要功能：统计所有参数中包含的数值的单元格个数。

使用格式：COUNT(number1,number2,…)

参数说明：number1,number2,…代表需要统计的数值或引用单元格（区域），参数不超过 30 个。

应用举例：在 B8 单元格中输入公式=COUNT(B2:D8)，确认后，即可求出 B2 至 D8 区域中所有数值型数据的个数。

特别提醒：如果引用区域中包含空白或字符单元格，则不统计在内。

(7) COUNTIF 函数。

函数名称：COUNTIF。

主要功能：统计某个单元格区域中符合指定条件的单元格数目。

使用格式：COUNTIF(range,criteria)。

参数说明：range 代表要统计的单元格区域；criteria 表示指定的条件表达式。

应用举例：在 C15 单元格中输入公式 =COUNTIF(C1:C12,">=90")，确认后，即可统计出 C1 至 C12 单元格区域中，数值大于或等于 90 的单元格数目。

特别提醒：允许引用的单元格区域中有空白单元格出现。

（8）RANK 函数。

函数名称：RANK。

主要功能：返回某一数值在一列数值中的相对于其他数值的排位。

使用格式：RANK(number,ref,order)。

参数说明：number 代表需要排序的数值；ref 代表排序数值所处的单元格区域；order 代表排序方式参数（如果为"0"或者忽略，则按降序排名，即数值越大，排名结果数值越小；如果为非"0"值，则按升序排名，即数值越大，排名结果数值越大）。

应用举例：如在 C2 单元格中输入公式 =RANK(B2$B$2:$B$31,0)，确认后即可得出丁1 同学的语文成绩在全班成绩中的排名结果。

特别提醒：在上述公式中，我们让 number 参数采取了相对引用形式，而让 ref 参数采取了绝对引用形式（增加了一个"$"符号），这样设置后，选中 C2 单元格，将鼠标移至该单元格右下角，成细十字线状时（通常称之为"填充柄"），按住左键向下拖动，即可将上述公式快速复制到 C 列下面的单元格中，完成其他同学语文成绩的排名统计。

任务评价

评价类型	序号	任务内容	分值	自评	师评
学习态度	1	主动学习	5		
	2	学习时长、进度	10		
操作能力	3	打开工作簿	5		
	4	会利用公式进行计算	25		
	5	会使用函数进行计算	25		
	6	会另存工作簿	10		
育人素养	7	完成育人素养学习	20		
		总分	100		

自测任务书

通过本任务的学习，学生需要完成"年会费用预算表"的制作，参考样式如图 3-64 所示。

	A	B	C	D	E
1	年会费用预算表				
2	项目	数量	单价（元）	总价（元）	备注
3	请柬	60	¥2	¥90	
4	海报	12	¥25	¥300	
5	易拉宝	6	¥100	¥600	
6	场地费	1	¥1,500	¥1,500	
7	服装	30	¥120	¥3,600	
8	灯光、音响	1	¥1,000	¥1,000	
9	道具	10	¥5	¥50	
10	零食	100	¥20	¥2,000	
11	酒水	30	¥60	¥1,800	
12	水果	20	¥8	¥160	
13	奖品	100	¥15	¥1,500	
14	租车	3	¥500	¥1,500	
15	总计		¥14,100.00		

图 3-64　年会费用预算表

操作提示

1. 打开初始工作表。
2. 计算各个项目的总价。
3. 计算总价。
4. 保存工作簿。

任务 3.3　处理商品库存表中的数据

任务描述

随着年末的到来，公司进入了年度盘点的关键时期。为了全面评估商品的库存状况，并为来年的销售和采购计划提供数据支持，公司决定对每件商品进行详细的记录和分析。作为库存管理专员的王强需要制作一份详尽的商品库存管理表，对商品进行排序、筛选以及分类汇总。

任务分析

通过本任务的学习，使学生了解库存管理在企业运营中的重要性，培养他们的经济管理意识。教育学生如何通过数据分析来发现问题并提出解决方案，提高他们的问题解决能力。

首先，将数据表按照商品名称进行排序；其次，对各种商品的颜色进行计数汇总；再次，在汇总的基础上对各种商品的库存量按最大值进行汇总；最后，通过隐藏部分明细数据，查看各种商品的颜色种类和最大库存量，如图 3-65 所示。

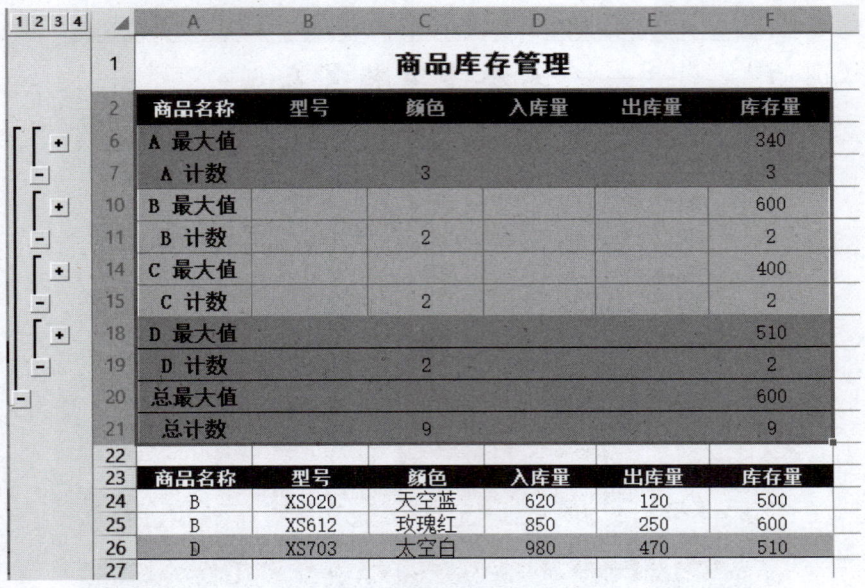

图 3-65　商品库存管理数据处理结果

学习目标

1. 会对数据进行排序。
2. 会对数据进行筛选。
3. 会对数据进行汇总。

任务实施

1. 打开文件

单击"文件"→"打开"命令,打开"打开文件"对话框,选择"商品库存管理",单击"打开"按钮,打开商品库存管理,如图 3-66 所示。

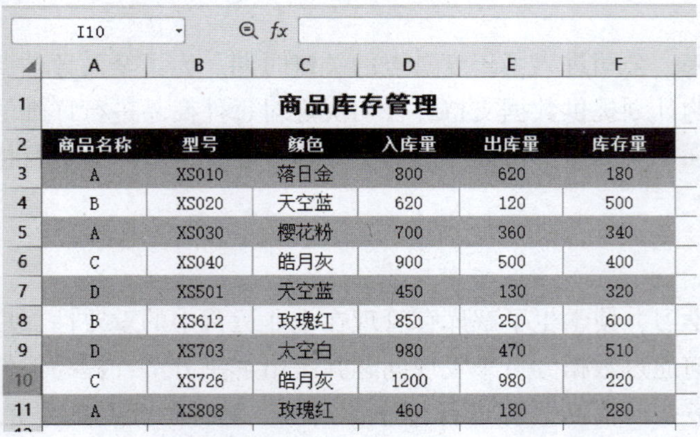

图 3-66　商品库存管理

2. 对数据进行排序

（1）选中数据表中的一个单元格，单击"数据"选项卡中的"排序"下拉按钮，打开如图 3-67 所示的下拉列表，单击"自定义排序"命令，打开如图 3-68 所示的"排序"对话框。

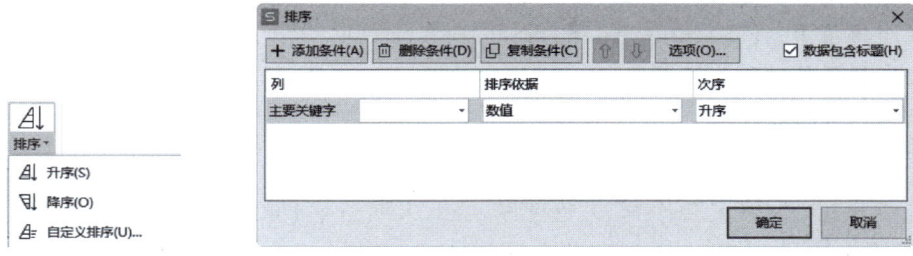

图 3-67 "排序"下拉列表　　　　　图 3-68 "排序"对话框

（2）在对话框的"主要关键字"下拉列表框中选择"商品名称"，排序依据和次序保留默认设置，如图 3-69 所示。

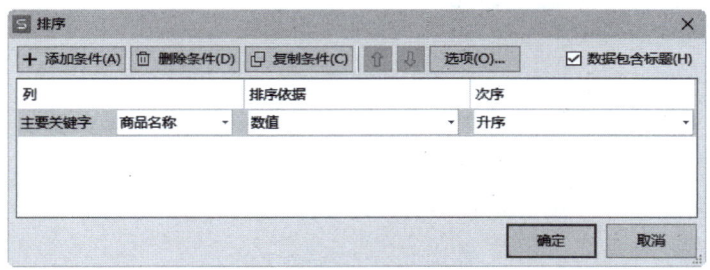

图 3-69 设置排序选项

（3）在对话框中单击"确定"按钮，此时数据表按"商品名称"进行升序排列，如图 3-70 所示。

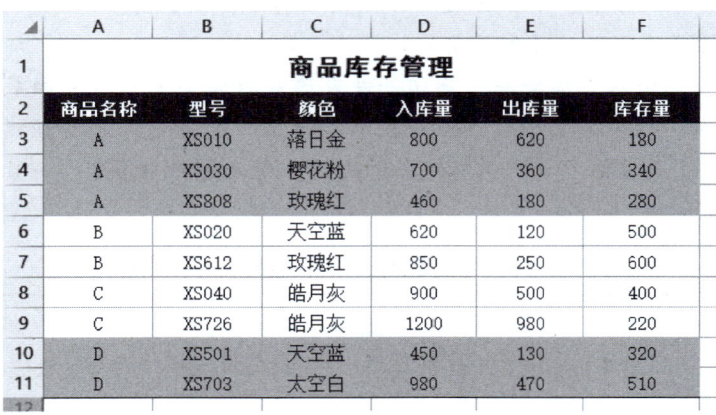

图 3-70 排序结果

提示：

WPS 表格默认根据单元格中的数据值进行排序，在按升序排序时，遵循以下规则：

1. 文本以及包含数字的文本按 0—9—a—z—A—Z 的顺序排序。如果两个文本字符串除了连字符不同，其余都相同，则带连字符的文本排在后面。

2. 按字母先后顺序对文本进行排序时，从左到右逐个字符进行排序。

3. 在逻辑值中，False 排在 True 前面。

4. 所有错误值的优先级相同。

5. 空格始终排在最后。

3. 筛选数据

（1）在 H3 单元格中输入条件列标题"库存量"，然后在 H4 单元格中输入条件值">400"，如图 3-71 所示。

图 3-71 设置条件区域

提示：

建立条件区域的方法是：

1. 按列建立用于存放筛选条件的列标题，各列标题之间要同处一行并左右紧靠，各列标题文字要保证与原数据清单中相应的列标题精确匹配，不能有任何差别，否则 WPS 不能进行条件列标题的正确识别必将导致错误的筛选结果。

2. 在列标题下面输入查询条件。查询条件表达式一般由关系符号和数据常量组成。关系符号一般有>、<、<>、>=、<=，若要表示"等于"的关系，只需直接输入相关的数值即可（要注意 Excel 通常把"="理解为公式的开头从而导致错误）。一般关系符号表达的意义如表 3-3 所示。

表 3-3 "高级筛选"条件区域的表达式意义

使用的符号	表达的中文意义
>	大于一个给定的数值
<	小于一个给定的数值
>=	大于或等于一个给定的数值

续表

使用的符号	表达的中文意义
<=	小于或等于一个给定的数值
<>	不等于一个给定的数值或者文本
不写符号（表示"="）	等于一个给定的数值或者文本

3. 列标题下如果需要两个以上的条件，那么筛选需求为"与"关系的条件必须放在同一行上；对筛选需求为"或"关系的条件必须放在不同行的位置。

（2）选中数据表中的任意一个单元格，单击"数据"选项卡中的"筛选"下拉按钮，在打开的下拉列表中选择"高级筛选"命令，如图3-72所示，或单击"数据"选项卡中"筛选"组右下角的"高级筛选"按钮，打开如图3-73所示的"高级筛选"对话框。

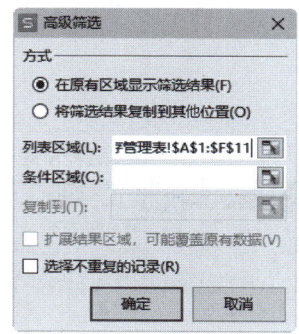

图3-72 "筛选"下拉列表　　图3-73 "高级筛选"对话框

（3）在"方式"区域选中"将筛选结果复制到其他位置"单选项。

（4）单击"列表区域"右侧的按钮，打开"高级筛选"区域选择对话框，选择单元格区域A2:F11，如图3-74所示，单击对话框中，返回到"高级筛选"对话框。

图3-74 选择列表区域

（5）采用相同的方法，"条件区域"选择单元格区域 H3:H4；"复制到"选择原数据表下方第二行，如图 3-75 所示。

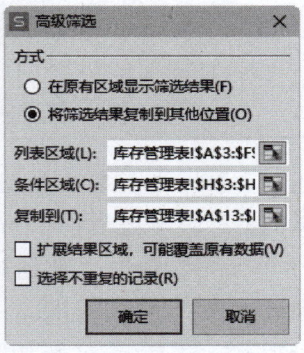

图 3-75　设置筛选参数

（6）在对话框中单击"确定"按钮关闭对话框，即可在指定的位置显示筛选结果，如图 3-76 所示。

	A	B	C	D	E	F	G	H
1			商品库存管理					
2	商品名称	型号	颜色	入库量	出库量	库存量		
3	A	XS010	落日金	800	620	180		库存量
4	A	XS030	樱花粉	700	360	340		>400
5	A	XS808	玫瑰红	460	180	280		
6	B	XS020	天空蓝	620	120	500		
7	B	XS612	玫瑰红	850	250	600		
8	C	XS040	皓月灰	900	500	400		
9	C	XS726	皓月灰	1200	980	220		
10	D	XS501	天空蓝	450	130	320		
11	D	XS703	太空白	980	470	510		
12								
13	商品名称	型号	颜色	入库量	出库量	库存量		
14	B	XS020	天空蓝	620	120	500		
15	B	XS612	玫瑰红	850	250	600		
16	D	XS703	太空白	980	470	510		

图 3-76　筛选结果

4. 分类汇总数据

（1）选中 A2:F11 数据区域，单击"数据"选项卡中"分类汇总"按钮，打开如图 3-77 所示的"分类汇总"对话框。

（2）在对话框中设置分类字段为"商品名称"，汇总方式为"计数"，汇总项为"颜色"，其他采用默认，如图 3-78 所示。

项目三　电子表格处理

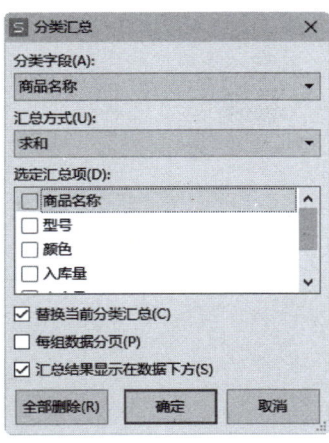

图 3-77 "分类汇总"对话框

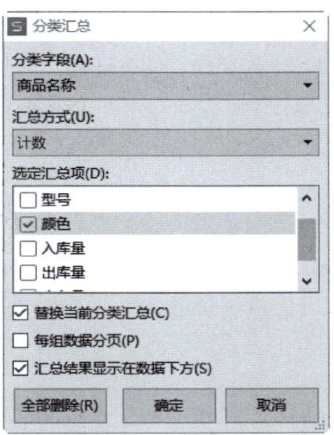

图 3-78 设置分类汇总参数

（3）在对话框中单击"确定"按钮，此时数据表按商品名称进行分类，并统计各种商品的颜色种类，如图 3-79 所示。

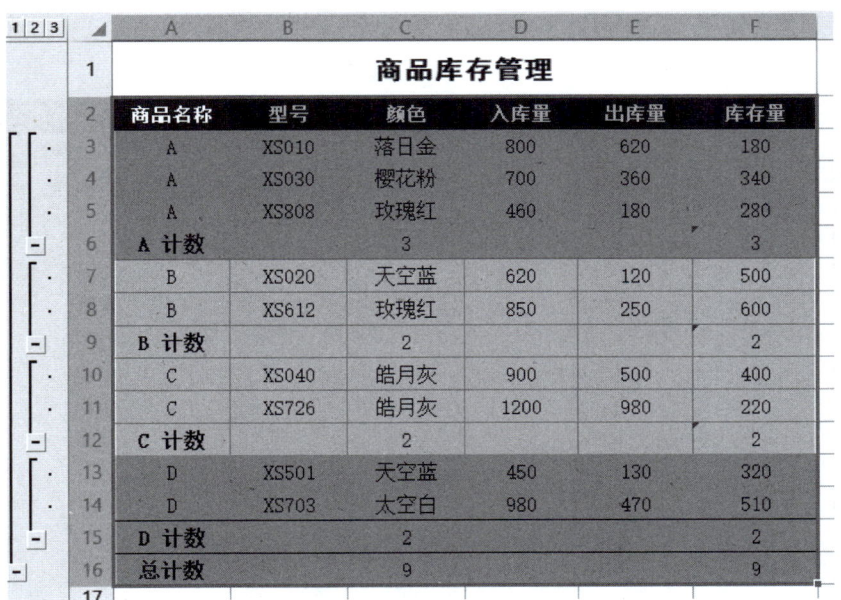

图 3-79 分类汇总结果

（4）选中 A2:F16 数据区域，单击"数据"选项卡中"分类汇总"按钮，打开"分类汇总"对话框。

（5）在对话框中设置分类字段为"商品名称"，汇总方式为"最大值"，汇总项为"库存量"。然后取消选中"替换当前分类汇总"复选框，如图 3-80 所示。

119

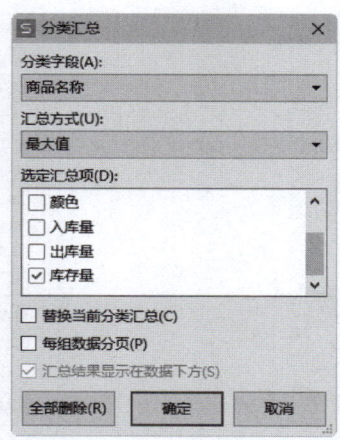

图 3-80　设置"分类汇总"对话框

（6）在对话框中单击"确定"按钮，即可看到每一种商品的最大库存量，如图 3-81 所示。

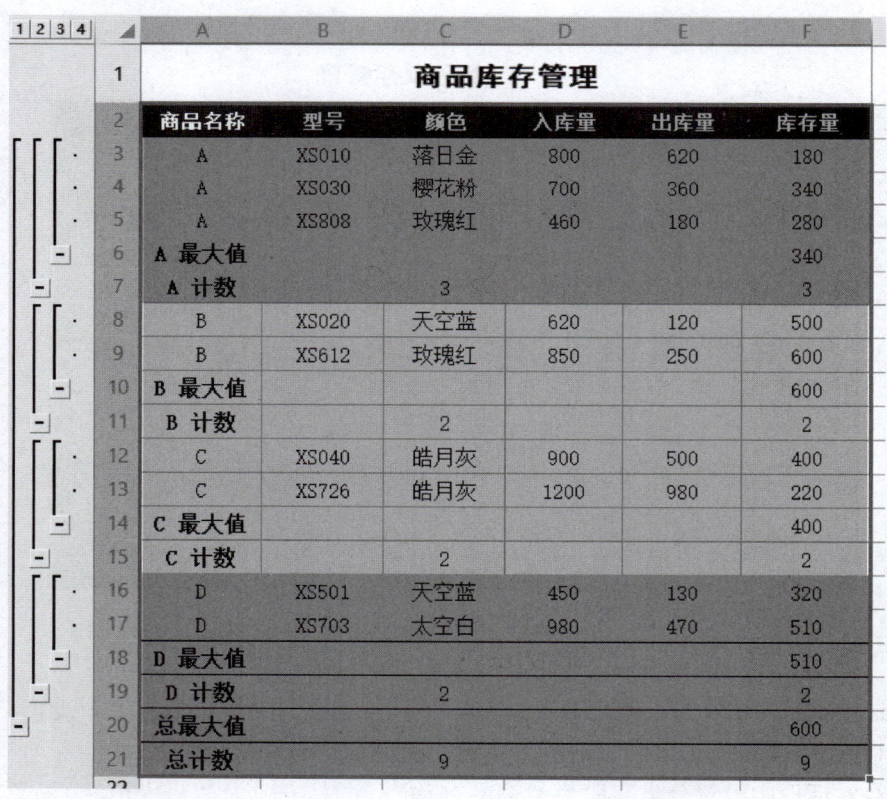

图 3-81　多级分类汇总结果

（7）在数据表左上角的分级工具条中单击三级数据按钮 3 ，显示前三级的数据，即各种商品的颜色计数和最大库存量，其他数据自动隐藏，如图 3-82 所示。

项目三　电子表格处理

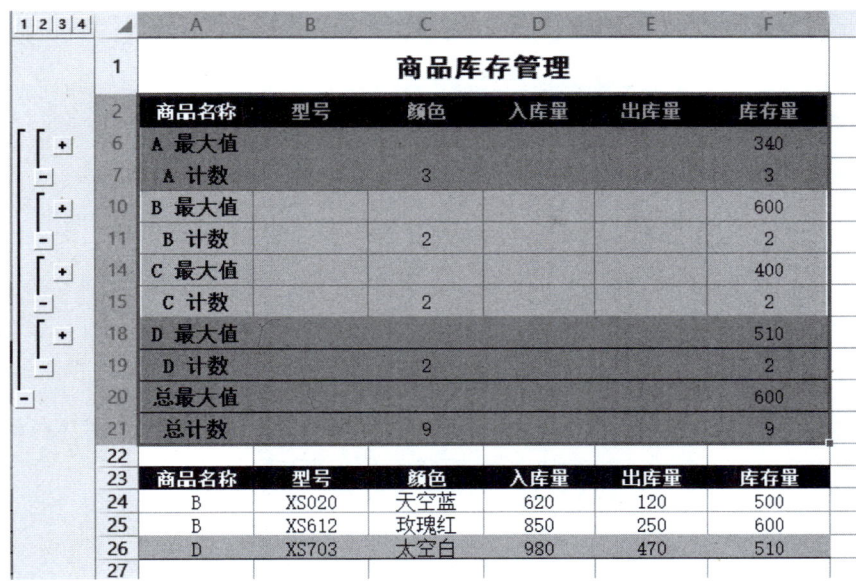

图 3-82　显示 3 级分类

5. 保存并关闭工作簿

（1）单击"文件"菜单中的"另存为"命令，打开"另存文件"对话框，设置保存位置，输入文件名为"商品库存管理表数据处理"，单击"保存"按钮，保存文件。

（2）单击工作簿标签右侧的"关闭"按钮 ，或在工作簿标签上右击，在弹出的快捷菜单中选择"关闭"命令，关闭工作簿。

拓展

1. 自动筛选

自动筛选是对单个字段所建立的筛选，或多个字段之间通过逻辑与的关系来建立的筛选。执行自动筛选功能时，所选数据区域的顶行各列（不一定是列标题）单元格数据旁边均出现一个下拉图标 ，用户以选定区域内所属列的信息为自定义条件建立筛选，然后在当前数据表位置上只显示出符合筛选条件的记录。

（1）选中要筛选数据的单元格区域。

如果数据表的首行为标题行，可以单击数据表中的任意一个单元格。

（2）单击"数据"选项卡中的"筛选"按钮 ，数据表的所有列标志右侧会显示一个下拉按钮 。

（3）单击筛选条件对应的列标题右侧的下拉按钮 ，在打开的下拉列表中选择要筛选的内容，如图 3-83 所示，取消选中"全选"复选框可取消筛选。

如果当前筛选的数据列中为单元格设置了多种颜色，可以切换到"颜色筛选"选项卡按单元格颜色进行筛选。

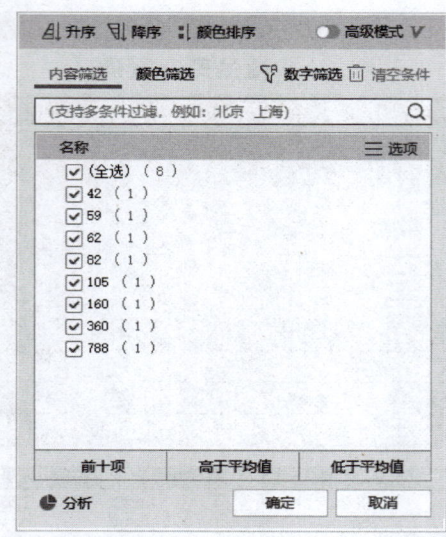

图 3-83 设置筛选条件

（4）单击自动筛选下拉列表顶部的"升序""降序"或"颜色排序"按钮，对筛选结果进行排序。

（5）单击"确定"按钮，即可显示符合条件的筛选结果。

（6）自动筛选时，可以设置多个筛选条件。在其他数据列中重复第（3）步~第（5）步，指定筛选条件。

提示：

如果筛选条件后，在数据表中添加或修改了一些数据行，单击"数据"选项卡中的"重新应用"按钮 重新应用，可更新筛选结果。

单击"数据"选项卡中的"全部显示"按钮 全部显示，取消筛选，显示数据表中的所有数据行。

2. 设置有效性条件

（1）选中要设置有效性条件的单元格或区域。

（2）单击"数据"选项卡"有效性"下拉列表中的"有效性"命令，打开如图 3-84 所示的"数据有效性"对话框。

（3）在"允许"下拉列表框中指定允许输入的数据类型，如图 3-85 所示。如果选择"序列"，则对话框底部将显示"来源"文本框，用于输入或选择有效数据序列的引用，如图 3-86 所示。如果工作表中存在要引用的序列，单击"来源"文本框右侧的 按钮，可以缩小对话框（见图 3-87），以免对话框阻挡视线。单击 按钮可恢复对话框。

注意：在"来源"文本框中输入序列时，各个序列项必须用英文逗号隔开。

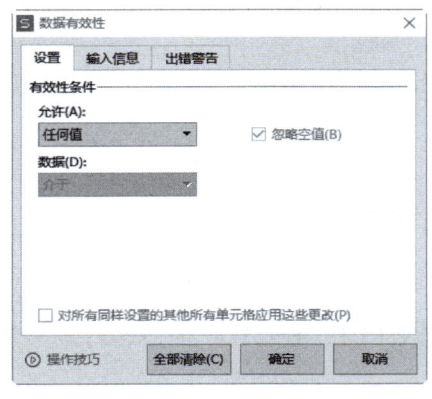
图 3-84　"数据有效性"对话框

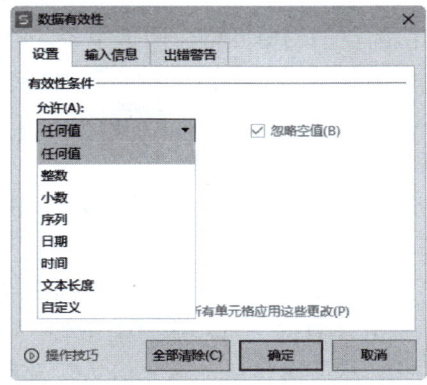
图 3-85　有效性条件列表

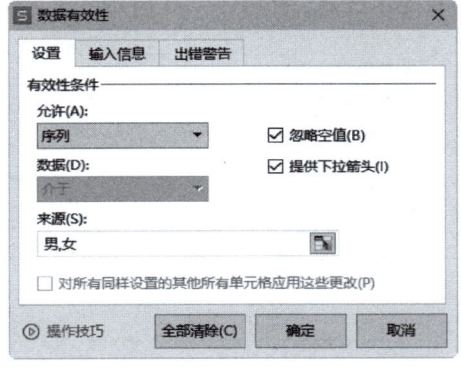
图 3-86　输入序列

图 3-87　缩小对话框

（4）如果允许的数据类型为整数、小数、日期、时间或文本长度，还应在"数据"下拉列表框中选择数据之间的操作符，并根据选定的操作符指定数据的上限或下限（某些操作符只有一个操作数，如等于），或同时指定二者，如图 3-88 所示。

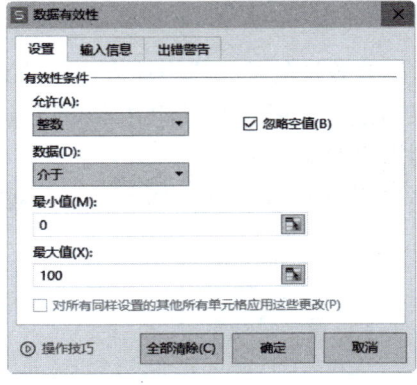
图 3-88　设置数据范围

（5）如果允许单元格中出现空值，或者在设置上下限时使用的单元格引用或公式引用基于初始值为空值的单元格，则选中"忽略空值"复选框。

（6）设置完成后，单击"确定"按钮关闭对话框。在指定的单元格中输入错误的数据时，会弹出如图 3-89 所示的错误提示。

3. 设置有效性提示信息

在单元格中输入数据时，如果能显示数据有效性的提示信息，可以帮助用户输入正确的数据。

（1）选中要设置有效性条件的单元格或区域。

（2）单击"数据"选项卡"有效性"下拉列表中的"有效性"命令，打开"数据有效性"对话框，然后切换到"输入信息"选项卡。

（3）选中"选定单元格时显示输入信息"复选框，在选中单元格时显示提示信息。

（4）在"标题"文本框中输入文本，则在信息中显示黑体的提示信息标题。

（5）在"输入信息"文本框中输入要显示的提示信息，如图 3-90 所示。

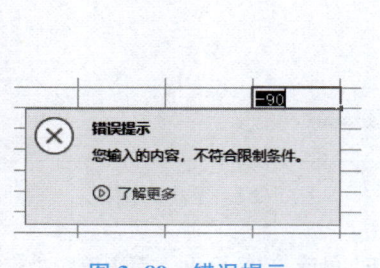

图 3-89 错误提示

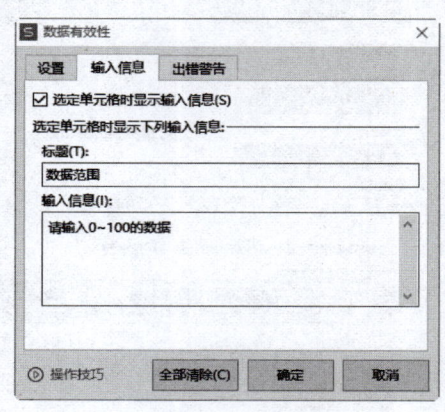

图 3-90 输入标题和信息

（6）单击"确定"按钮完成设置。选中指定的单元格时，会弹出如图 3-91 所示的提示信息，提示用户输入正确的数据。

4. 定制出错警告

默认情况下，在设置了数据有效性的单元格中输入错误的数据时，弹出的错误提示只是告知用户输入的数据不符合限制条件，用户有可能并不知道具体的错误原因。WPS 允许用户定制出错警告内容，并控制用户响应。

（1）选中要定制出错警告的单元格或区域，然后在"数据有效性"对话框中切换到如图 3-92 所示的"出错警告"选项卡。

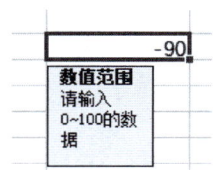
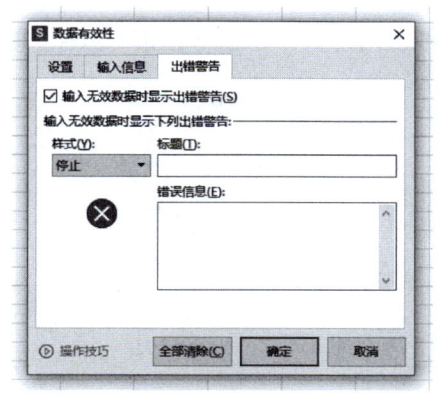

图 3-91　选中单元格时显示提示信息　　　图 3-92　"出错警告"选项卡

（2）选中"输入无效数据时显示出错警告"复选框。

（3）在"样式"下拉列表框中选择出错警告的信息类型。如果选择"停止"样式，在输入值无效时显示提示信息，且在错误被更正或取消之前禁止用户继续输入数据；如果选择"警告"样式，在输入值无效时询问用户是否输入有效并继续其他操作；如果选择"信息"样式，在输入值无效时显示提示信息，用户可保留已经输入的数据。

（4）在"错误信息"文本框中输入所需的文本，按 Enter 键可以换行，如图 3-93 所示。单击"确定"按钮关闭对话框。在指定单元格中输入无效数据时，将弹出指定类型的错误提示，如图 3-94 所示。

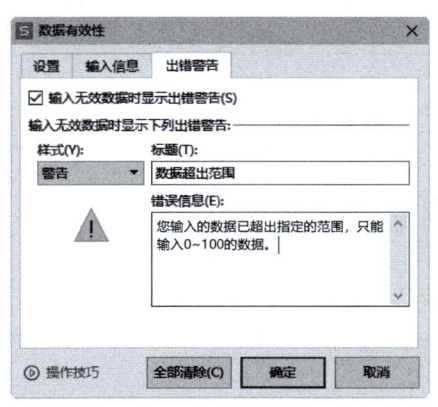
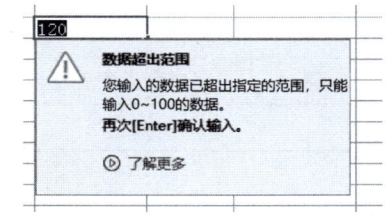

图 3-93　输入出错信息　　　　　　　图 3-94　输入数据无效时警告

5. 快速标识无效数据

对于已经输入的大批量数据，如果在输入时未设置数据的有效性检查，现需要对其进行有效性审核，如果采用人工方法，要从浩瀚的数据中找到无效数据是件麻烦事，用户可以利用 WPS 2022 的数据有效性检查功能，快速从表格中标识出无效数据。

（1）选中需进行有效性检查和标识的区域（注意：只能选择数据区域，不能选择标题区域），按照上述有效性检查的方法设置好数据验证规则。

（2）单击"数据"选项卡"有效性"下拉列表中"圈释无效数据"命令，表格中所有无效数据将被红色的椭圆圈释出来，错误数据一目了然，如图3-95所示。

图3-95　圈释无效数据

6. 清除无效数据标识

对于以上无效数据的标识圈，如果不再需要时可以将其清除。

（1）选择需要清除无效数据标识的工作表。

（2）单击"数据"选项卡"有效性"下拉列表中的"清除验证标识圈"命令，即可将所有标识圈清除。

任务评价

评价类型	序号	任务内容	分值	自评	师评
学习态度	1	主动学习	5		
	2	学习时长、进度	10		
操作能力	3	打开工作簿	5		
	4	对数据进行排序	10		
	5	会筛选数据	20		
	6	会对数据进行分类汇总	20		
	7	另存工作簿	10		
育人素养	8	完成育人素养学习	20		
		总分	100		

自测任务书

通过本任务的学习，学生需要完成"商品销售表"的数据处理，参考样式如图3-96所示。

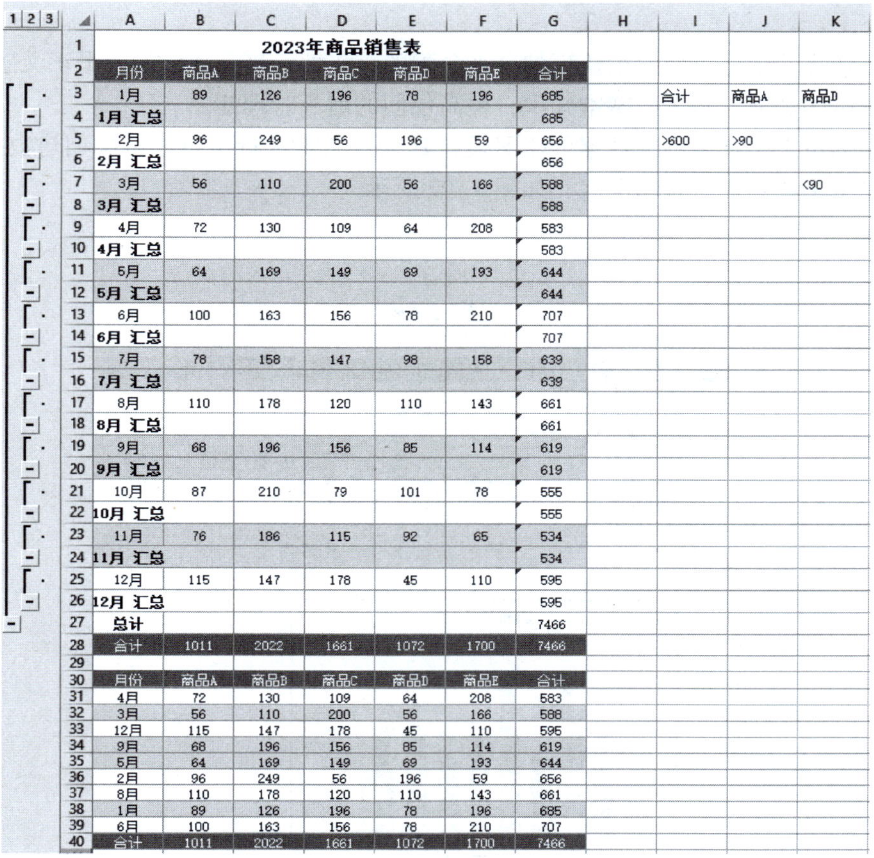

	A	B	C	D	E	F	G	H	I	J	K
1	2023年商品销售表										
2	月份	商品A	商品B	商品C	商品D	商品E	合计				
3	1月	89	126	196	78	196	685		合计	商品A	商品D
4	1月 汇总						685				
5	2月	96	249	56	196	59	656		>600	>90	
6	2月 汇总						656				
7	3月	56	110	200	56	166	588				<90
8	3月 汇总						588				
9	4月	72	130	109	64	208	583				
10	4月 汇总						583				
11	5月	64	169	149	69	193	644				
12	5月 汇总						644				
13	6月	100	163	156	78	210	707				
14	6月 汇总						707				
15	7月	78	158	147	98	158	639				
16	7月 汇总						639				
17	8月	110	178	120	110	143	661				
18	8月 汇总						661				
19	9月	68	196	156	85	114	619				
20	9月 汇总						619				
21	10月	87	210	79	101	78	555				
22	10月 汇总						555				
23	11月	76	186	115	92	65	534				
24	11月 汇总						534				
25	12月	115	147	178	45	110	595				
26	12月 汇总						595				
27	总计						7466				
28	合计	1011	2022	1661	1072	1700	7466				
29											
30	月份	商品A	商品B	商品C	商品D	商品E	合计				
31	4月	72	130	109	64	208	583				
32	3月	56	110	200	56	166	588				
33	12月	115	147	178	45	110	595				
34	9月	68	196	156	85	114	619				
35	5月	64	169	149	69	193	644				
36	2月	96	249	56	196	59	656				
37	8月	110	178	120	110	143	661				
38	1月	89	126	196	78	196	685				
39	6月	100	163	156	78	210	707				
40	合计	1011	2022	1661	1072	1700	7466				

图 3-96　“商品销售表”的数据处理

操作提示

1. 打开初始工作表。
2. 设置条件，通过高级筛选得到所需数据。
3. 分类汇总数据。
4. 保存工作簿。

任务 3.4　制作并打印员工工资图表

任务描述

为了全面评估员工的薪酬状况，并为下个月的预算制订和人力资源管理提供数据支持，公司决定对每位员工的工资进行分析。作为人力资源部门的一员，李华需要将员工工资制作成图表进行分析，然后打印出来交给领导。

任务分析

通过本任务的学习，使学生认识到公平分配的重要性，培养他们的公平正义感。教育学生了解工资结构和财务报表的基本知识，提高他们的财务管理能力。

首先根据员工工资表中的数据创建图表；其次对图表进行编辑；再次创建数据透视表，根据需要筛选字段；最后打印图表，如图 3-97 所示。

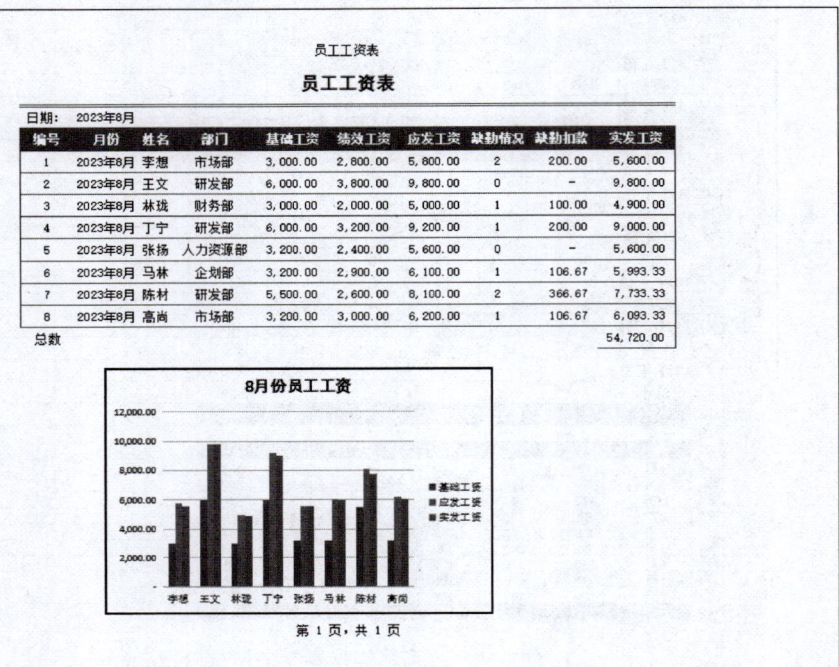

图 3-97　员工工资图表

学习目标

1. 会创建图表。
2. 会编辑图表。
3. 会创建透视表。
4. 会对透视表中的数据进行筛选。
5. 会页面设置。
6. 会打印预览和打印图表。

任务实施

1. 打开文件

单击"文件"→"打开"命令，打开"打开文件"对话框，选择"员工工资表"，单击"打开"按钮，打开员工工资表，如图 3-98 所示。

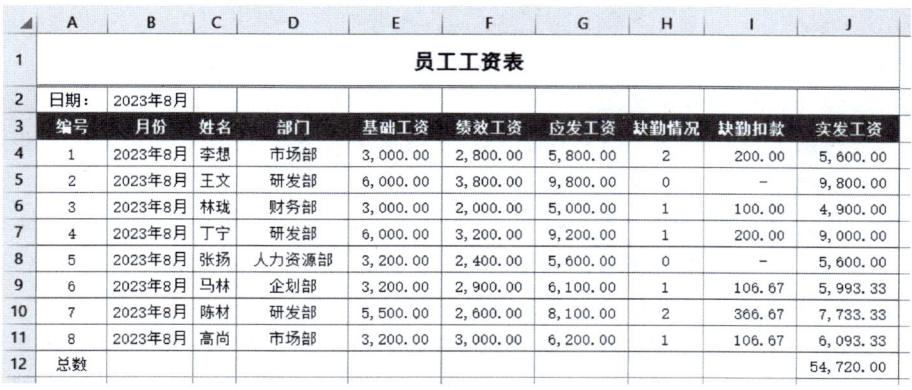

图 3-98 员工工资表

2. 创建图表

（1）选中要创建图表的 C3：J11 单元格区域，单击"插入"选项卡"全部图表"下拉按钮 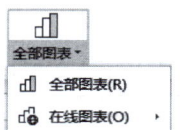，打开如图 3-99 所示的下拉列表，单击"全部图表"命令，打开如图 3-100 所示的"图表"对话框。

图 3-99 "全部图表"下拉列表

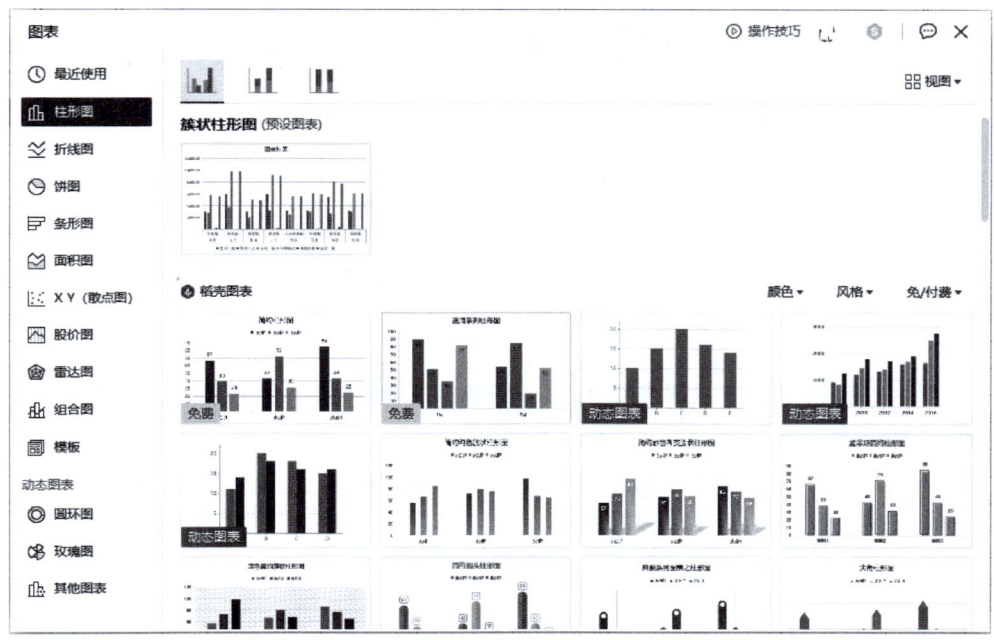

图 3-100 "图表"对话框

提示：

在左侧窗格中可以看到 WPS 2022 提供了丰富的图表类型，在右上窗格中可以看到每种图表类型还包含一种或多种子类型。

选择合适的图表类型能恰当地表现数据，更清晰地反映数据的差异和变化。各种图表的适用情况简要介绍如下：

柱形图：簇状柱形图常用于显示一段时间内数据的变化，或者描述各项数据之间的差异；堆积柱形图用于显示各项数据与整体的关系。

折线图：以等间隔显示数据的变化趋势。

饼图：以圆心角不同的扇形显示某一数据系列中每一项数值与总和的比例关系。

条形图：显示特定时间内各项数据的变化情况，或者比较各项数据之间的差别。

面积图：强调幅度随时间的变化量。

XY（散点图）：多用于科学数据，显示和比较数值。

股价图：描述股票价格走势，也可以用于科学数据。

雷达图：用于比较若干数据系列的总和值。

组合图：用不同类型的图表显示不同的数据系列。

（2）在对话框中选择"柱形图"→"簇状柱形图"，单击预设图表插入簇状柱形图，如图 3-101 所示。

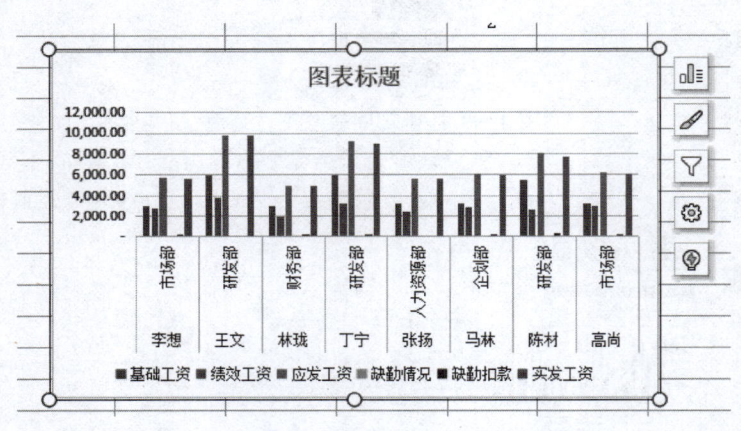

图 3-101　插入的簇状柱形图

3. 编辑数据源

（1）单击"图表工具"选项卡中的"选择数据"按钮，打开如图 3-102 所示的"编辑数据源"对话框。

（2）在"系列"列表框中取消"绩效工资""缺勤情况""缺勤扣款"复选框。

（3）单击"类别"右侧的"编辑"按钮，打开"轴标签"对话框，单击文本框右侧的按钮，选择 C4:C11 区域，如图 3-103 所示。

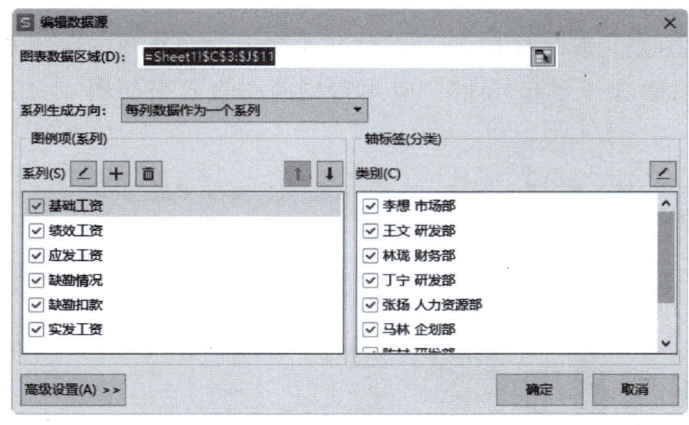

图 3-102 "编辑数据源"对话框

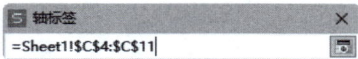

图 3-103 选择区域

（4）返回到"编辑数据源"对话框，其他采用默认设置，如图 3-104 所示，单击"确定"按钮，结果如图 3-105 所示。

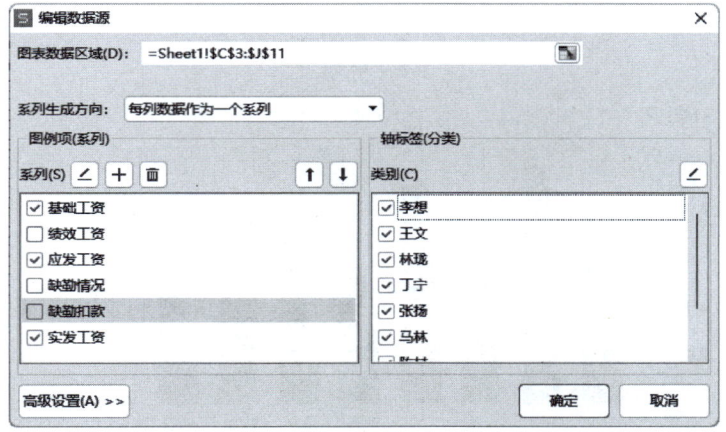

图 3-104 编辑数据

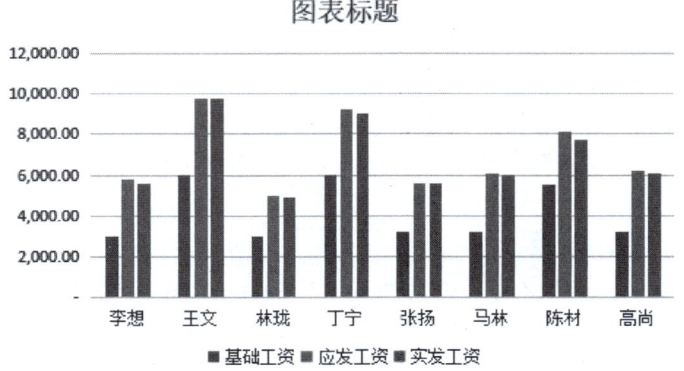

图 3-105 编辑数据源

4. 修改图表

（1）选取图表，单击右侧的"图表元素"按钮，在打开的列表中切换到"快速布局"选项卡，如图3-106所示，然后选择"布局1"，应用布局的图表效果如图3-107所示。

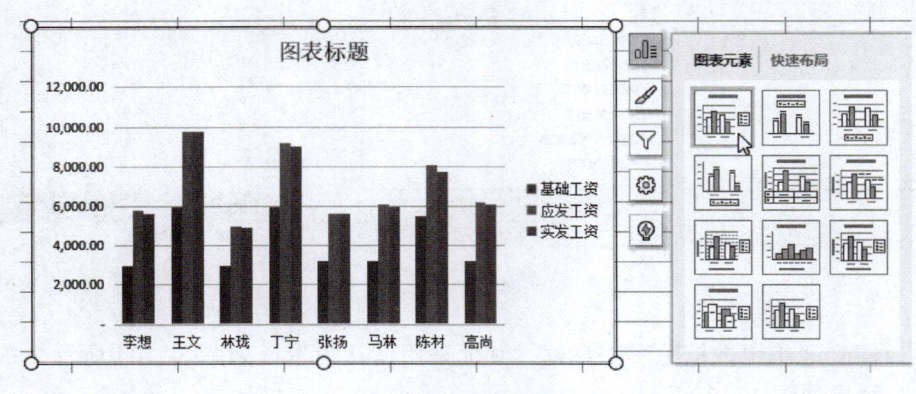

图3-106 选取布局

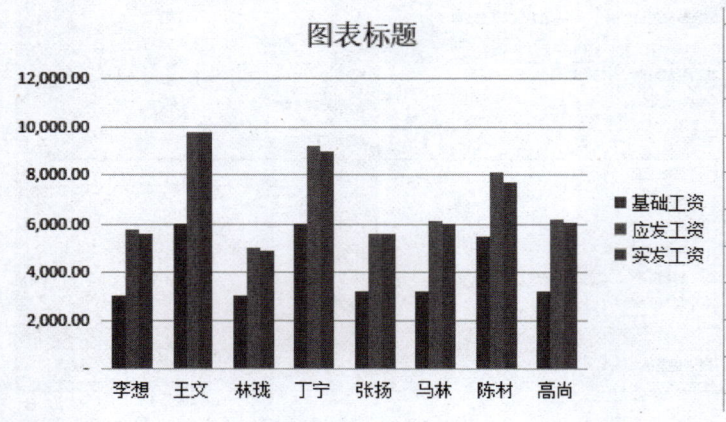

图3-107 更改布局

（2）单击图表标题，输入标题为"8月份员工工资"，设置字体为"等线"，字号为14，字形加粗，颜色为黑色，如图3-108所示。

（3）选中图表，在对应的属性窗格中切换到"填充与线条"选项卡，设置图表边框的线条样式为实线，颜色为黑色，宽度为1.50磅，如图3-109所示。最终效果如图3-110所示。

5. 创建数据透视表

（1）选中A3:J11单元格区域，单击"插入"选项卡中的"数据透视表"按钮，打开"创建数据透视表"对话框，选择放置数据透视表的位置为"新工作表"，如图3-111所示。

项目三　电子表格处理

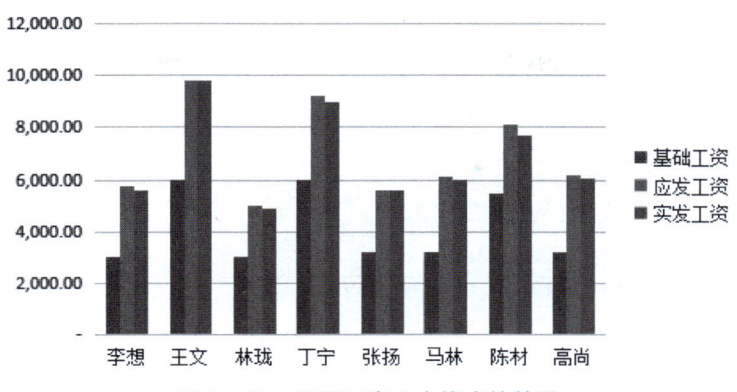

图 3-108　设置图表文本格式的效果

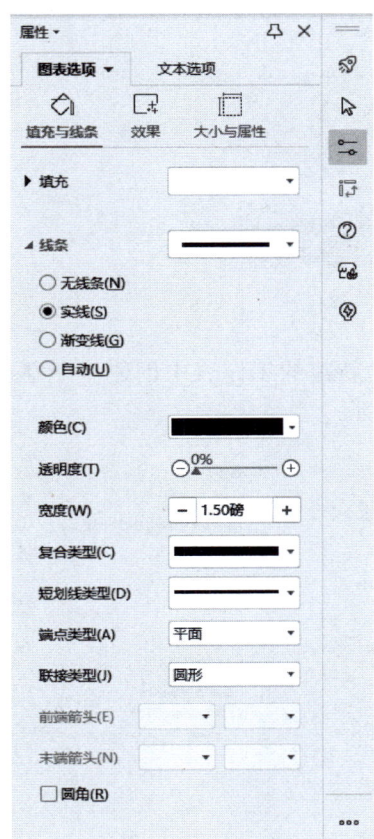

图 3-109　"填充与线条"选项卡

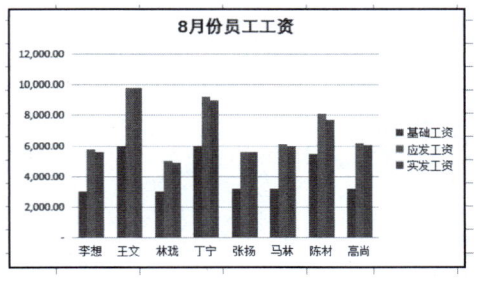

图 3-110　最终效果

133

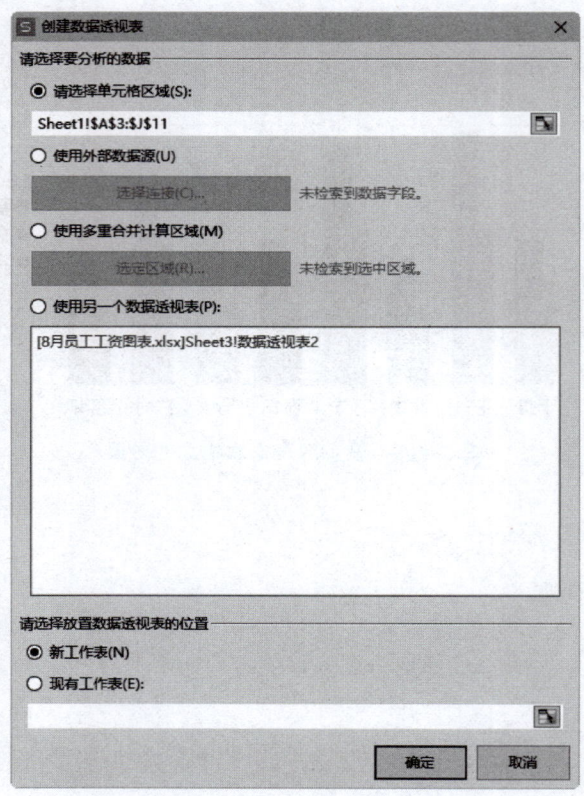

图 3-111 "创建数据透视表"对话框

（2）单击"确定"按钮关闭对话框，即可在自动新建的工作表中创建一个空白的数据透视表，并打开"数据透视表"窗格，如图 3-112 所示。

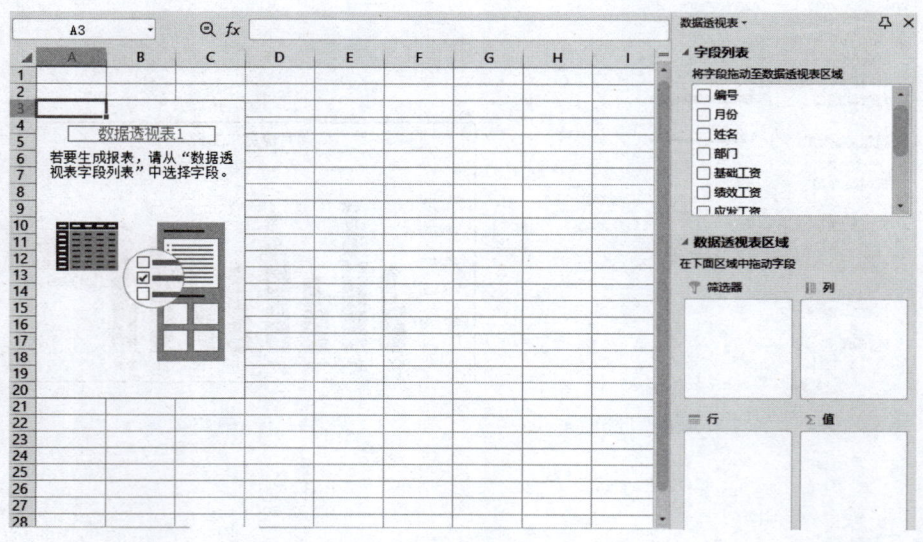

图 3-112 创建空白数据透视表

提示：

数据透视表由字段、项和数据区域组成。

1. 字段

字段是从数据表中的字段衍生而来的数据的分类。字段包括页字段、行字段、列字段和数据字段。

页字段：用于对整个数据透视表进行筛选的字段，以显示单个项或所有项的数据。

行字段：指定为行方向的字段。

列字段：指定为列方向的字段。

数据字段：提供要汇总的数据值的字段。数据字段通常包含数字，用 SUM 函数汇总这些数据；也可包含文本，使用 COUNT 函数进行计数汇总。

2. 项

项是字段的子分类或成员。

3. 数据区域

数据区域是指包含行和列字段汇总数据的数据透视表部分。

（3）在"字段列表"列表框中将"部门"字段拖放到"筛选器"区域，将"姓名"字段拖放到"行"区域，将"基础工资""应发工资""实发工资"字段拖放到"值"区域，数据透视表自动更新，如图 3-113 所示。

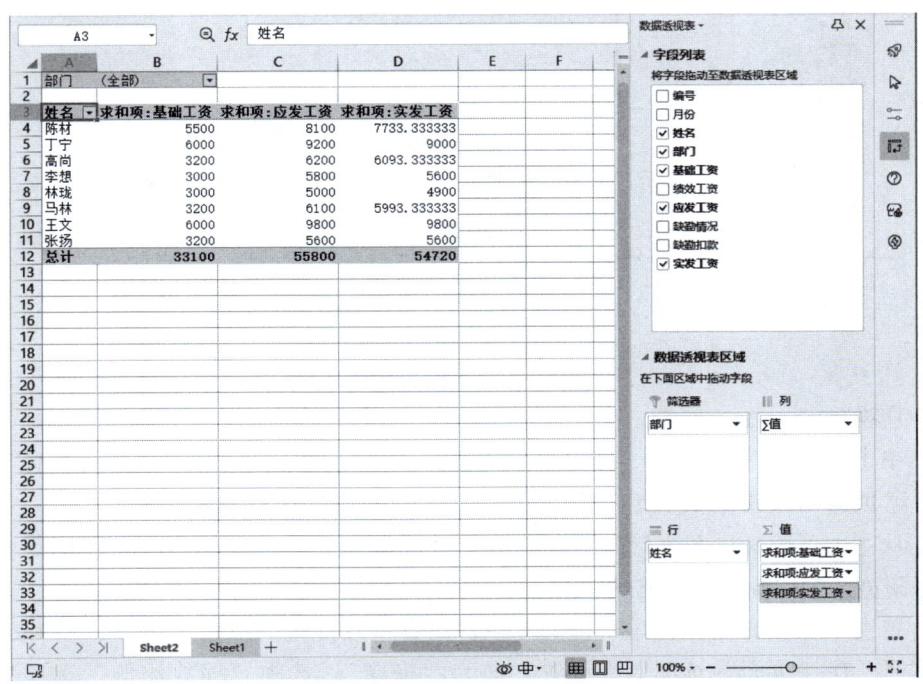

图 3-113　设置数据透视表的布局

（4）单击筛选字段"部门"右侧的下拉按钮，在弹出的设置面板中选择"研发部"，如图 3-114 所示。单击"确定"按钮，可以查看研发部员工的工资，如图 3-115 所示。

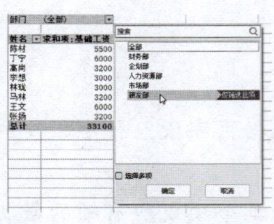 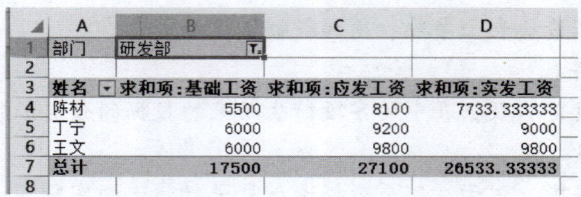

图 3-114　设置筛选字段　　　　　图 3-115　研发部员工的工资

（5）单击行字段"姓名"右侧的下拉按钮，在弹出的设置面板中取消选中"王文"复选框，如图 3-116 所示。单击"确定"按钮，即可查看研发部中陈材和丁宁的工资，如图 3-117 所示。

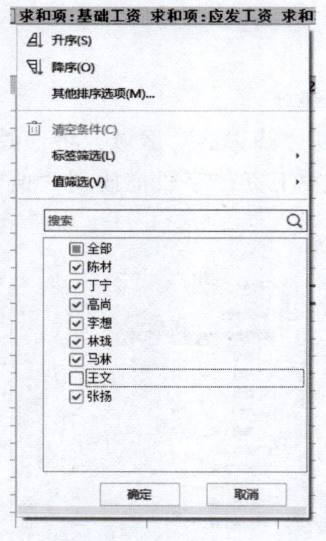

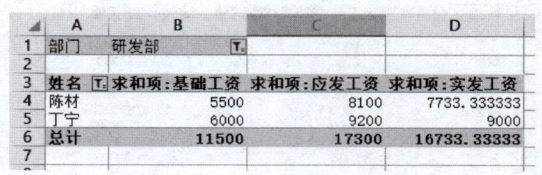

图 3-116　设置筛选字段　　　　　图 3-117　陈材和丁宁的工资

6. 打印预览

（1）切换到 Sheet1 工作表。

（2）单击"文件"菜单的"打印"→"打印预览"命令，或单击"页面布局"选项卡中的"打印预览"按钮，打开"打印预览"选项卡，如图 3-118 所示。

（3）从图中可以看出图表打印不全，单击"打印预览"选项卡中的"关闭"按钮，关闭打印预览，返回到电子表格编辑。

（4）单击"页面布局"选项卡中的"页面设置"功能组右下角按钮，打开"页面设置"对话框，在"页面"选项卡中设置方向为"横向"，选中"缩放比例"选项，并设置比例为 100%，其他采用默认设置，如图 3-119 所示。

提示：

"纵向"和"横向"是相对于纸张而言的，并非针对打印内容。如果工作表的数据行较多而列较少，可以使用纵向打印；如果列较多而行较少，通常使用横向打印。

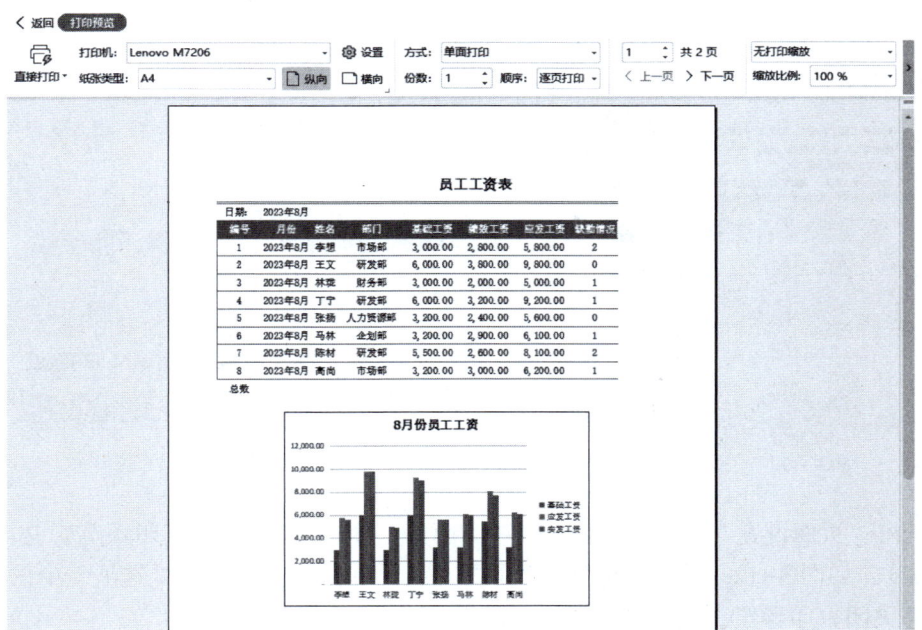

图 3-118　打印预览

（5）在"页边距"选项卡中设置上、下页边距为 1.50，页眉和页脚为 1.00，勾选"水平"和"垂直"复选框，其他采用默认设置，如图 3-120 所示。

图 3-119　"页面"选项卡

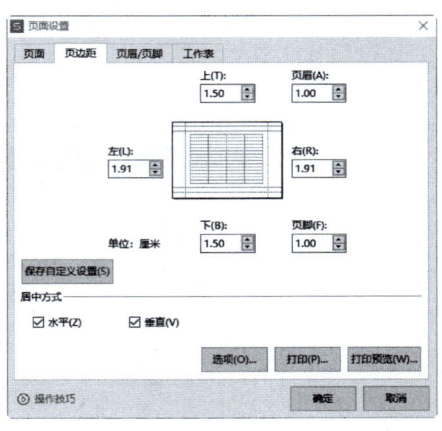

图 3-120　"页边距"选项卡

（6）在"页眉/页脚"选项卡中单击"自定义页眉"按钮，打开"页眉"对话框，在"中"文本框中输入"员工工资表"，如图 3-121 所示，单击"确定"按钮。

返回到"页面设置"的"页眉/页脚"选项卡，在"页脚"下拉列表中选择"第 1 页，共 ? 页"，其他采用默认设置，如图 3-122 所示。

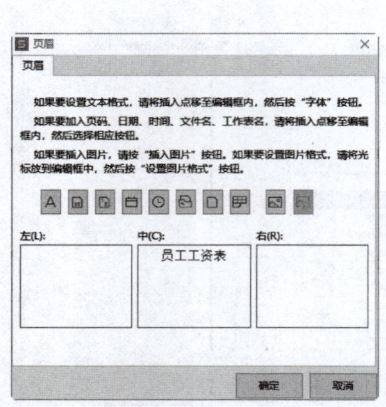
图 3-121 "页眉"对话框

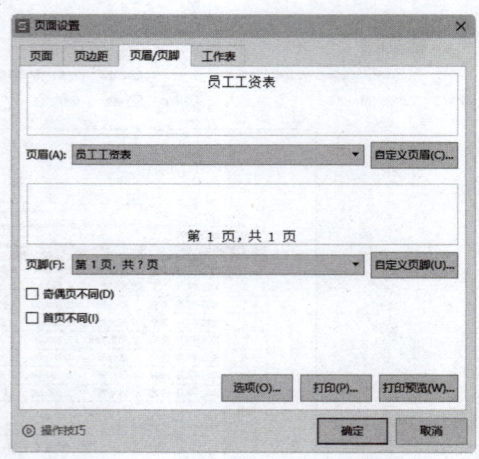
图 3-122 "页眉/页脚"选项卡

(7) 在"页面设置"对话框中单击"打印预览"按钮,打开"打印预览"选项卡,进行打印预览,如图 3-123 所示。检查页面是否有误,单击"打印预览"选项卡中的"关闭"按钮,关闭打印预览,返回到电子表格编辑。

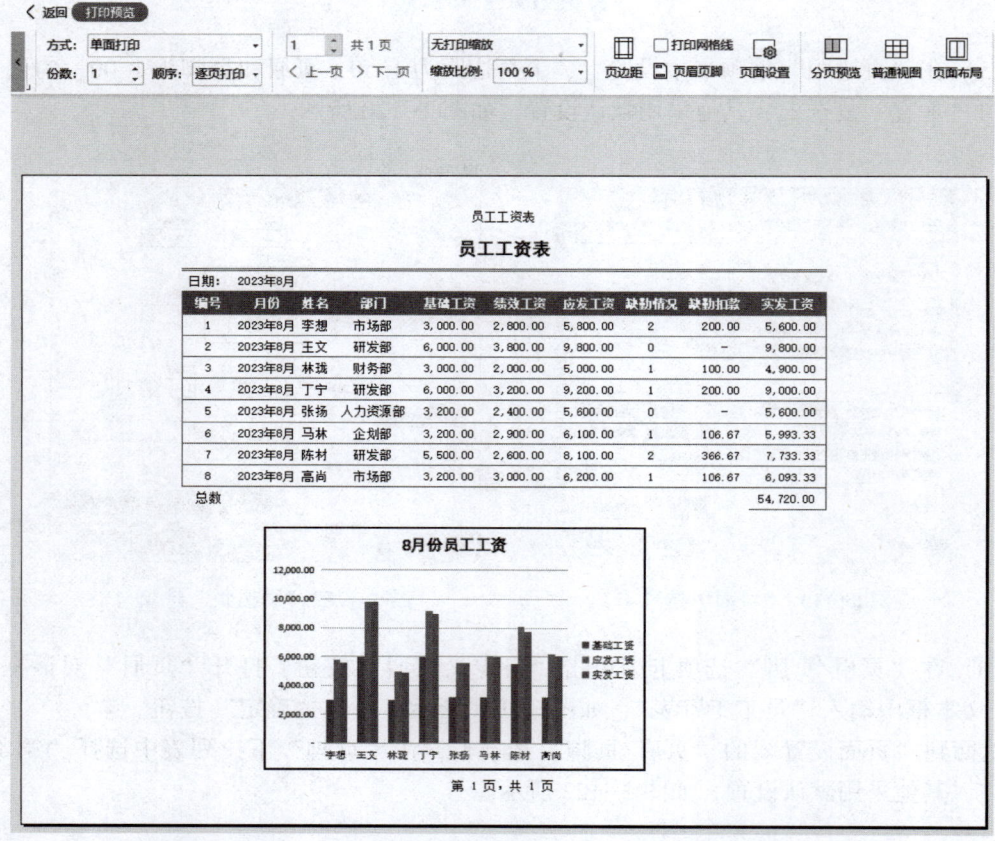
图 3-123 打印预览

7. 打印图表

（1）单击"文件"菜单中"打印"→"打印"命令，或单击快速访问工具栏中的"打印"按钮 🖨，打开"打印"对话框，如图 3-124 所示。

（2）在"名称"下拉列表中选择电脑中安装的打印机，设置页面范围为"全部"，打印内容为"整个工作簿"。

（3）在对话框中单击"确定"按钮，打印员工工资图表。

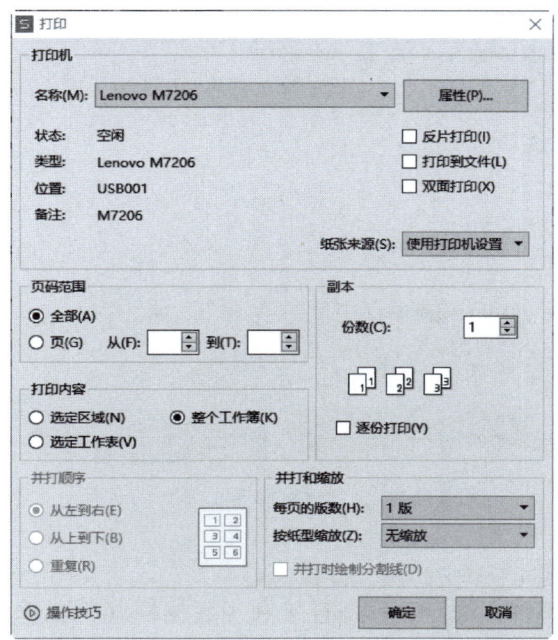

图 3-124 "打印"对话框

8. 保存并关闭工作簿

（1）单击"文件"菜单中的"另存为"命令，打开"另存为"对话框，设置保存位置，输入文件名为"员工工资图表"，单击"保存"按钮，保存文件。

（2）单击工作簿标签右侧的"关闭"按钮 ✕，或在工作簿标签上右击，在弹出的快捷菜单中选择"关闭"命令，关闭工作簿。

拓展

1. 新建数据透视图

数据透视图是一种交互式的图表，以图表的形式表示数据透视表中的数据。不仅保留了数据透视表的方便和灵活，而且与其他图表一样，能以一种更加可视化和易于理解的方式直观地反映数据，以及数据之间的关系。

（1）在工作表中单击任意一个单元格，单击"插入"选项卡中的"数据透视图"按钮 📊，打开如图 3-125 所示的"创建数据透视图"对话框。

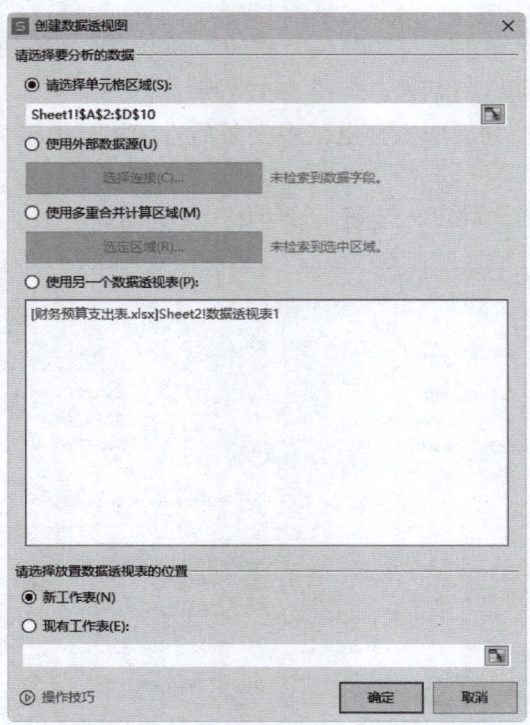

图 3-125 "创建数据透视图"对话框

（2）选择要分析的数据。

创建数据透视图有两种方法：一种是直接利用数据源（例如单元格区域、外部数据源和多重合并计算区域）创建数据透视图；另一种是在数据透视表的基础上创建数据透视图。

如果要直接利用数据源创建数据透视图，选中需要的数据源类型，然后指定单元格区域或外部数据源。

如果要基于当前工作簿中的一个数据透视表创建数据透视图，则选中"使用另一个数据透视表"，然后在下方的列表框中单击数据透视表名称。

（3）选择放置透视图的位置。

（4）单击"确定"按钮，即可创建一个空白数据透视表和数据透视图，工作表右侧显示"数据透视图"任务窗格，且菜单功能区自动切换到"图表工具"选项卡，如图 3-126 所示。

（5）设置数据透视图的显示字段。在"字段列表"中将需要的字段分别拖放到"数据透视图区域"的各个区域中。在各个区域间拖动字段时，数据透视表和透视图将随之进行相应的变化。

（6）WPS 默认生成柱形透视图，如果要更改图表的类型，单击"图表工具"选项卡中的"更改类型"按钮，在如图 3-127 所示的"更改图表类型"对话框中可以选择图表类型。

（7）插入数据透视图之后，可以像普通图表一样设置图表的布局和样式。

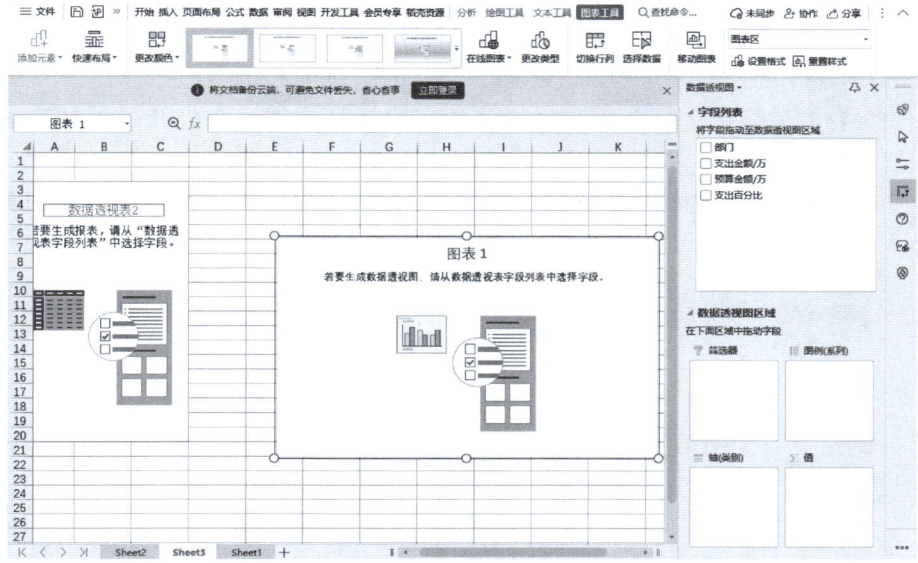

图 3-126　创建空白数据透视表和透视图

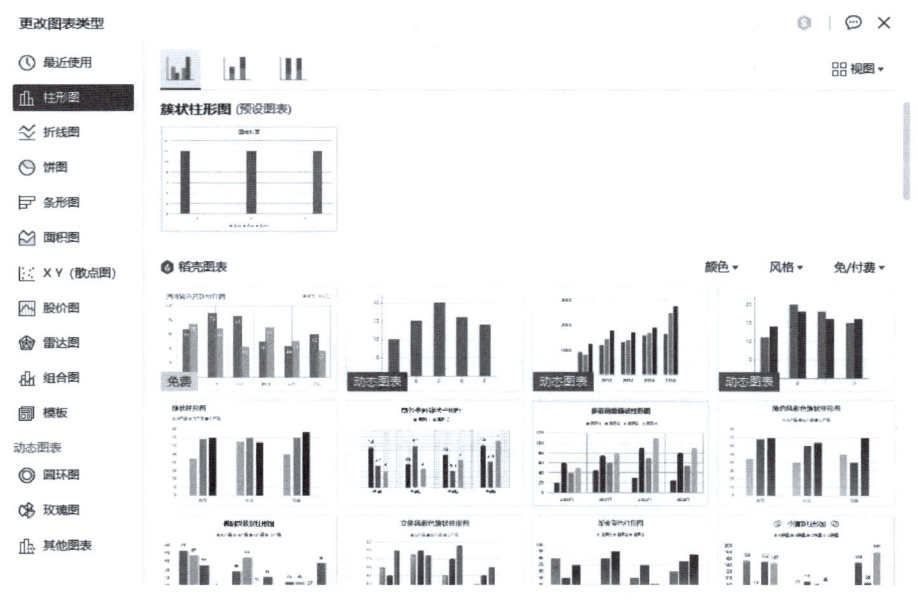

图 3-127　"更改图表类型"对话框

2. 筛选透视图数据

数据透视图与普通图表最大的区别是：数据透视图可以通过单击图表上的字段名称下拉按钮，筛选需要在图表上显示的数据项。

(1) 在数据透视图上单击要筛选的字段名称，打开如图 3-128 所示的下拉列表，选择要筛选的内容。如果要同时筛选多个字段，选中"选择多项"复选框，再选择要筛选的字段。

（2）单击"确定"按钮，筛选的字段名称右侧显示筛选图标，数据透视图中仅显示指定内容的相关信息，数据透视表也随之更新。

（3）如果要取消筛选，单击要清除筛选的字段下拉按钮，在打开的下拉列表中单击"全部"，然后单击"确定"按钮关闭对话框。

（4）如果要对图表中的标签进行筛选，单击标签字段右侧的下拉按钮，在打开的下拉列表中选择"标签筛选"，然后在如图3-129所示的级联菜单中选择筛选条件。

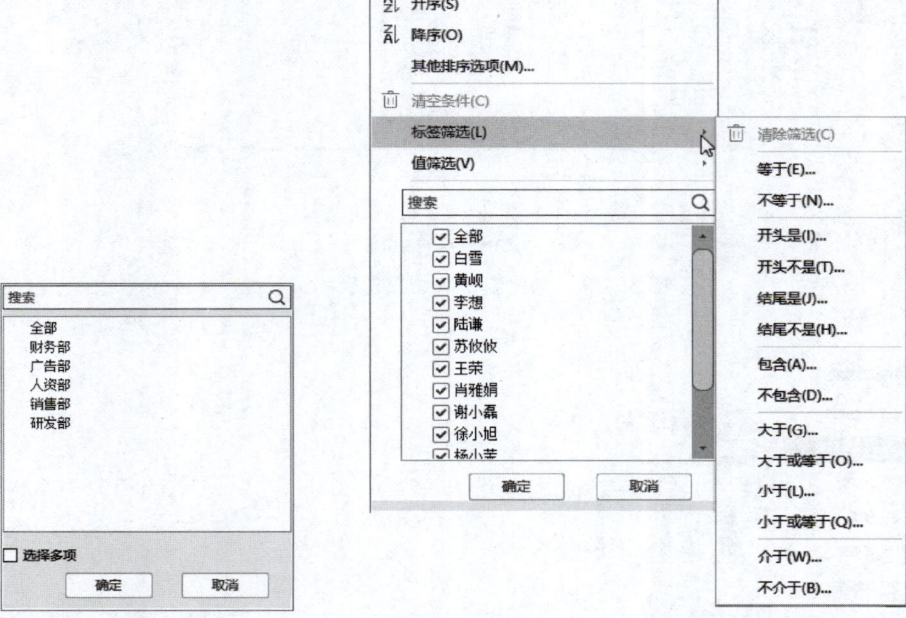

图 3-128　筛选字段　　　　　图 3-129　选择筛选条件

例如，选择"包含"命令，将打开如图3-130所示的对话框。如果要使用模糊筛选，可以使用通配符?代表单个字符，用 * 代表任意多个字符。设置完成后，单击"确定"按钮，即可在透视图和透视表中显示对应的筛选结果。

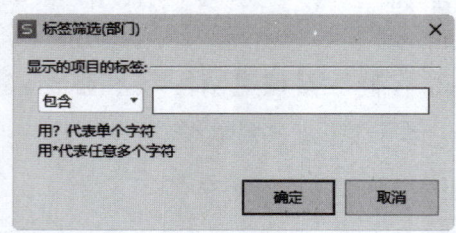

图 3-130　标签筛选

（5）如果要取消标签筛选，可以单击要清除筛选的标签下拉按钮，在打开的下拉列表中选择"清空条件"命令。

3. 设置缩放打印

在打印工作表时，还可以将工作表内容进行缩放。

（1）单击"页面布局"选项卡中"打印缩放"下拉按钮，打开如图 3-131 所示的下拉菜单。

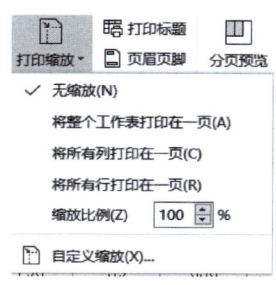

图 3-131　设置显示比例

（2）选择"无缩放"命令，则按照工作表的实际大小打印。

（3）选择"将整个工作表打印在一页"命令，则将工作表缩小在一个页面上打印。

（4）选择"将所有列打印在一页"命令，则将工作表所有列缩小到一个页面宽，可能会将一页不能显示的行拆分到其他页。

（5）选择"将所有行打印在一页"命令，则将工作表所有行缩小为一个页面高，可能会将一页不能显示的列拆分到其他页。

（6）选择"自定义缩放"命令，则打开"页面设置"对话框。在"缩放"区域，可以指定将工作表按比例缩放，或调整为指定的页宽或页高。

4. 设置打印区域

默认情况下，打印工作表时，会打印整张工作表。如果只需打印工作表的一部分数据，就要设置打印区域。

（1）在工作表编辑窗口中选定要打印的单元格或单元格区域。如果要设置多个打印区域，可以选中一个区域后，按下 Ctrl 键选中其他区域。

（2）单击"页面布局"选项卡"打印区域"下拉列表中的"设置打印区域"命令。此时，选中的区域四周显示虚线边框。

如果设置了多个打印区域，可以看到每个区域中显示分页说明，表明每个打印区域都在单独的一页打印。

（3）单击"页面布局"选项卡"打印区域"下拉列表中的"取消打印区域"命令，取消选中的打印区域。

5. 云端备份

WPS 云端备份是 WPS Office 为用户提供的一项重要功能，可以将用户的文档和表格备份至云端，防止数据的丢失和损坏。

（1）首先登录 WPS 账户。

（2）在"首页"界面中单击"我的云文档"图标，然后单击右上角的"全局设置"按钮，在打开的下拉列表中单击"设置"选项，打开"设置中心"界面，在"工作环境"

选项卡中单击"打开备份中心"选项，打开"备份中心"对话框，如图 3-132 所示，选择需要备份的文档和表格，进行备份。

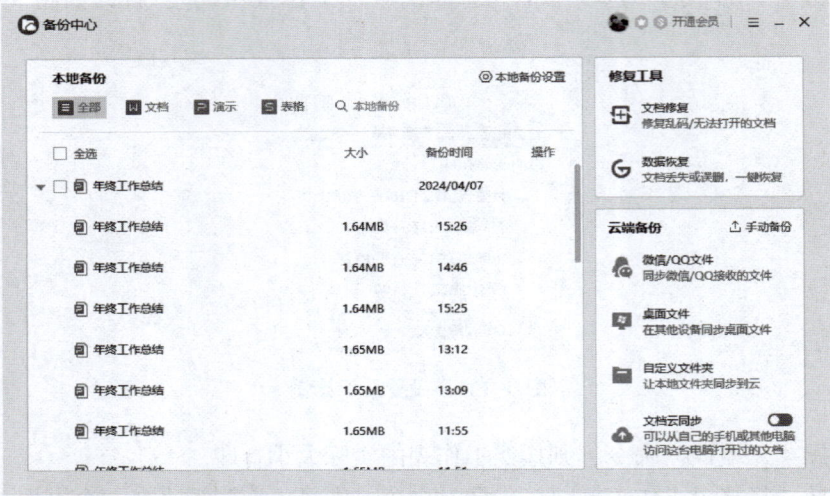

图 3-132 "备份中心"对话框

任务评价

评价类型	序号	任务内容	分值	自评	师评
学习态度	1	主动学习	5		
	2	学习时长、进度	10		
操作能力	3	打开工作簿	5		
	4	创建图表	10		
	5	编辑图表	10		
	6	创建数据透视表	5		
	7	打印预览	10		
	8	页面设置	10		
	9	打印	10		
	10	另存工作簿	5		
育人素养	11	完成育人素养学习	20		
总分			100		

自测任务书

通过本任务的学习，学生需要完成"商品销售图表"的制作和打印，参考样式如图 3-133 所示。

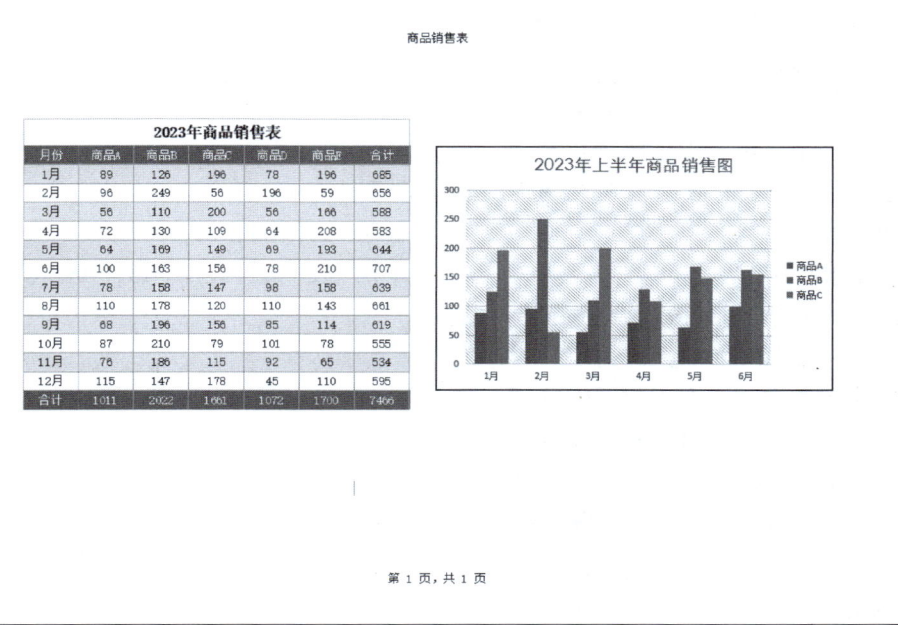

图 3-133　商品销售图表

操作提示

1. 打开初始工作表。
2. 创建图表。
3. 编辑图表。
4. 打印预览图表。
5. 设置页面。
6. 打印图表。

习题与思考

一、理论习题

1. 在 WPS 表格中，如果要保存工作簿，可按（　　）键。
   A. Ctrl+A　　　　　B. Ctrl+S　　　　　C. Shift+A　　　　　D. Shift+S

2. 在 WPS 表格中，编辑栏的名称栏显示为 A13，表示（　　）。
   A. 第 1 列第 13 行　　　　　　　　　B. 第 1 列第 1 行
   C. 第 13 列第 1 行　　　　　　　　　D. 第 13 列第 13 行

3. 下列关于行高和列宽的说法，正确的是（　　）。
   A. 它们的单位都是厘米
   B. 它们的单位都是毫米
   C. 它们是系统定义的相对的数值，是一个无量纲的量
   D. 以上说法都不正确

4. 在公式复制时，使用相对地址（引用）的好处是（　　）。
   A. 单元格地址随新位置有规律变化
   B. 单元格地址不随新位置而变化
   C. 单元格范围不随新位置而变化
   D. 单元格范围随新位置无规律变化
5. 选择生成图表的数据区域 A2:C3 所表示的范围是（　　）。
   A. A2，C3
   B. A2，B2，C3
   C. A2，B2，C2
   D. A2，B2，C2，A3，B3，C3
6. 打印工作簿时下列哪个表述是错误的？（　　）
   A. 一次可以打印整个工作簿
   B. 一次可以打印一个工作簿中的一个或多个工作表
   C. 在一个工作表中可以只打印某一页
   D. 不能只打印一个工作表中的一个区域位置
7. 在 WPS 表格中，将鼠标指针移到单元格右下角的填充手柄上时，指针的形状为（　　）。
   A. 双箭头　　　　B. 白十字　　　　C. 黑十字　　　　D. 黑矩形
8. 下列关于"筛选"的叙述正确的是（　　）。
   A. 自动筛选与高级筛选都可将结果显示在指定区域
   B. 自动筛选的条件只能是一个，高级筛选的条件可以是多个
   C. 不同字段之间进行"或"运算的条件必须使用高级筛选
   D. 如果所选条件出现在多列中，并且条件之间是"与"的关系，必须使用高级筛选
9. WPS 表格绝对地址引用的符号是（　　）。
   A. ?　　　　　　B. $　　　　　　C. #　　　　　　D. !
10. 在单元格 F3 中，求 A3、B3 和 C3 三个单元格数值的和，不正确的形式是（　　）。
    A. =＄A＄3+＄B＄3+＄C＄3
    B. SUM（A3,C3）
    C. =A3+B3+C3
    D. SUM（A3:C3）
11. 在 WPS 表格中，如果只需要查看数据列表中记录的一部分，可以使用 WPS 表格提供的（　　）功能。
    A. 排序　　　　B. 自动筛选　　　　C. 分类汇总　　　　D. 以上全部
12. 在 WPS 表格中有一个高一年级全体学生的学分记录表，表中包含"学号、姓名、班别、学科、学分"五个字段，如果要选出高一（2）班信息技术学科的所有记录，则最快捷的操作方法是（　　）。
    A. 排序　　　　B. 筛选　　　　C. 汇总　　　　D. 透视

二、操作题

1. 制作办公室物品管理台账，如图 3-134 所示。
   （1）新建一张工作表。
   （2）合并单元格，调整单元格的宽度和高度。
   （3）在该工作表中进行数据输入。

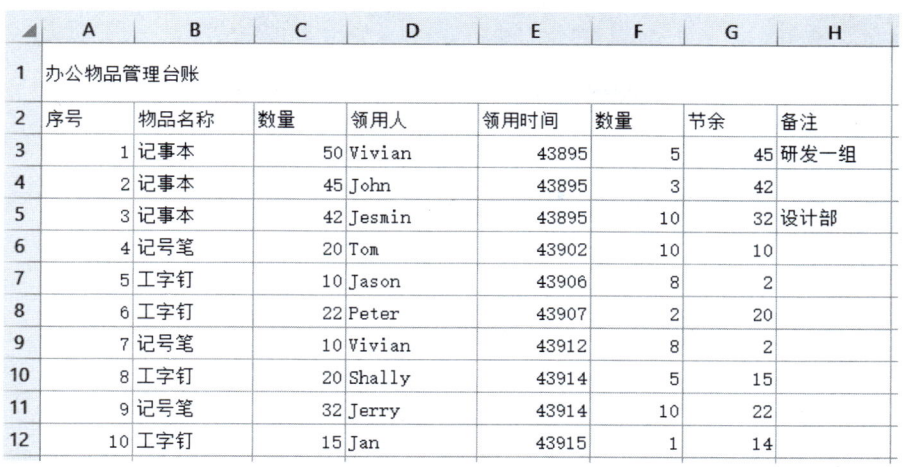

图 3-134　办公室物品管理台账

2．制作公司年度销售额统计表，如图 3-135 所示。
（1）新建一张工作表，在该工作表中进行数据输入。
（2）设置样式。
（3）计算年度销售总额和各月份的销售额占总产值的百分比。

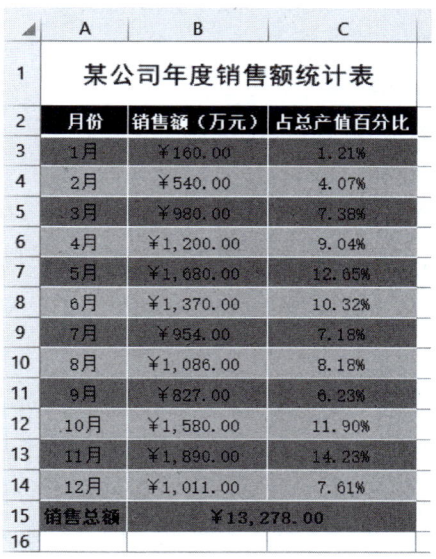

图 3-135　公司年度销售额统计表

项目四

演示文稿制作

导读

在当今的商业和教育环境中，有效的沟通和信息展示是成功的关键。无论是进行项目汇报、学术演讲还是产品推介，清晰且富有感染力的演示文稿都是不可或缺的工具。WPS Office作为一款功能强大的办公软件套件，其内置的演示文稿制作功能为用户提供了丰富的模板、图表和动画效果，使创建专业级别的演示文档变得简单快捷。

学习要点

1. 掌握演示文稿的创建、打开、保存、退出等基本操作。
2. 掌握幻灯片的创建、复制、删除、移动等基本操作。
3. 掌握幻灯片母版创建及应用方法。
4. 掌握在幻灯片中插入和编辑图片的方法。
5. 掌握在幻灯片中插入和编辑形状的方法。
6. 掌握在幻灯片中插入和编辑智能图形的方法。
7. 掌握在幻灯片中插入和编辑多媒体的方法。
8. 掌握幻灯片切换动画、对象动画的设置方法及超链接的应用方法。
9. 掌握幻灯片不同格式的输出方法。

素养目标

通过制作关于家乡的演示文稿，激发学生对家乡和祖国的热爱，增强民族自豪感和归属感。
通过制作"年终工作总结"演示文稿，培养学生的责任感和自我提升意识。
通过为"年终工作总结"演示文稿添加动画；培养学生的审美情趣和艺术鉴赏能力。
通过发布"年终工作总结"演示文稿，培养学生的社会责任感和集体意识。

任务 4.1　制作"我美丽的家乡——贵州"演示文稿

任务描述

随着全球化的推进和文化交流的加深，如何有效地展示地方特色和文化魅力，以及如何通过生动的介绍来促进家乡旅游的发展和经济的繁荣，成为地方政府和文化推广者面临的重要任务。为此,文化部门要求王明制作一个关于"我的家乡"的演示文稿。

任务分析

通过本任务的学习,让学生了解和展示家乡的自然风光、历史文化和社会发展,提高学生的语言表达和视觉传达能力,使他们能够更有效地分享和传播家乡的美好。

首先创建一个空白演示文稿,然后设置幻灯片母版外观,接下来设计封面页版式、目录页版式、图文版式,最后使用母版创建幻灯片,效果如图 4-1 所示。

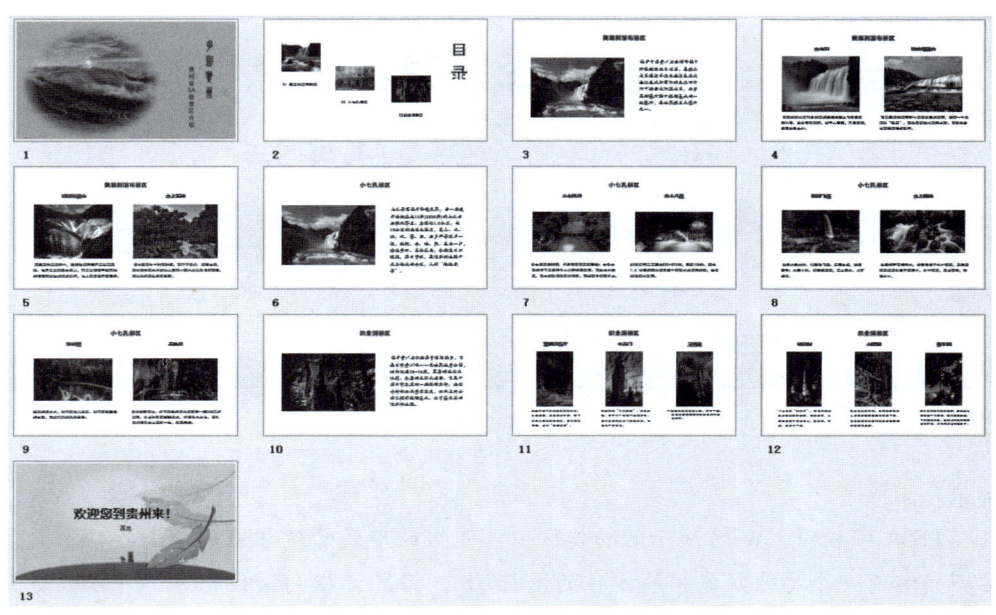

图 4-1 "我美丽的家乡——贵州"演示文稿

学习目标

1. 会新建演示文稿。
2. 会在幻灯片中添加文本。
3. 会在幻灯片中添加和编辑图片。
4. 会创建幻灯片母版。
5. 会保存和退出演示文稿。

任务实施

1. 新建演示文稿

(1) 双击桌面上的 WPS 2022 快捷图标,启动 WPS 2022。

(2) 单击"首页"上的"新建"按钮 ,打开"新建"选项卡,单击"新建演示"按钮 ,在演示文稿界面中单击"新建空白演示"按钮,即可创建一个名称为"演示文稿1"的演示文稿,如图 4-2 所示。

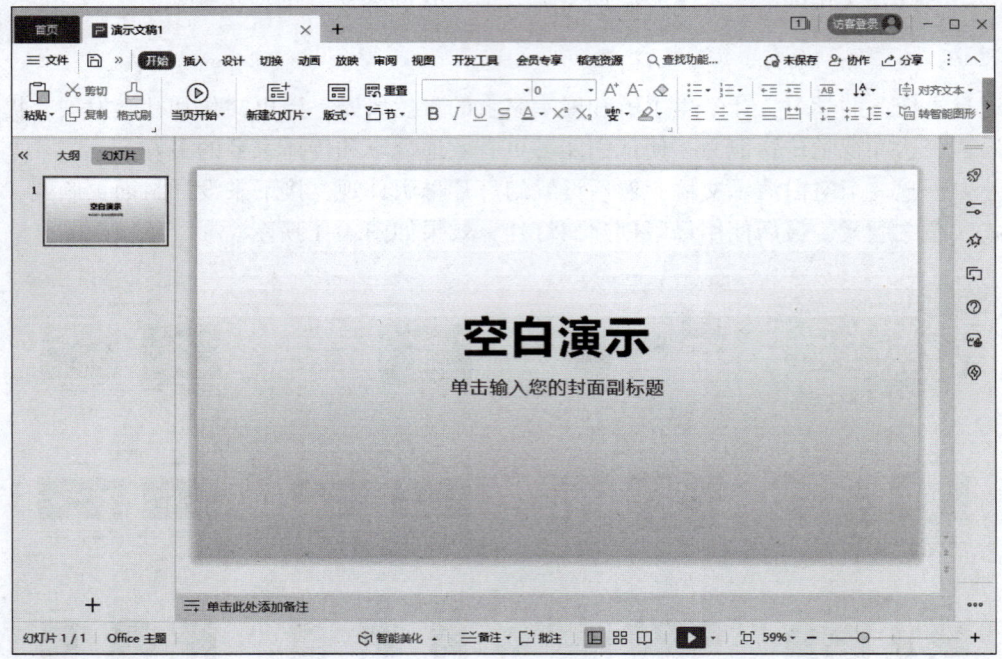

图 4-2 新建"演示文稿 1"

提示：

与 WPS 文字相同，WPS 演示的功能区以功能组的形式管理相应的命令按钮。大多数功能组右下角都有一个称为功能扩展按钮的图标 ，将鼠标指向该按钮时，可以预览到对应的对话框或窗格；单击该按钮，可打开相应的对话框或者窗格。

WPS 演示默认以普通视图显示，左侧是幻灯片窗格，显示当前演示文稿中的幻灯片缩略图，橙色边框包围的缩略图为当前幻灯片。右侧的编辑窗格显示当前幻灯片。

2. 设计母版外观

在制作幻灯片之前，首先设计母版的外观和文本格式，以便统一整个演示文稿的风格。

（1）单击"视图"选项卡中的"幻灯片母版"按钮 ，进入幻灯片母版视图，如图 4-3 所示。

提示：

母版视图左侧窗格显示母版和版式列表，最顶端为幻灯片母版，控制演示文稿中除标题幻灯片以外的所有幻灯片的默认外观，例如文字的格式、位置、项目符号、配色方案以及图形项目。

右侧窗格显示母版或版式幻灯片。在幻灯片母版中可以看到 5 个占位符：标题区、正文区、日期区、页脚区、编号区。修改它们可以影响所有基于该母版的幻灯片。

幻灯片母版下方是标题幻灯片，通常是演示文稿中的封面幻灯片。标题幻灯片下方是幻灯片版式列表，包含在特定的版式中需要重复出现且无须改变的内容。如果在特定的版式中需要重复，但是又有所区别的内容，可以插入对应类别的占位符。

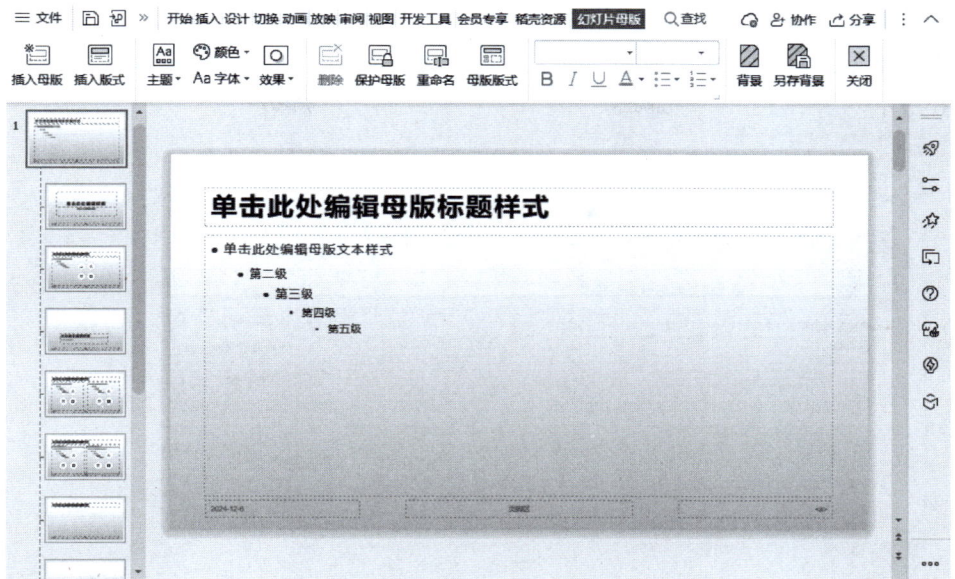

图 4-3　幻灯片母版视图

（2）选中标题占位符的文本，在浮动工具栏中设置字体为"微软雅黑"，字号为 24，字形加粗，对齐方式为"居中对齐"，如图 4-4 所示。

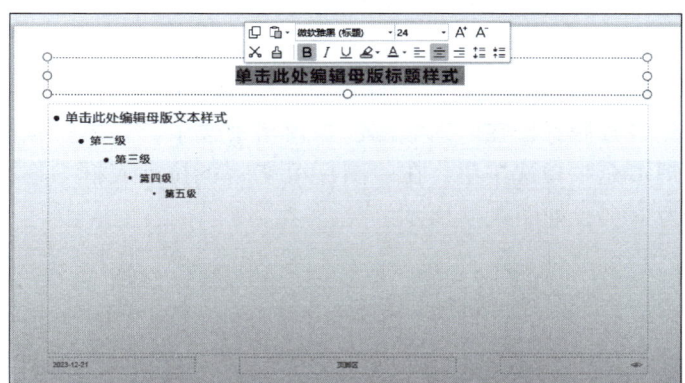

图 4-4　设置母版标题文本的格式

（3）选中内容占位符中的一级占位文本，在浮动工具栏中设置字体为"黑体"，字号为 20，对齐方式为"左对齐"，如图 4-5 所示。

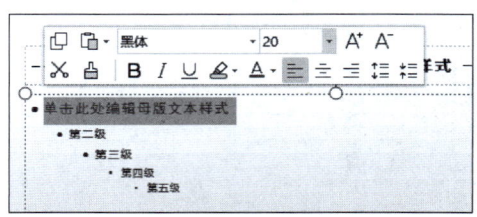

图 4-5　设置一级占位文本格式

（4）单击"幻灯片母版"选项卡中的"背景"按钮，在打开的"对象属性"窗格中选择"纯色填充"选项，在"颜色"下拉列表中选择"白色"，将背景颜色设置为白色，如图4-6所示。

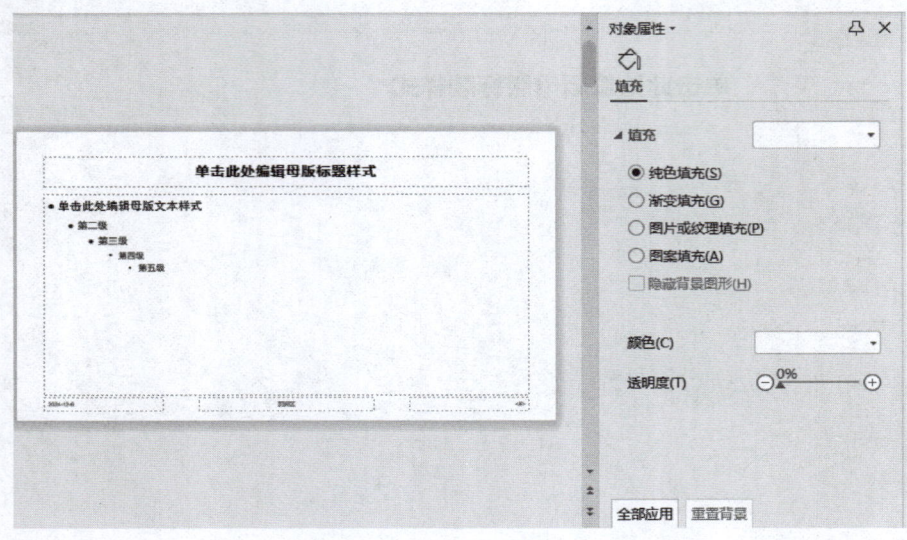

图4-6　设置背景

至此，母版外观样式和文本格式设置完成。

3. 设计封面页版式

通常情况下，封面页和目录页的版式与标题幻灯片、内容幻灯片都不同，因此单独设计。

（1）选中标题幻灯片版式，在"对象属性"窗格中选中"隐藏背景图形"复选框，然后选中"图片或纹理填充"单选按钮，在"图片填充"下拉列表框中选择图片来源和背景图片，设置透明度为10%，如图4-7所示。

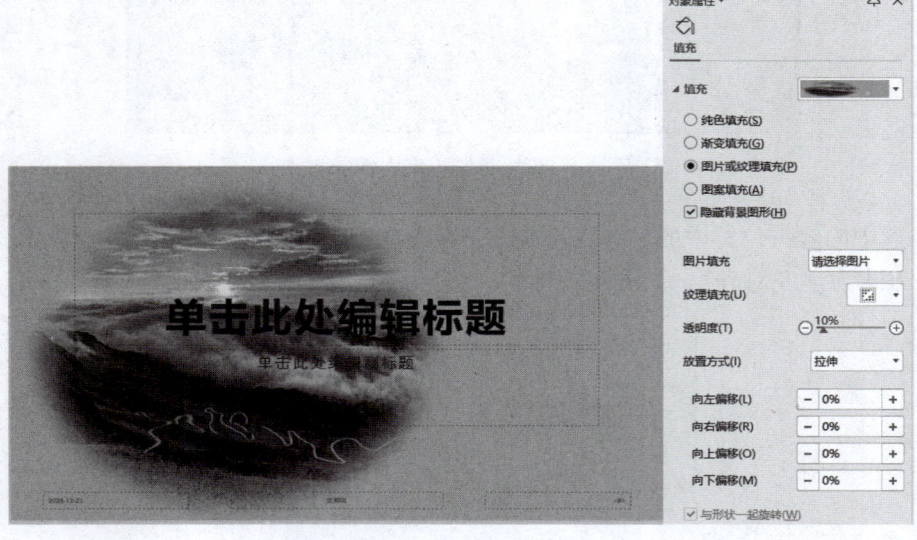

图4-7　设置标题幻灯片的背景

（2）选中标题占位文本，在"文本工具"选项卡中设置字体为"方正小篆体"，字号为80，颜色为红色-栗色渐变，对齐方式为"居中"，文本效果为"阴影→内部向右"，调整占位文本框的大小，如图4-8所示。

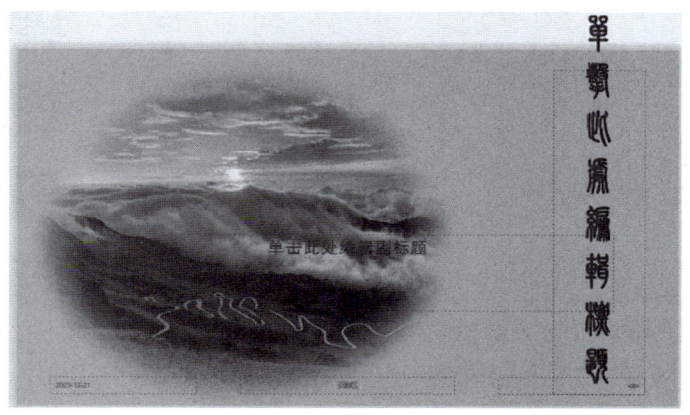

图4-8　设置标题文本的格式

（3）选中标题占位文本，在"文本工具"选项卡中设置字体为"微软雅黑"，字号为24，颜色为黑色，对齐方式为"居中"，调整占位文本框的大小，如图4-9所示。

图4-9　设置副标题文本的格式

4. 设计目录页版式

（1）将光标定位在标题幻灯片版式下方，单击"插入版式"按钮，新建一张内容版式幻灯片。

（2）选中标题占位符，移动占位符在幻灯片中的位置，然后选中占位文本，设置字体为"方正华隶简体"，字号为58，字形加粗，颜色为黑色，样式为"填充-黑色，文本1，轮廓-背景1，清晰阴影-背景1"，对齐方式为"居中"，文本效果为"阴影→内部向右"，调整占位符的大小和位置，使其位于页面的右侧。

（3）在母版窗格中定位到"图片与标题"版式，选中其中的图片占位符和文本占位符，然后复制粘贴到新建的版式中，如图 4-10 所示。

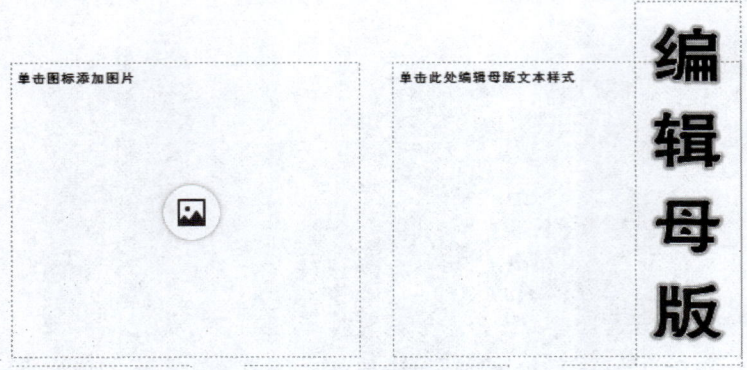

图 4-10　插入图片占位符和文本占位符

（4）选中图片占位符，拖动变形柄上的控制手柄调整占位符的大小；将鼠标指针移到变形框边框上按下左键拖动，调整占位符的位置。然后使用同样的方法调整文本占位符的大小和位置。

（5）选中图片和文本占位符，按住 Ctrl 键拖动复制两个占位符，然后借助智能参考线排列图片占位符然后复制调整好的图片和文本占位符到适当位置，结果如图 4-11 所示。

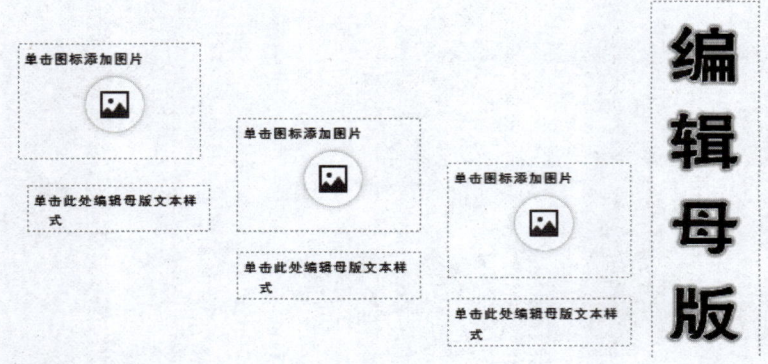

图 4-11　调整占位符的大小和位置

5. 设计图文版式

本节制作两个常用的图文版式，读者可以按照本节的操作方法，根据排版需要自定义其他版式。

（1）将光标定位在目录页版式下方，单击"插入版式"按钮，新建一张内容版式幻灯片。在母版窗格中定位到"图片与标题"版式，选中其中的图片占位符和文本占位符，然后复制并粘贴到新建的版式中。

（2）选中图片占位符，拖动变形柄上的控制手柄调整占位符的大小；将鼠标指针移到变形框边框上按下左键拖动，调整占位符的位置。然后使用同样的方法调整文本占位符的大小和位置，结果如图 4-12 所示。

图 4-12　调整占位符的大小和位置

（3）选中文本占位符，按住 Ctrl 键拖动复制占位符将其放置在图片占位符的上方，然后设置字体为"黑体"，字号为 20，字形加粗，颜色为茶色，对齐方式为"居中对齐"，如图 4-13 所示。

（4）选中图片和文本占位符，按住 Ctrl 键拖动复制两个占位符，然后借助智能参考线排列图片占位符，如图 4-14 所示。

图 4-13　设置文本格式

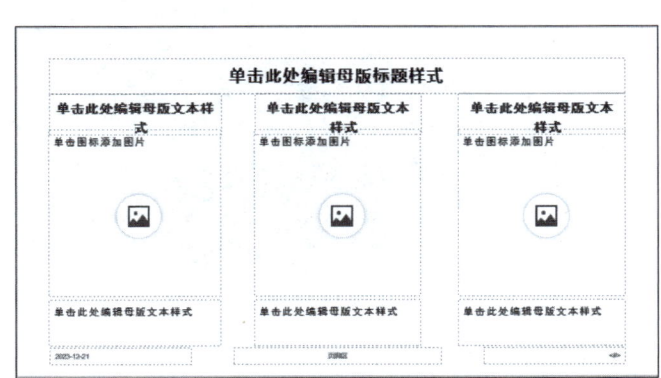

图 4-14　复制并排列占位符

（5）接下来新建另一个图文版式。在母版窗格中选中上一步自定义的版式，右击，在弹出的快捷菜单中选择"复制"命令，然后在自定义版式下方右击，选择"粘贴"命令。删除中间一列的占位符，然后调整文本占位符和图片占位符的大小和位置，如图 4-15 所示。

（6）至此，自定义版式制作完成。单击"幻灯片母版"选项卡中的"关闭"按钮 ⊠，退出母版视图。

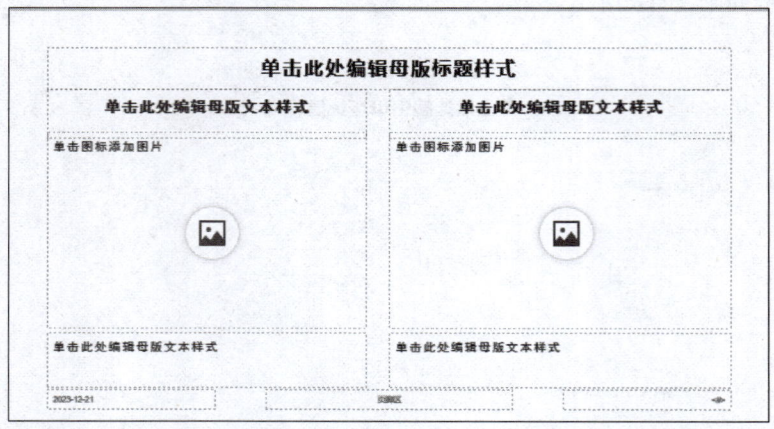

图 4-15　自定义版式

6. 使用母版创建幻灯片

（1）在普通视图中，选中标题幻灯片，单击标题占位符，输入标题文本，如图 4-16 所示。

图 4-16　输入标题文本

（2）单击"开始"选项卡中的"新建幻灯片"下拉列表"母版版式"中的目录页，新建一张幻灯片，单击标题占位符，输入标题文本。

（3）单击图片占位符中的图标，打开"插入图片"对话框，选择图片，单击"打开"按钮，添加图片，最后单击文本占位符，输入文本，如图 4-17 所示。

（4）单击"开始"选项卡中的"新建幻灯片"下拉列表"母版版式"中的图片和标题版式，新建一张幻灯片，单击文本占位符，输入标题文本和内容文本，调整文本大小，单击图片占位符中的图标，插入图片，如图 4-18 所示。

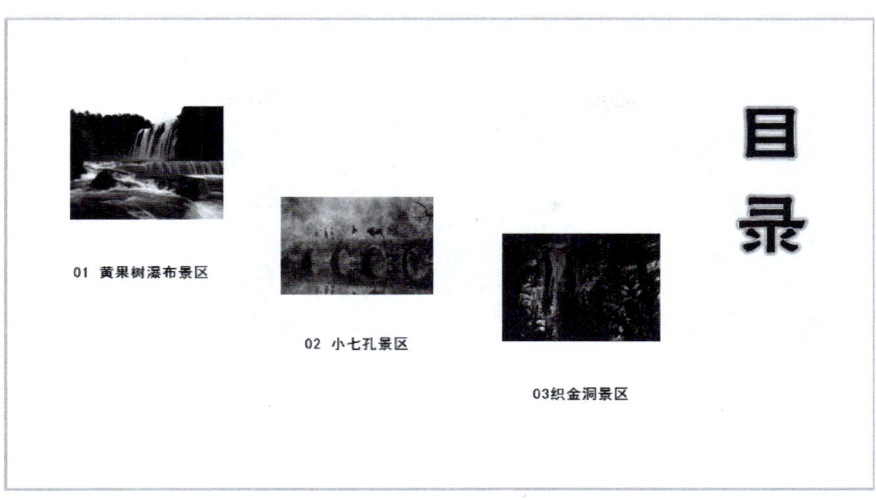

图 4-17 目录页效果

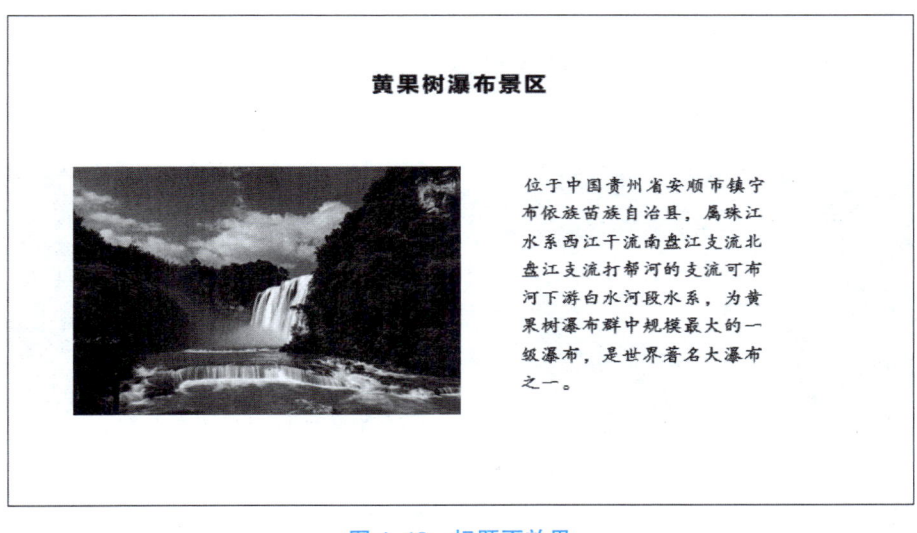

图 4-18 标题页效果

（5）单击"开始"选项卡中的"新建幻灯片"下拉列表"母版版式"，在其中选择自定义的一种图文版式，新建一张幻灯片，然后单击文本占位符，输入标题文本和内容文本，单击图片占位符中的图标，插入图片，如图 4-19 所示。

（6）选取上步创建的内容页，右击，在弹出的快捷菜单中选择"复制幻灯片"，选取复制的幻灯片中的图片，右击，在弹出的快捷菜单中选择"更改图片"，打开"更改图片"对话框，选取图片，单击"打开"按钮，更改图片，然后更改占位符中的文字，如图 4-20 所示。

图 4-19　内容页效果 1

图 4-20　内容页效果 2

(7) 重复步骤 (4) 和 (5)，添加标题页和内容页，介绍"小七孔风景区"和"织金洞风景区"。

(8) 单击"开始"选项卡中的"新建幻灯片"下拉列表"母版版式"中的结束页，然后单击文本占位符，输入文本内容，如图 4-21 所示。

(9) 选中结束页幻灯片，在"对象属性"窗格中选中"图片或纹理填充"单选按钮，在"图片填充"下拉列表框中选择图片来源和背景图片，设置透明度为 40%，如图 4-22 所示。

图 4-21　制作结束页

图 4-22　设置标题幻灯片的背景

（10）单击"视图"选项卡中的"幻灯片浏览"按钮，即可查看演示文稿的整体效果。

7. 保存并关闭演示文稿

（1）单击快速工具栏上的"保存"按钮，打开"另存文件"对话框，设置保存位置，输入文件名为"我美丽的家乡-贵州"，单击"保存"按钮，保存文件，如图 4-23 所示。

（2）单击标题标签右侧的"关闭"按钮 ，关闭演示文稿。

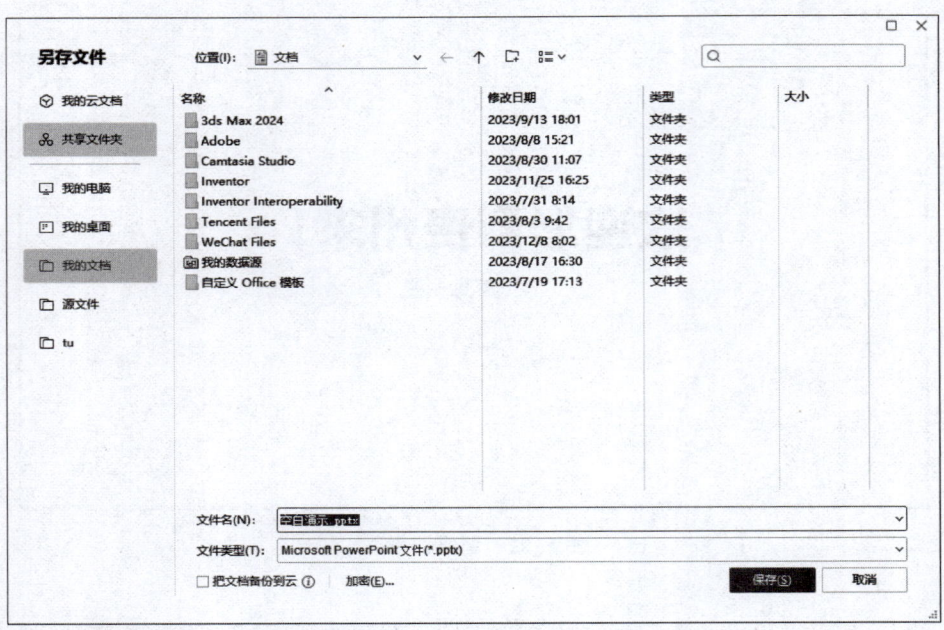

图 4-23 "另存文件"对话框

拓展

1. 切换文稿视图

WPS 演示能够以多种不同的视图显示演示文稿的内容,在一种视图中对演示文稿的修改和加工会自动反映在该演示文稿的其他视图中,从而使演示文稿更易于编辑和浏览。

在"视图"选项卡中的"演示文稿视图"功能组中可以看到四种查看演示文稿的视图方式,如图 4-24 所示。在状态栏上也可以看到对应的视图按钮。

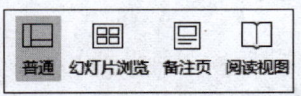

图 4-24 演示文稿视图

(1)普通视图。

普通视图是 WPS 2022 的默认视图,可以对整个演示文稿的大纲和单张幻灯片的内容进行编排与格式化。根据左侧窗格显示的内容,可以分为幻灯片视图和大纲视图两种。

幻灯片视图如图 4-25 所示,左侧窗格按顺序显示幻灯片缩略图,右侧显示当前幻灯片。单击左侧窗格顶部的"大纲"按钮,可切换到"大纲"视图,如图 4-26 所示。大纲视图常用于组织和查看演示文稿的大纲。

(2)幻灯片浏览视图。

在幻灯片浏览视图中,幻灯片按次序排列缩略图,可以很方便地预览演示文稿中的所有幻灯片及相对位置,如图 4-27 所示。

图 4-25　幻灯片视图

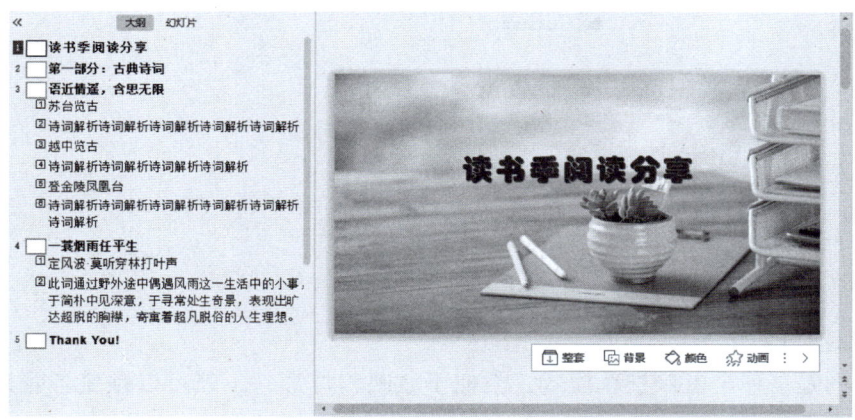

图 4-26　大纲视图

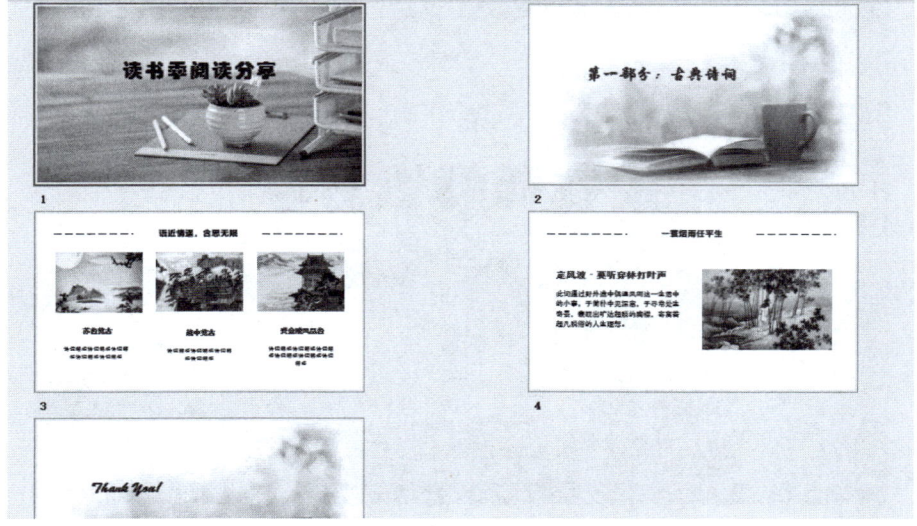

图 4-27　幻灯片浏览视图

采用这种视图不仅可以了解整个演示文稿的外观，还可以轻松地按顺序组织幻灯片，尤其是在复制、移动、隐藏、删除幻灯片，设置幻灯片的切换效果和放映方式时很方便。

（3）备注页视图。

如果需要在演示文稿中记录一些不便于显示在幻灯片中的信息，可以使用备注页视图建立、修改和编辑备注，输入的备注内容还可以打印出来作为演讲稿。

在备注页视图中，文档编辑窗口分为上、下两部分：上面是幻灯片缩略图，下面是备注文本框，如图4-28所示。

图4-28　备注页视图

（4）阅读视图。

阅读视图是一种全窗口查看模式，类似于放映幻灯片，不仅可以预览各张幻灯片的外观，还能查看动画和切换效果，如图4-29所示。

图4-29　阅读视图

默认情况下，在幻灯片上单击，可切换幻灯片或插入当前幻灯片的下一个动画。在幻灯片上右击，在弹出的快捷菜单中选择"结束放映"命令，即可退出阅读视图。

2. 幻灯片的基本操作

一个完整的演示文稿通常会包含丰富的版式和内容，与之对应的是一定数量的幻灯片。幻灯片的基本操作包括选取幻灯片，新建、删除幻灯片，修改幻灯片版式，复制、移动幻灯片，隐藏幻灯片。

（1）选取幻灯片。

要编辑演示文稿，首先应选取要编辑的幻灯片。在普通视图、大纲视图和幻灯片浏览视图中都可以很方便地选择幻灯片。

在普通视图或幻灯片浏览视图中，单击幻灯片缩略图，即可选中指定的幻灯片，如图 4-30 所示。选中的幻灯片缩略图四周显示橙色边框。

图 4-30　在"幻灯片"窗格中选择幻灯片

在"大纲"窗格中，单击幻灯片编号右侧的图标选择幻灯片，如图 4-31 所示。

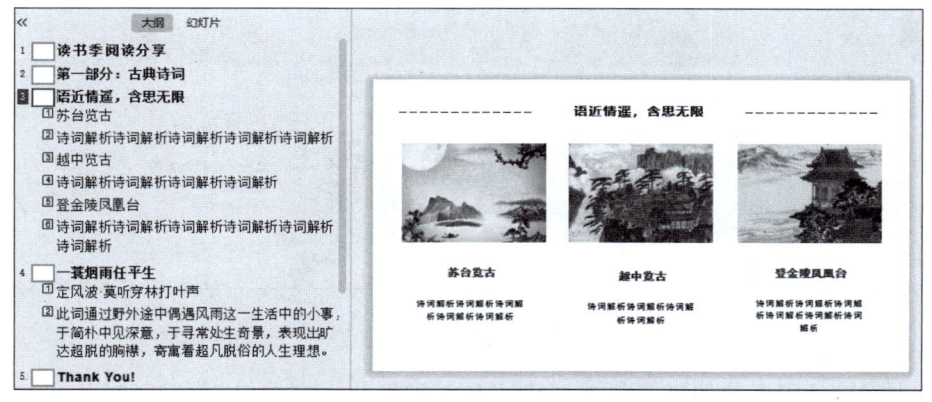

图 4-31　在"大纲"窗格中选择幻灯片

提示：

如果要选中多张幻灯片，可以先选中一张幻灯片，然后按住键盘上的 Shift 键，单击另一张幻灯片，可以选中两张幻灯片之间（并包含这两张）的所有幻灯片。如果按住 Ctrl 键，则可选中不连续的多张幻灯片。

（2）新建、删除幻灯片。

新建的空白演示文稿默认只有一张幻灯片，而要演示的内容通常不可能在一张幻灯片上完全展示，这就需要在演示文稿中添加幻灯片。通常在"普通"视图中新建幻灯片。

①切换到"普通"视图，将鼠标指针移到左侧窗格中的幻灯片缩略图上，缩略图底部显示"从当前开始"按钮 ▶ 和"新建幻灯片"按钮 ＋，如图 4-32 所示。

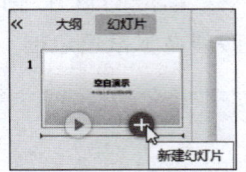

图 4-32 "从当前开始"按钮 ▶ 和"新建幻灯片"按钮 ＋

②单击"新建幻灯片"按钮，或单击左侧窗格底部的"新建幻灯片"按钮 ＋ ，打开"新建幻灯片"对话框，显示各类幻灯片的推荐版式，如图 4-33 所示。

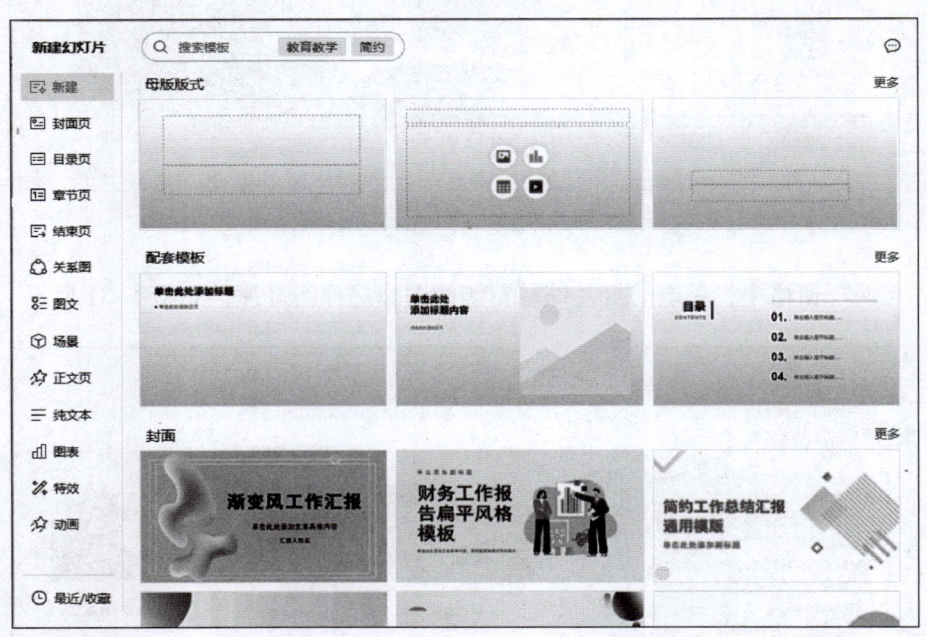

图 4-33 "新建幻灯片"对话框

③单击需要的版式，即可下载并创建一张新幻灯片，窗口右侧自动展开"设置"任务窗格，用于修改幻灯片的配色、样式和演示动画。

④如果在要插入幻灯片的位置右击，在弹出的快捷菜单中选择"新建幻灯片"命令，

可以在指定位置新建一个不包含内容和布局的空白幻灯片，如图 4-34 所示。

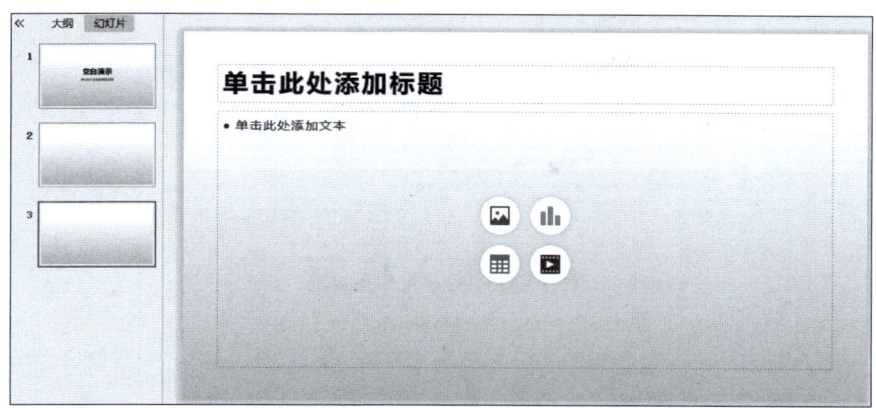

图 4-34　右击后使用快捷菜单新建的幻灯片

在左侧窗格中单击要插入幻灯片的位置，单击"开始"选项卡中的"新建幻灯片"下拉按钮，在下拉列表中选择幻灯片版式，即可在指定位置插入一张幻灯片。

删除幻灯片的操作很简单，选中要删除的幻灯片之后，直接按键盘上的 Delete 键；或右击，在弹出的快捷菜单中选择"删除幻灯片"命令。删除幻灯片后，其他幻灯片的编号将自动重新排序。

（3）修改幻灯片版式。

新建幻灯片之后，用户还可以根据内容编排的需要修改幻灯片版式。

①选中要修改版式的幻灯片，单击"开始"选项卡中的"版式"下拉按钮，打开如图 4-35 所示的版式列表。

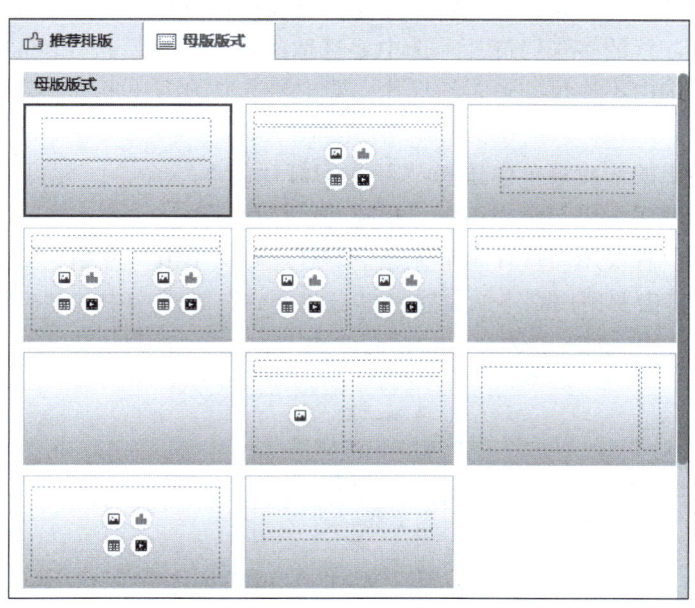

图 4-35　母版版式列表

②切换到"推荐排版"选项卡,可以看到 WPS 提供了丰富的文字排版和图示排版版式,还能更改配色,如图 4-36 所示。

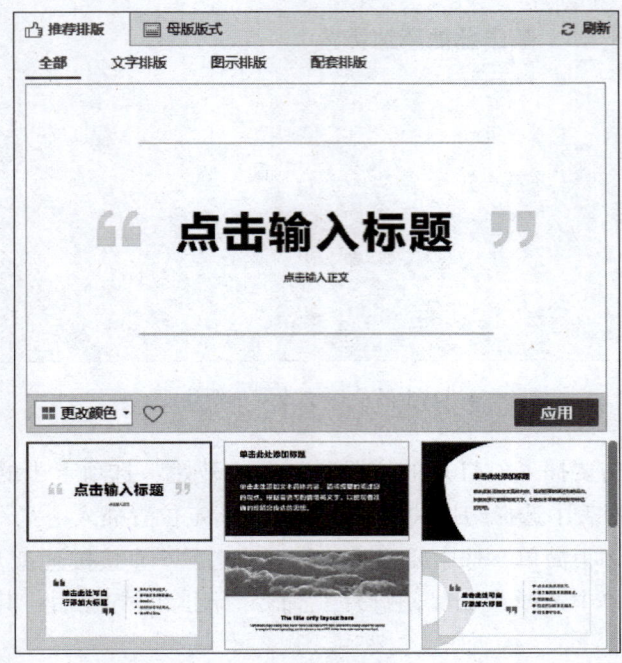

图 4-36 推荐版式列表

③选择需要的版式,然后单击"应用"按钮即可。

(4) 复制、移动幻灯片。

如果要制作版式或内容相同的多张幻灯片,通过复制幻灯片可以提高工作效率。

①如果要选中连续的多张幻灯片,选中要选取的第一张后,按住 Shift 键单击要选取的最后一张;如果要选中不连续的多张幻灯片,选中要选取的第一张后,按住 Ctrl 键单击要选取的其他幻灯片。

②右击,在弹出的快捷菜单中选择"新建幻灯片副本"命令,即可在最后一张选中的幻灯片下方按选择顺序生成与选中幻灯片相同的幻灯片。

如果要在其他位置使用幻灯片副本,选中幻灯片后,单击"开始"选项卡中的"复制"按钮 复制,然后单击要使用副本的位置,单击"开始"选项卡中的"粘贴"下拉按钮 粘贴,在如图 4-37 所示的下拉列表中选择一种粘贴方式。

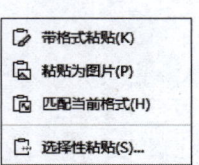

图 4-37 "粘贴"下拉列表

带格式粘贴：按幻灯片的源格式粘贴。

粘贴为图片：以图片形式粘贴，不能编辑幻灯片内容。

匹配当前格式：按当前演示文稿的主题样式粘贴。

默认情况下，幻灯片按编号顺序播放，如果要调整幻灯片的播放顺序，就要移动幻灯片。

①选中要移动的幻灯片，在幻灯片上按下左键拖动，指针显示为 ，拖到目的位置时显示一条橙色的细线，如图 4-38 所示。

②释放鼠标，即可将选中的幻灯片移动到指定位置，编号也随之重排，如图 4-39 所示。

（5）隐藏幻灯片。

如果暂时不需要某些幻灯片，但又不想删除，可以将幻灯片隐藏。隐藏的幻灯片在放映时不显示。

①在普通视图中选中要隐藏的幻灯片。

②右击，在弹出的快捷菜单中选择"隐藏幻灯片"命令，或单击"放映"选项卡中的"隐藏幻灯片"按钮 。

此时，在左侧窗格中可以看到隐藏的幻灯片淡化显示，且幻灯片编号上显示一条斜向的删除线，如图 4-40 所示。

隐藏的幻灯片尽管在放映时不显示，但并没有从演示文稿中删除。选中隐藏的幻灯片后，再次单击"隐藏幻灯片"命令按钮即可取消隐藏。

图 4-38 移动幻灯片

图 4-39 移动后的幻灯片列表

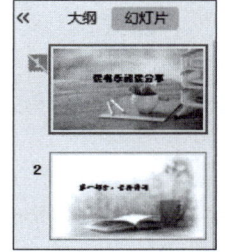
图 4-40 隐藏幻灯片

3. 播放幻灯片

如果要预览幻灯片的效果，可以播放幻灯片。

在 WPS 中，从当前选中的幻灯片开始播放的常用方法有以下四种：

（1）在状态栏上单击"从当前幻灯片开始播放"按钮，可从当前选中的幻灯片开始放映。

（2）按快捷键 Shift+F5。

（3）在"普通"视图中，将鼠标指针移到幻灯片缩略图上，单击"从当前开始"按钮。

（4）单击"放映"选项卡中的"当页开始"按钮。

如果要从演示文稿的第一张幻灯片开始播放，单击"放映"选项卡中的"从头开始"按钮。

播放幻灯片时，就像打开一台真实的幻灯放映机，在计算机屏幕上全屏呈现幻灯片。单击后播放幻灯片的动画，没有动画则进入下一页。在幻灯片上右击，在弹出的快捷菜单中选择"结束放映"命令，即可退出幻灯片放映视图。

4. 应用模板格式化幻灯片

对于初学者来说，在创建演示文稿时，如果没有特殊的构想，要创作出专业水平的演示文稿，使用设计模板是一个很好的开始。使用模板可使用户集中精力创建文稿的内容，而不用考虑文稿的配色、布局等整体风格。

（1）套用设计模板。

设计模板决定了幻灯片的主要版式、文本格式、颜色配置和背景样式。

①如果要应用 WPS 内置的或在线的设计模板，在"设计"选项卡的"设计方案"下拉列表框中选择需要的模板，如图 4-41 所示。单击"更多设计"按钮，可打开在线设计方案库，在海量模板中搜索模板。

图 4-41　选择设计模板

②单击模板图标，打开对应的设计方案对话框，显示该模板中的所有版式页面，如图 4-42 所示。

③如果仅在当前演示文稿中套用模板的风格，单击"应用美化"按钮；如果要在当前演示文稿中插入模板的所有页面，单击选中需要的版式页面，"应用美化"按钮显示为"应用并插入"，单击该按钮。插入并应用模板风格的幻灯片效果如图 4-43 所示。

④如果要套用已保存的模板或主题，单击"设计"选项卡中的"导入模板"按钮，打开如图 4-44 所示的"应用设计模板"对话框。

项目四 演示文稿制作

图 4-42 模板的设计方案

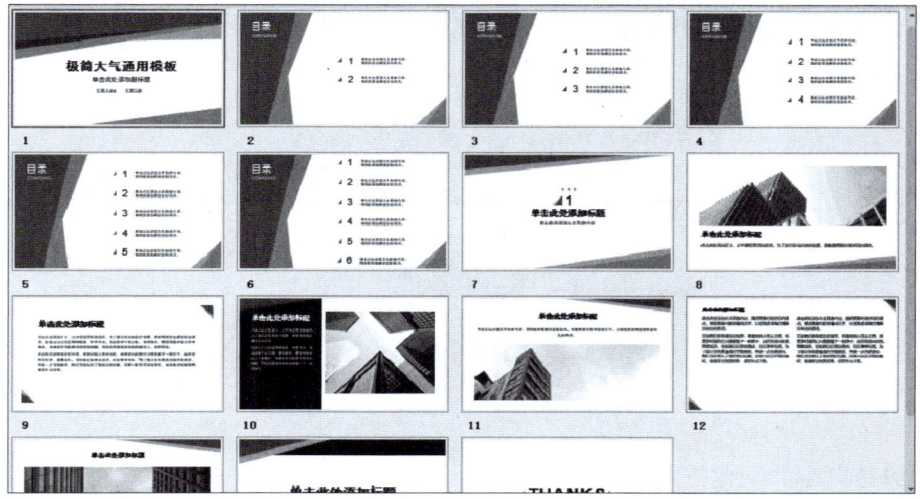

图 4-43 插入并应用模板风格的幻灯片效果

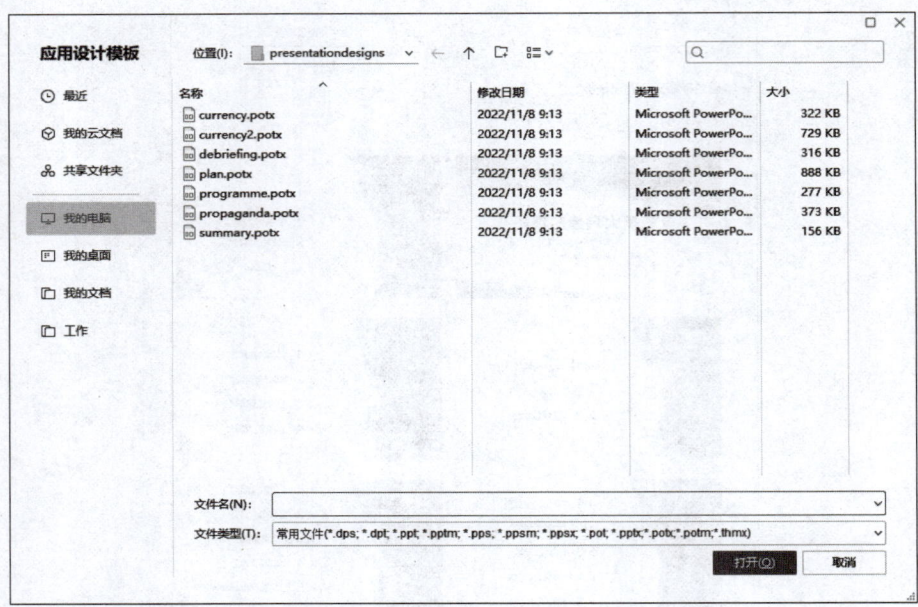

图 4-44 "应用设计模板"对话框

⑤在模板列表中选中需要的模板,单击"打开"按钮,选中的模板即可应用到当前演示文稿中的所有幻灯片。

⑥如果要取消当前套用的模板,在"设计"选项卡中单击"本文模板"按钮 本文模板,在如图 4-45 所示的对话框中选择"套用空白模板",然后单击"应用当前页"按钮或"应用全部页"按钮。

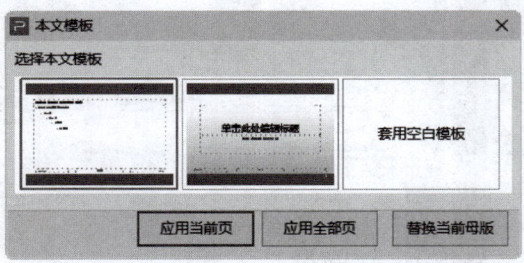

图 4-45 "本文模板"对话框

(2) 修改背景和配色方案。

套用模板后,还可以修改演示文稿的背景样式和配色方案。

①如果要修改文档的背景样式,单击"背景"下拉按钮 背景,在如图 4-46 所示的背景颜色列表中单击需要的颜色。

②如果要对背景样式进行自定义设置,在"背景"下拉列表中选择"背景"命令,打开如图 4-47 所示的"对象属性"任务窗格进行设置。

170

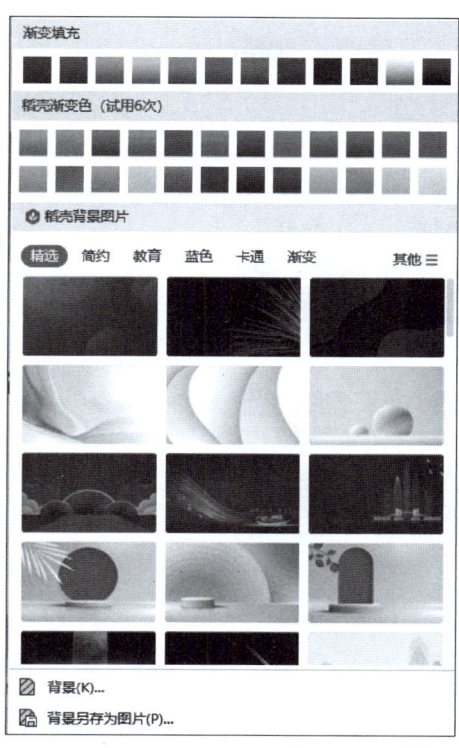

图 4-46　背景颜色列表

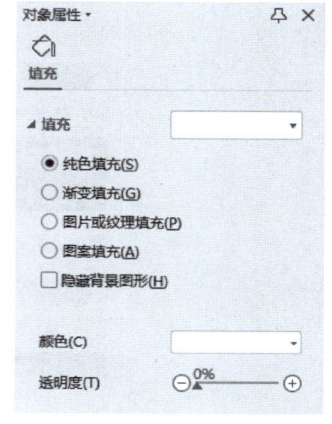

图 4-47　"对象属性"任务窗格

在"对象属性"任务窗格中可以看到，幻灯片的背景样式可以是纯色、渐变色、图片或纹理、图案。在一张幻灯片或者母版上只能使用一种背景类型。

注意：如果选中"隐藏背景图形"复选框，则母版的图形和文本不会显示在当前幻灯片中。在讲义的母版视图中不能使用该选项。

设置的背景默认仅应用于当前幻灯片，单击"全部应用"按钮，可以应用于当前演示文稿中的全部幻灯片和母版。单击"重置背景"按钮，取消背景设置。

③如果要修改整个文档的配色方案，单击"配色方案"下拉按钮 ，在如图 4-48 所示的颜色组合列表中单击需要的主题颜色。

选中的配色方案默认应用于当前演示文稿中的所有幻灯片，以及后续新建的幻灯片。

（3）更改幻灯片的尺寸。

使用不同的放映设备展示幻灯片，对幻灯片的尺寸要求也会有所不同。在 WPS 演示中可以很方便地修改幻灯片的尺寸，但最好在制作幻灯片内容之前，就根据放映设备确定幻灯片的大小，以免后期修改影响版面布局。

①单击"设计"选项卡中的"幻灯片大小"下拉按钮，在如图 4-49 所示的下拉列表中，根据放映设备的尺寸选择幻灯片的长宽比例。

②如果没有合适的尺寸，单击"自定义大小"命令，或单击"设计"选项卡中的"页面设置"按钮，打开如图 4-50 所示的"页面设置"对话框。

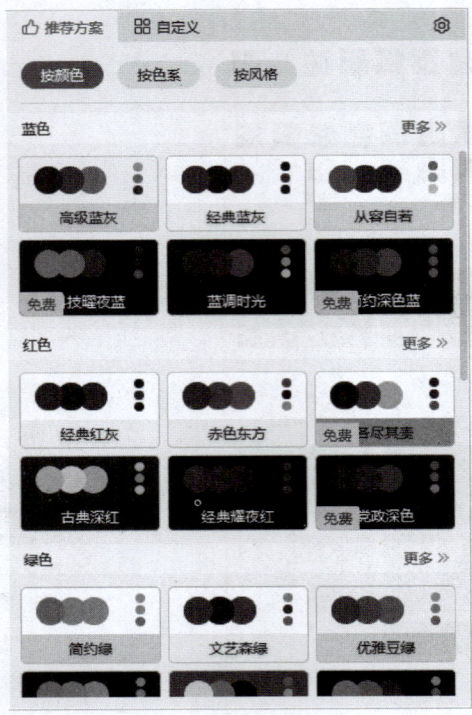

图 4-48 配色方案列表

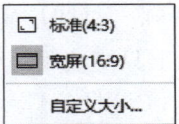

图 4-49 "幻灯片大小"下拉列表

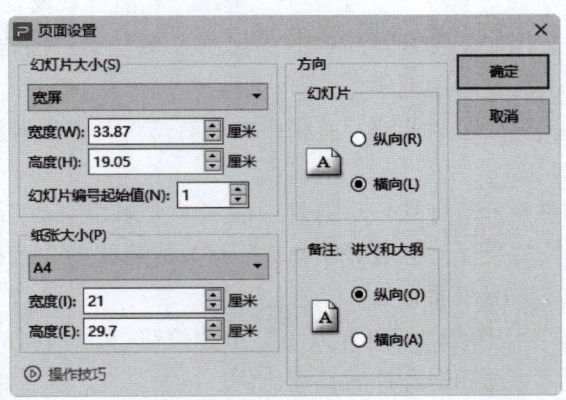

图 4-50 "页面设置"对话框

③在"幻灯片大小"下拉列表框中可以选择预设大小,如果选择"自定义",可以在"宽度"和"高度"数值框中自定义幻灯片大小。

提示:

在"页面设置"对话框中,"纸张大小"下拉列表框用于设置打印幻灯片的纸张大小,并非幻灯片的尺寸。

④修改幻灯片尺寸后,单击"确定"按钮,打开如图 4-51 所示的"页面缩放选项"对话框。

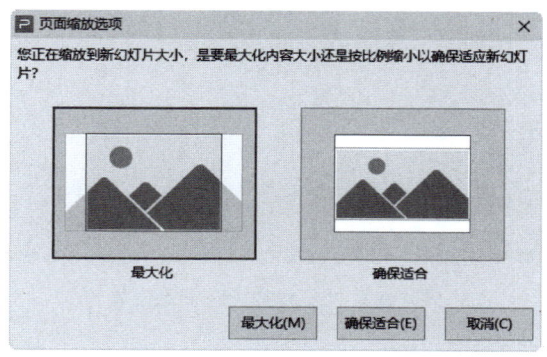

图 4-51 "页面缩放选项"对话框

⑤根据需要选择幻灯片缩放的方式,通常选择"确保适合"按钮。

任务评价

评价类型	序号	任务内容	分值	自评	师评
学习态度	1	主动学习	5		
	2	学习时长、进度	10		
操作能力	3	新建演示文稿	5		
	4	设置母版外观	10		
	5	设计封面页版式	10		
	6	设计目录页版式	10		
	7	设计图文版式	10		
	8	使用母版创建幻灯片	15		
	9	保存并关闭演示文稿	5		
育人素养	10	完成育人素养学习	20		
总分			100		

自测任务书

通过本任务的学习,学生需要完成"美文赏析"演示文稿的制作,参考样式如图 4-52 所示。

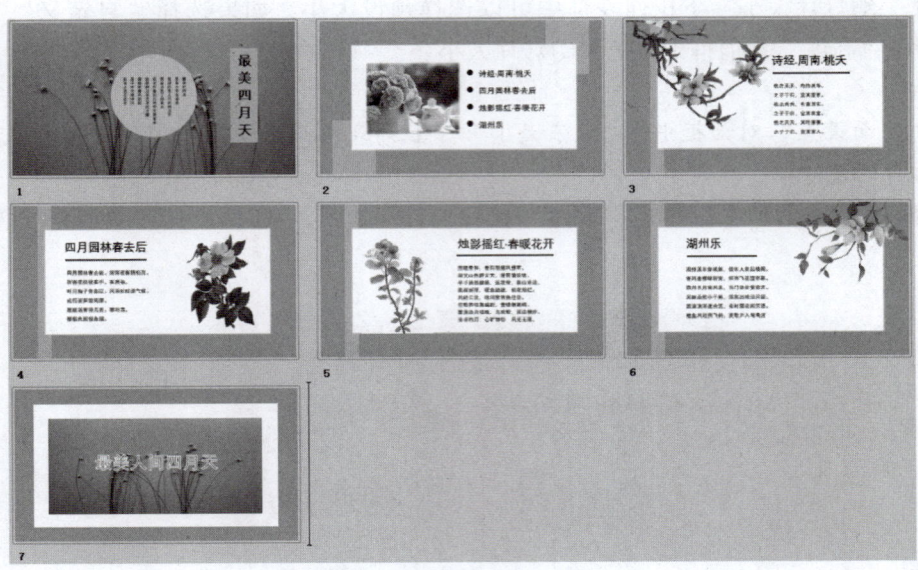

图 4-52 "美文赏析"演示文稿

操作提示

1. 启动 WPS，新建演示文稿。
2. 设计母版外观。
3. 设计内容页版式。
4. 设计目录页版式。
5. 制作标题幻灯片。
6. 制作目录页。
7. 制作内容页。
8. 制作结束页。
9. 保存演示文稿。

任务 4.2 制作"年终工作总结"演示文稿

任务描述

随着年度的结束和新一年的临近，如何全面、客观地回顾过去一年的工作成果，以及如何通过精准的总结和规划来激发团队的潜力和推动组织目标的实现，成为每位职场人士和企业管理者必须面对的重要任务。为此，公司决定由张伟负责制作一份详尽的年终工作总结演示文稿，旨在通过这一过程，不仅对过去一年的工作进行梳理和反思，而且为来年的工作规划和团队建设提供指导和动力。

任务分析

通过本任务的学习，教育学生如何有效地总结过去一年的工作成就和不足，以及如何规

项目四　演示文稿制作

划未来的工作目标。

　　首先新建一个空白演示文稿，然后制作首页，其次制作目录页、工作概述页、业绩展示页以及目标计划页，最后添加超链接，效果如图 4-53 所示。

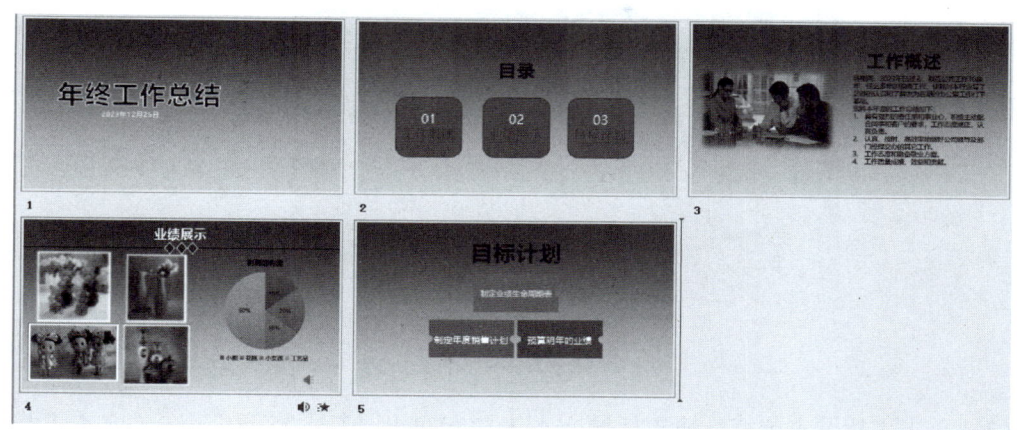

图 4-53　"年终工作总结"演示文稿

学习目标

1. 会在幻灯片中绘制和编辑形状。
2. 会在幻灯片中添加和编辑图表。
3. 会在幻灯片中添加多媒体。
4. 会插入智能图形。
5. 会添加超链接。

任务实施

1. 新建演示文稿

（1）双击桌面上的 WPS 2022 快捷图标，启动 WPS 2022。

（2）单击"首页"上的"新建"按钮 ⊕，打开"新建"选项卡，单击"新建演示"按钮 P 新建演示，在演示文稿界面中单击"新建空白演示"按钮，即可创建一个名称为"演示文稿 1"的演示文稿。

2. 制作首页

（1）在"对象属性"窗格中选择"渐变填充"选项，颜色为"红色-栗色渐变"，渐变样式为"向下"，角度为 90°，色标颜色为"矢车菊蓝，着色 1，浅色 40%"，透明度为 71%，亮度为 45%，如图 4-54 所示。

（2）单击标题占位符，输入标题文本为"年终工作总结"，在"文本工具"选项卡中设置字体为"微软雅黑（标题）"，字号为 80，文字样式为"填充-黑色，文本 1，轮廓-背景 1，清晰阴影-背景 1"，然后调整标题位置。

175

图 4-54　更改背景

（3）单击副标题占位符，输入标题文本为"2023 年 12 月 25 日"，在"文本工具"选项卡中设置字体为"微软雅黑（标题）"，字号为 20，然后调整副标题位置，效果如图 4-55 所示。

图 4-55　输入副标题

3. 制作第二张幻灯片

（1）单击"开始"选项卡"新建幻灯片"下拉按钮，打开如图 4-56 所示的"新建幻灯片"对话框，单击"母版版式"中的"仅标题"内容页，即可新建幻灯片。

（2）在"对象属性"窗格中选择"渐变填充"选项，颜色为"红色-栗色渐变"，渐变样式为"向下"，角度为 90°，色标颜色为"矢车菊蓝，着色 1，浅色 40%"，透明度为 71%，亮度为 45%。

（3）单击标题占位符，输入标题文本为"目录"，在"文本工具"选项卡中设置字体为"微软雅黑（标题）"，字号为 54，字体颜色为黑色，调整文本的位置，效果如图 4-57 所示。

图 4-56 "新建幻灯片"对话框

图 4-57 输入标题

（4）选取副标题文本框，按 Delete 键删除文本框。

（5）单击"插入"选项卡中的"形状"下拉列表中的"圆角矩形"命令，在标题下方绘制矩形，采用默认的填充颜色和轮廓颜色，如图 4-58 所示。

图 4-58 绘制矩形

(6) 在矩形图形中输入文字"01 工作概述",然后在"文本工具"选项卡中设置字体为"微软雅黑(标题)",字号为40,字体颜色为白色,调整文字的位置,如图4-59所示。

图4-59 输入文字

(7) 框选文字和圆角矩形,通过快捷键Ctrl+C和Ctrl+V进行复制、粘贴,并调整文字和圆角矩形的位置,如图4-60所示。

图4-60 复制矩形和文字

(8) 修改文字,效果如图4-61所示。

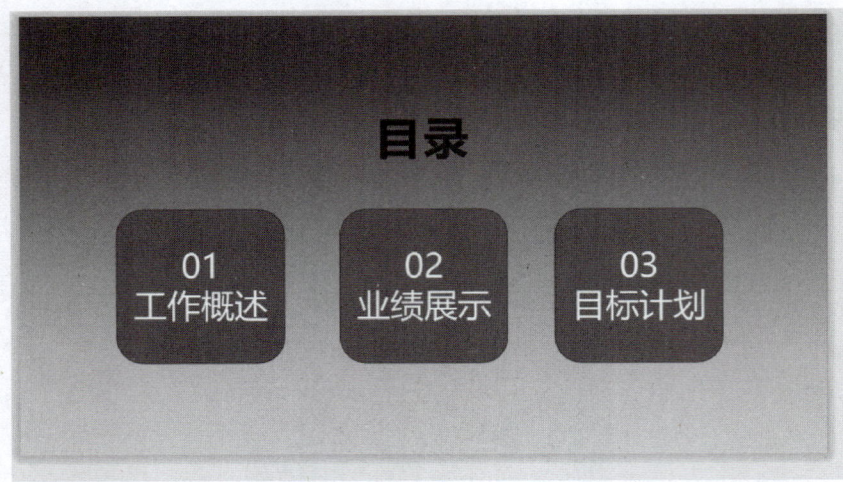

图4-61 修改文字

4. 制作第三张幻灯片

（1）选择第二张幻灯片，右击，在弹出的快捷菜单中选择"复制幻灯片"命令，如图 4-62 所示，复制出第三张幻灯片，如图 4-63 所示。

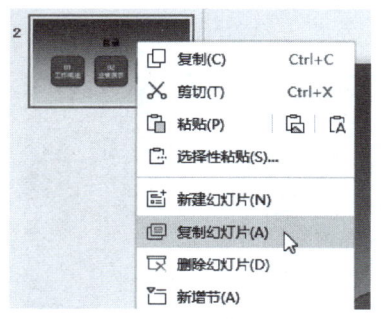
图 4-62　选择"复制幻灯片"命令

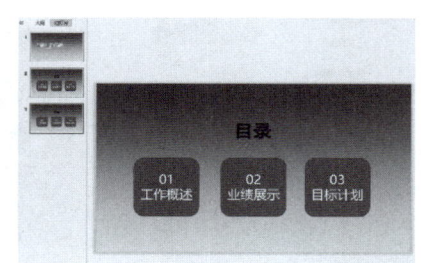
图 4-63　第三张幻灯片

（2）单击标题占位符，输入标题文本为"工作概述"，在"文本工具"选项卡中设置字体为"微软雅黑（标题）"，字号为 54，加粗，字体颜色为黑色，调整文本的位置。

（3）单击"插入"选项卡中的"图片"下拉列表中的"本地图片"命令，打开"插入图片"对话框，选择"工作.jpg"图片，单击"打开"按钮，插入图片，拖动图片的控制点调整大小。

（4）单击右侧的"裁剪"图标 ，在打开的裁剪级联菜单中单击"圆角矩形"形状 ，如图 4-64 所示，按 Enter 键或单击空白区域完成裁剪，结果如图 4-65 所示。

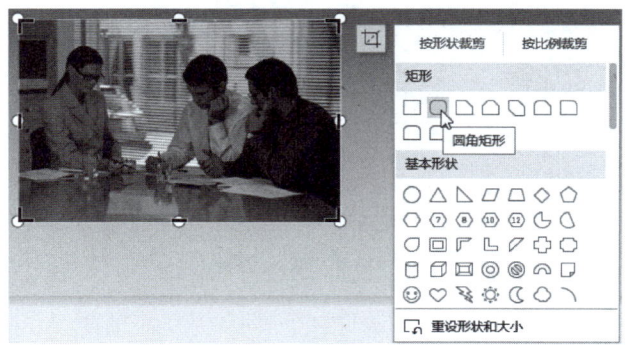
图 4-64　选择裁剪形状

图 4-65　裁剪图片

（5）选取图片，单击"图片工具"选项卡中的"效果"下拉列表中的"柔化边缘"→"25 磅"命令，如图 4-66 所示，柔化图片边缘，效果如图 4-67 所示。

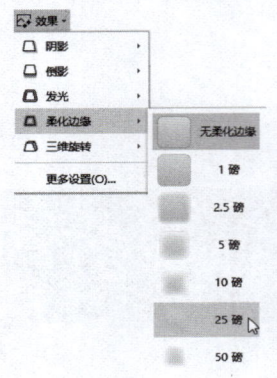

图 4-66　设置柔化边缘大小　　　　图 4-67　柔化图片边缘

（6）单击"插入"选项卡"文本框"下拉列表中的"横文本框"命令，在工作概述的下方绘制文本框，然后输入文字。

（7）在"文本工具"选项卡中设置字体为"微软雅黑（正文）"，字号为 20，字体颜色为黑色，添加编号，效果如图 4-68 所示。

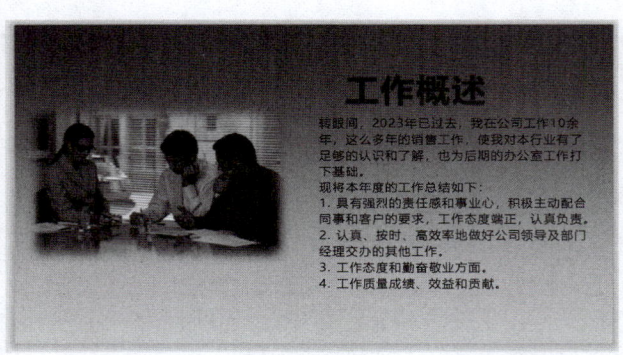

图 4-68　输入文字

5. 制作第四张幻灯片

（1）选中第一张幻灯片进行复制，然后选中复制的幻灯片，在幻灯片上按下左键拖动，拖动到第三张幻灯片下侧，编号也随之重排，创建第四张幻灯片。

（2）单击"插入"选项卡中的"形状"下拉列表中的"直线"命令，绘制线条。选中线条，设置线条样式为单实线，颜色为黑色，宽度为 1.00 磅，如图 4-69 所示。

（3）选中绘制的线条，按快捷键 Ctrl+C 和 Ctrl+V 复制、粘贴线条，并调整线条的位置，如图 4-70 所示。

（4）单击"插入"选项卡中的"形状"下拉列表中的"菱形"命令，绘制一个菱形。选中菱形，在"填充"下拉列表框中选择"红色-栗色渐变"，在"线条"选项组中选择"实线"选项，在"颜色"下拉列表中选择"白色"，更改宽度为 1.50 磅，如图 4-71 所示。

项目四 演示文稿制作

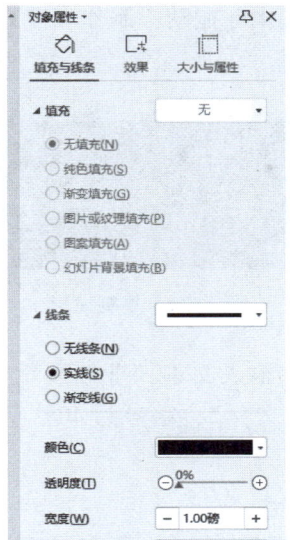

图 4-69 设置线条样式

图 4-70 复制线条

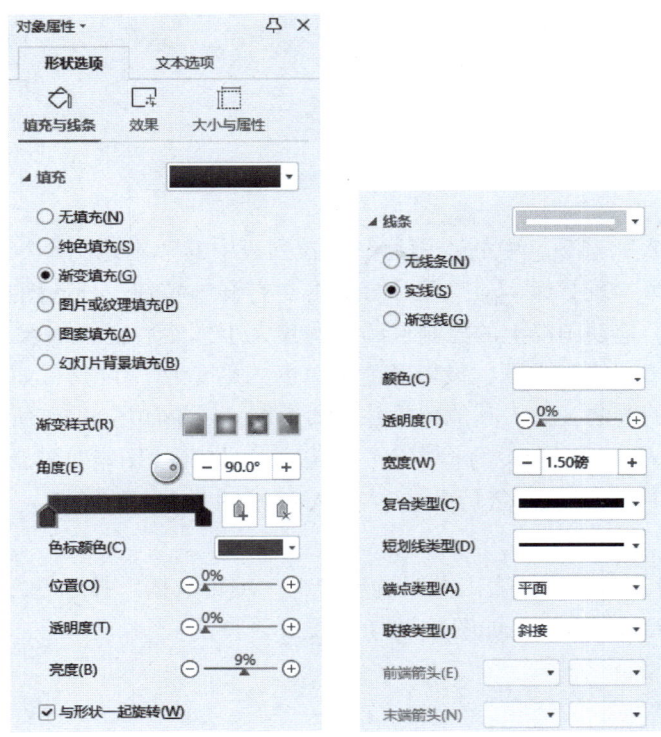

图 4-71 设置菱形的填充样式

181

（4）选中绘制的菱形，按住 Ctrl 键拖动，制作 2 个副本，然后利用智能参考线调整菱形的对齐和分布，如图 4-72 所示。

图 4-72　复制棱形

（5）绘制一个横向文本框，并输入文本"业绩展示"。选中文本，在"文本工具"选项卡中设置字体为"微软雅黑（正文）"，字号为 40，字体颜色为白色，加粗，如图 4-73 所示。

图 4-73　设置文本格式

（6）单击"插入"选项卡中的"图片"下拉列表中的"本地图片"命令，打开"插入图片"对话框，选择"玩具熊.jpg"图片，单击"打开"按钮，插入图片。

（7）选取图片，拖动图片上的控制点调整图片大小，然后在"对象属性"窗格的"线条"选项组中选择"实线"选项，设置颜色为白色，宽度为 7.00 磅，如图 4-74 所示。

（8）采用相同的方法，插入其他图片并添加边框，效果如图 4-75 所示。

（9）单击"插入"选项卡中的"图表"按钮，打开"图表"对话框，选择图表类型为"饼图"，如图 4-76 所示，然后单击"插入预设图表"，即可插入一个示例饼图，如图 4-77 所示。

（10）选中饼图，单击"图表工具"选项卡中"编辑数据"按钮，启动 WPS 表格并打开一个工作表显示示例数据，如图 4-78 所示。

项目四　演示文稿制作

图 4-74　设置图片边框

图 4-75　插入图片

183

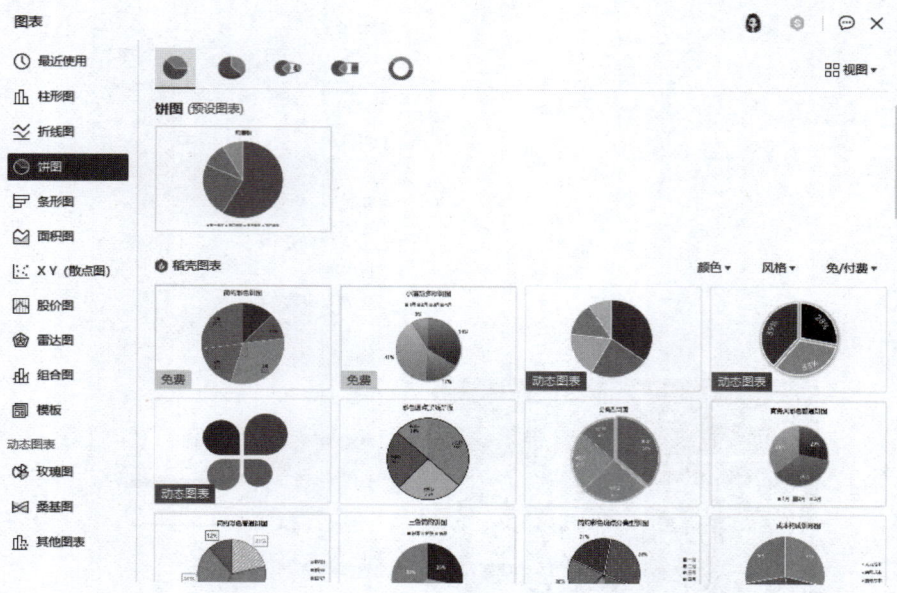

图 4-76　选择图表类型

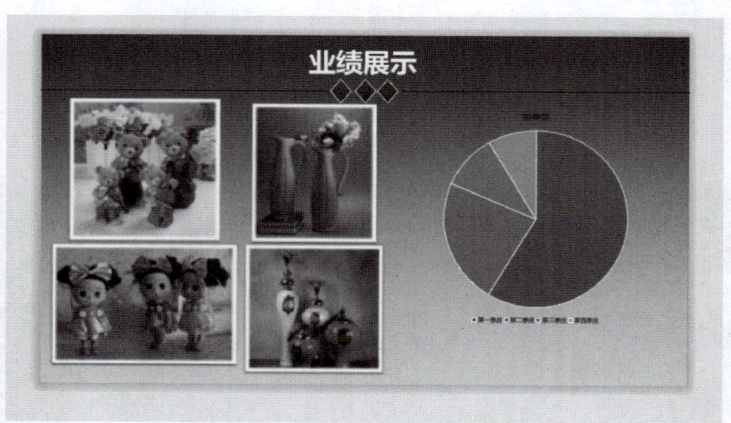

图 4-77　插入饼图

图 4-78　示例数据

（11）在单元格中根据需要修改类别名称和数据，如图 4-79 所示。数据编辑完成后，关闭 WPS 表格，在幻灯片中可以看到自动更新的饼图，如图 4-80 所示。

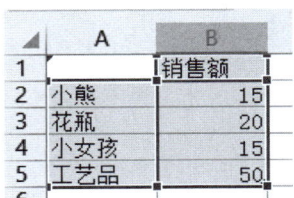

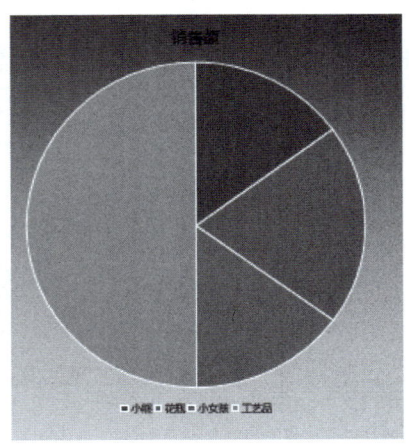

图 4-79　编辑数据　　　　图 4-80　更新后的饼图

（12）将图表标题修改为"利润结构图"，然后单击"图表样式"按钮 ，在打开的样式列表中单击"样式 5"；单击"图表元素"按钮 ，在打开的"图表元素"列表中勾选"数据标签"，然后单击级联菜单中的"更多选项"，打开"对象属性"任务窗格，取消"值"复选框的勾选，勾选"百分比"和"显示引导线"复选框，如图 4-81 所示。

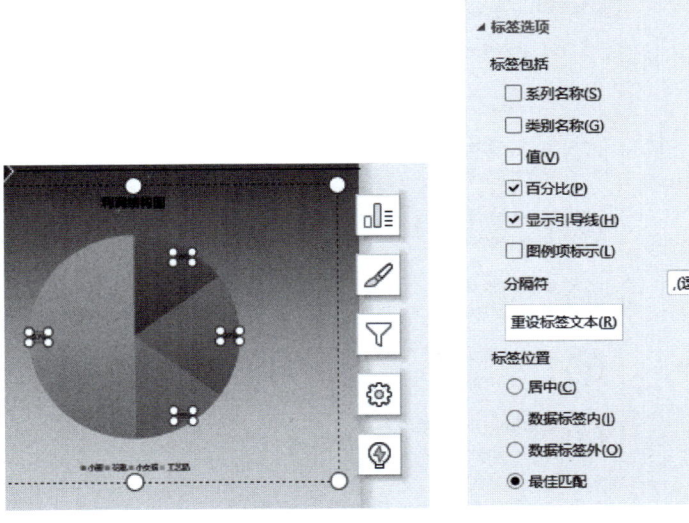

图 4-81　设置标签

（13）选中图表标题，设置字体为"微软雅黑（正文）"，字号为 22，字形加粗，颜色为黑色。然后更改标签文字和标题文字的字号为 18，效果如图 4-82 所示。

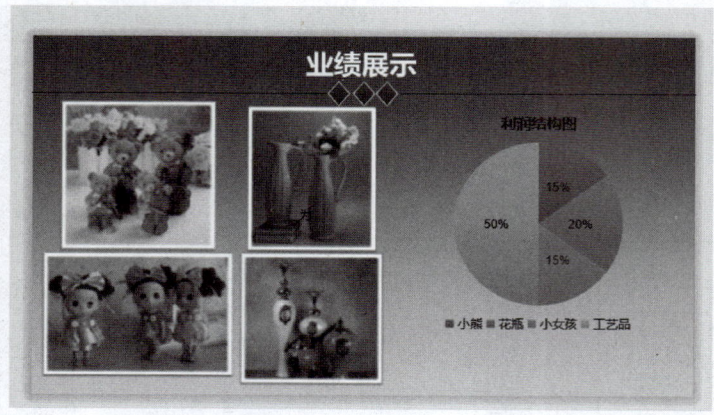

图 4-82　设置饼图格式

（14）单击"插入"选项卡中的"音频"下拉按钮 ，在打开的下拉列表中选择免费"鼓点民族 AFRICA 音效"文件，如图 4-83 所示，单击"下载"按钮，插入音频，效果如图 4-84 所示。

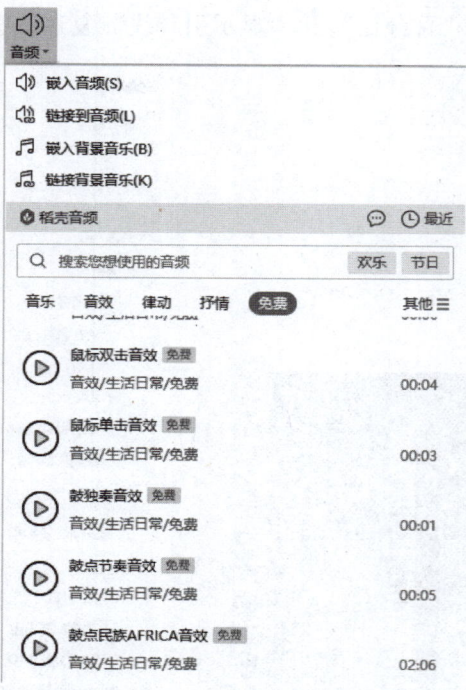

图 4-83　"音频"下拉列表

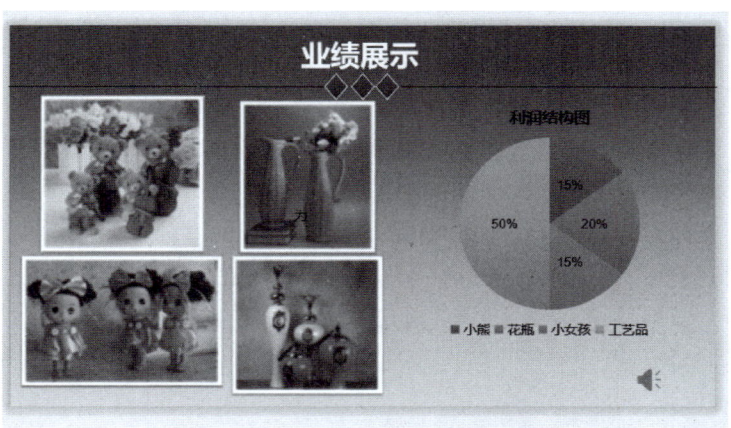

图 4-84 插入音频

6. 制作尾页

（1）复制首页到幻灯片末尾，然后删除副标题。

（2）更改标题文字为"目标计划"，字号为 66，颜色为黑色，字形加粗。

（3）单击"插入"选项卡中的"智能图形"按钮，打开"智能图形"对话框，选择"列表"选项卡中的免费图形，如图 4-85 所示，单击图形将其插入到幻灯片中，如图 4-86 所示。

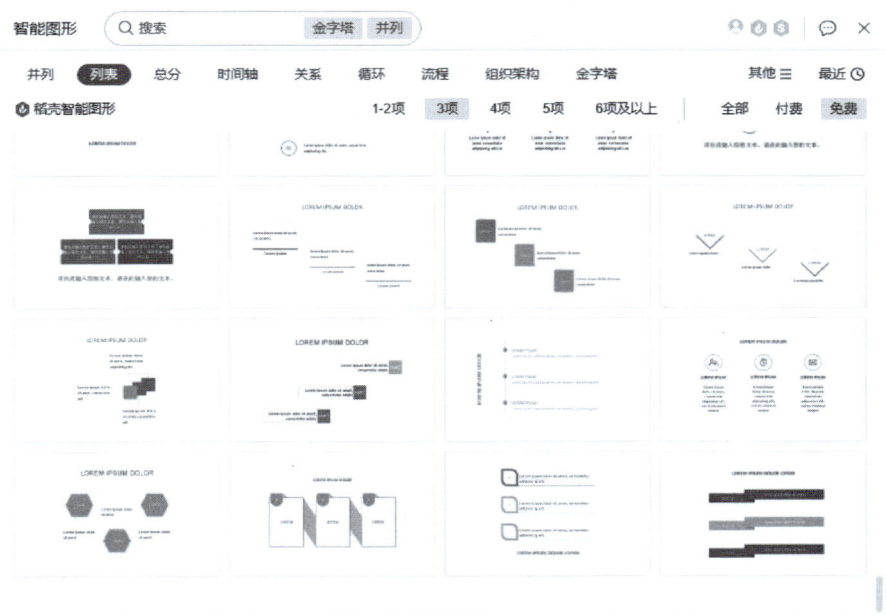

图 4-85 "智能图形"对话框

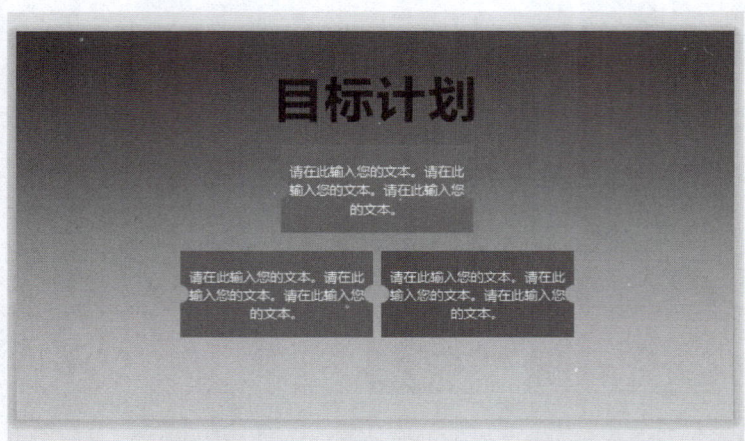

图 4-86 插入"智能图形"

(4) 输入文字,设置字体为"微软雅黑(正文)",字号为 24,如图 4-87 所示。

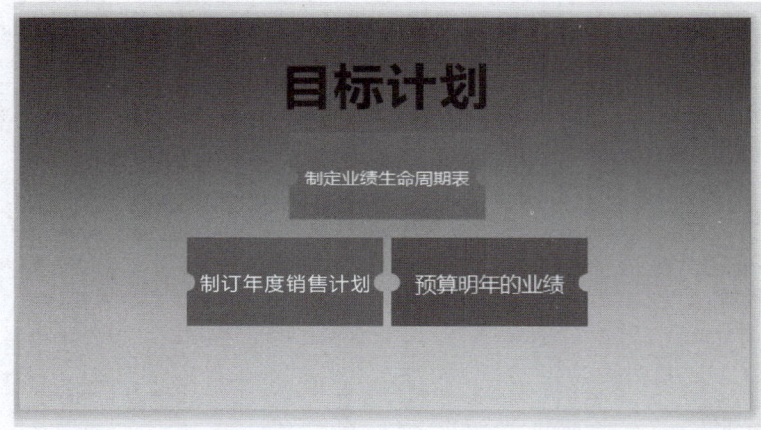

图 4-87 输入文字

7. 创建超链接

(1) 选择目录页第一个矩形形状中的文字,单击"插入"选项卡中的"超链接"下拉按钮 ,打开如图 4-88 所示的下拉列表,单击"本文档幻灯片页"命令,打开"插入超链接"对话框。

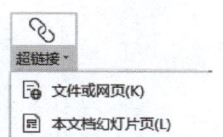

图 4-88 "超链接"下拉列表

(2) 在"请选择文档中的位置"列表中选择"3."幻灯片,如图 4-89 所示。

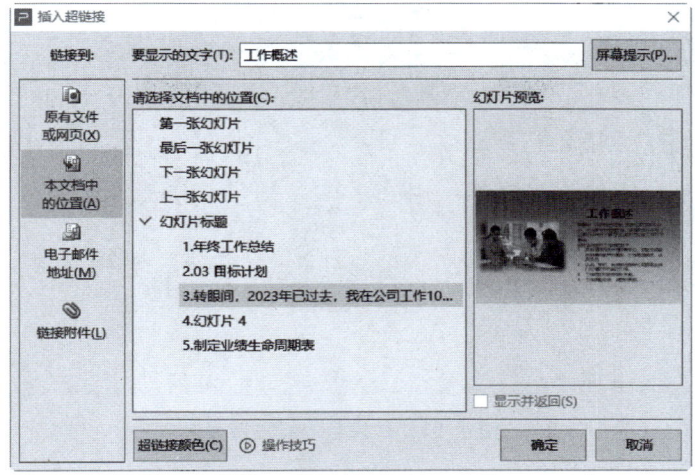

图 4-89 "插入超链接"对话框

（3）单击"超链接颜色"按钮，打开"超链接颜色"对话框，设置超链接颜色为红色，已访问超链接颜色为紫色，选择"链接有下划线"选项，如图 4-90 所示，单击"应用到全部"按钮。

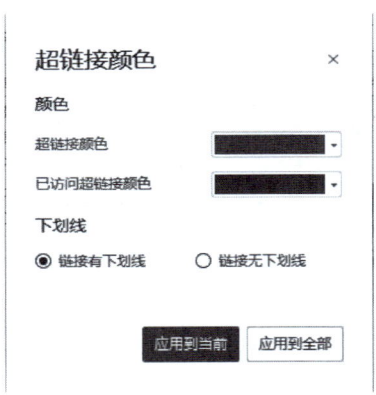

图 4-90 "超链接颜色"对话框

（4）返回到"插入超链接"对话框，单击"确定"按钮，完成第一个景区目录与幻灯片的链接。

（5）采用相同的方法，将目录中的第二个目录链接到"4."幻灯片，将目录中的第三个目录链接到"5."幻灯片，结果如图 4-91 所示。

8. 保存并关闭演示文稿

（1）单击快速工具栏上的"保存"按钮，打开"另存文件"对话框，指定保存位置，输入文件名为"年终工作总结"，单击"保存"按钮，保存演示文稿。

（2）单击标题标签右侧的"关闭"按钮，关闭演示文稿。

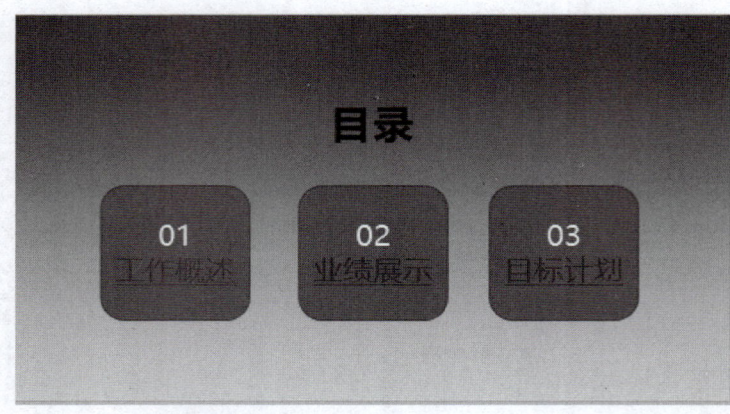

图 4-91 目录与幻灯片链接

拓展

1. 添加交互动作

与超链接类似，在 WPS 演示中还可以给当前幻灯片中所选对象设置鼠标动作，当单击或鼠标移动到该对象上时，执行指定的操作。

（1）在幻灯片中选中要添加动作的页面对象。

（2）单击"插入"选项卡中的"动作"按钮，打开如图 4-92 所示的"动作设置"对话框。

（3）在"鼠标单击"选项卡中设置单击选定的页面对象时执行的动作。

各个选项的意义简要介绍如下。

无动作：不设置动作。如果已为对象设置了动作，选中该项可以删除已添加的动作。

超链接到：链接到另一张幻灯片、URL、其他演示文稿或文件、结束放映、自定义放映。

运行程序：运行一个外部程序。单击"浏览"按钮可以选择外部程序。

运行 JS 宏：运行在"宏列表"中制定的宏。

对象动作：打开、编辑或播放在"对象动作"列表内选定的嵌入对象。

播放声音：设置单击执行动作时播放的声音，可以择一种预定义的声音，也可以从外部导入，或者选择结束前一声音。

（4）切换到如图 4-93 所示的"鼠标移过"选项卡，设置鼠标移到选中的页面对象上时执行的动作。

（5）设置完成，单击"确定"按钮关闭对话框。

此时单击状态栏上的"阅读视图"按钮预览幻灯片，将鼠标指针移到添加了动作的对象上，指针显示为手形，单击即可执行指定的动作。

（6）如果要修改设置的动作，在添加了动作的对象上右击，在弹出的快捷菜单中选择"动作设置"命令，打开"动作设置"对话框进行修改。修改完成后，单击"确定"按钮关闭对话框。

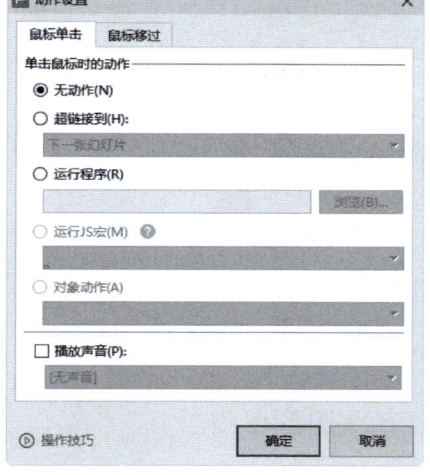
图 4-92 "动作设置"对话框

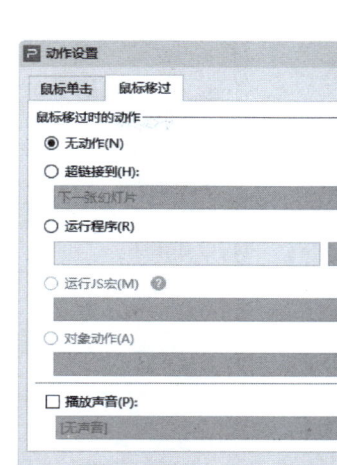
图 4-93 "鼠标移过"选项卡

提示：
右击后在快捷菜单中选择"编辑超链接"命令或"超链接"命令也可以修改动作设置。

除了文本超链接，为其他页面对象创建超链接或设置动作后并不醒目。使用动作按钮可以明确表明幻灯片中存在可交互的动作。动作按钮是实现导航、交互的一种常用工具，常用于在放映时激活另一个程序、播放声音或影片、跳转到其他幻灯片、文件或网页。

（1）在"插入"选项卡中单击"形状"下拉按钮，在打开的形状列表底部，可以看到 WPS 2022 内置的动作按钮。将鼠标指针移到动作按钮上，可以查看按钮的功能提示，如图 4-94 所示。

图 4-94 内置的动作按钮

（2）单击需要的按钮，鼠标指针显示为十字形 ╋，按下左键在幻灯片上拖动到合适大小，释放鼠标，即可绘制一个指定大小的动作按钮，并打开"动作设置"对话框，如图 4-95 所示。

提示：
选中动作按钮后，直接在幻灯片上单击，可以添加默认大小的动作按钮。

（3）在"鼠标单击"选项卡中设置单击动作按钮时执行的动作，切换到"鼠标移过"选项卡设置鼠标移到动作按钮上时执行的动作。

该对话框与添加动作时的"动作设置"对话框相同，各个选项的意义不再赘述。

（4）设置完成，单击"确定"按钮关闭对话框。

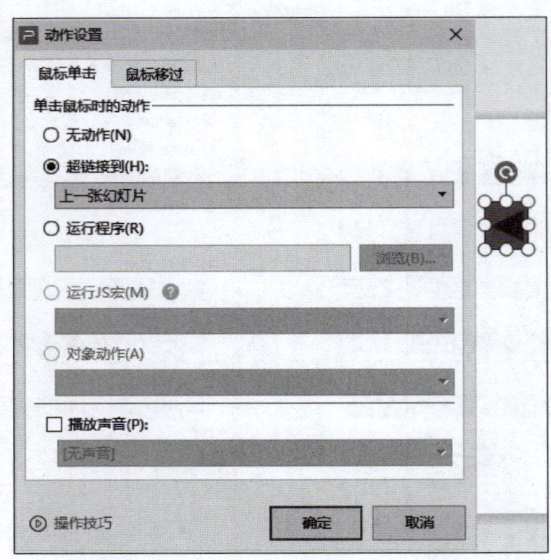

图 4-95　绘制动作按钮

（5）选中添加的动作按钮，在"绘图工具"选项卡中修改按钮的填充、轮廓和效果外观。单击状态栏上的"阅读视图"按钮 预览幻灯片，将指针移到动作按钮上时，指针显示为手形，如图 4-96 所示。

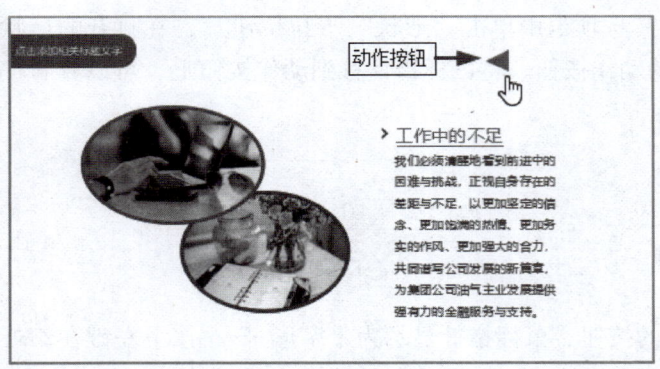

图 4-96　动作按钮的效果

（6）按照上面相同的步骤，添加其他动作按钮，并设置动作按钮的动作。

与超链接类似，创建动作按钮之后，可以随时修改按钮的交互动作。

（7）如果要修改动作按钮的动作，在动作按钮上右击，在弹出的快捷菜单中选择"动作设置"命令，打开"动作设置"对话框进行修改。完成后，单击"确定"按钮关闭对话框。

2. 编辑音频

在幻灯片中插入音频后，如果只希望播放其中的一部分，不需要启用专业的音频编辑软件对音频进行裁剪，在 WPS 演示中就可以轻松截取部分音频。此外，还可以对音频进行一些简单的编辑，例如设置播放音量和音效。

（1）选中幻灯片中的音频图标，打开如图4-97所示的"音频工具"选项卡。

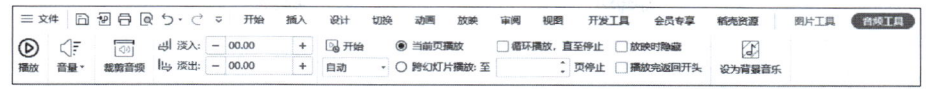

图4-97 "音频工具"选项卡

（2）单击"音频工具"选项卡中的"裁剪音频"按钮，打开如图4-98所示的"裁剪音频"对话框。

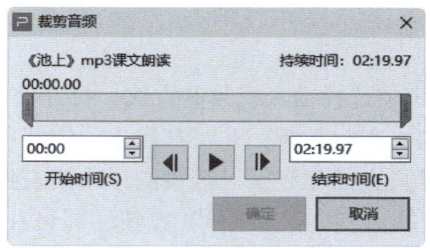

图4-98 "裁剪音频"对话框

（3）将绿色的滑块拖放到开始音频的位置；将红色的滑块拖动到结束音频的位置。指定音频的起始点时，单击"上一帧"按钮 或"下一帧"按钮 ，可以对起止时间进行微调。

（4）确定音频的起止点后，单击"播放"按钮 ，预览音频效果。

（5）单击"音频工具"选项卡中的"音量"下拉按钮 ，在如图4-99所示的下拉列表中选择设置放映幻灯片时，音频文件的音量等级。

（6）在"音频工具"选项卡的"淡入"数值框中输入音频开始时淡入效果持续的时间，在"淡出"数值框中输入音频结束时淡出效果持续的时间。

默认情况下，在幻灯片中插入的音频仅在当前页播放。如果希望插入的音频跨幻灯片播放，或单击时播放，就要设置音频的播放方式。

（7）单击"音频工具"选项卡中的"开始"下拉按钮，在打开的下拉列表中选择幻灯片放映时音频的播放方式，如图4-100所示。

图4-99 设置音量级别　　　　图4-100 设置音频播放方式

（8）如果希望插入音频的幻灯片切换后，音频仍然继续播放，选中"跨幻灯片播放"单选按钮，并指定在哪一页幻灯片停止播放。

（9）如果希望插入的音频循环播放，直到停止放映，选中"循环播放，直至停止"复选框。

（10）如果希望幻灯片在放映时，自动隐藏其中的音频图标，选中"放映时隐藏"复选框。

（11）如果希望音频播放完成后，自动返回到音频开头，选中"播放完返回开头"复选框，否则停止在音频结尾处。

3. 插入视频

随着网络技术的飞速发展，视频凭借其直观的演示效果越来越多地应用于辅助展示和演讲。在 WPS 2022 中，可以很轻松地在幻灯片中插入视频，并对视频进行一些简单的编辑操作。

（1）选中要插入视频的幻灯片，单击"插入"选项卡中的"视频"下拉按钮，打开如图 4-101 所示的下拉列表。

（2）在"视频"下拉列表中选择插入视频的方式，打开"插入视频"对话框。

嵌入视频：在本地计算机上查找视频，并将其嵌入到幻灯片中。

链接到视频：将本地计算机上的视频，以链接的形式插入到幻灯片中。

（3）选中需要的视频文件后，单击"打开"按钮，即可在幻灯片中显示插入的视频和播放控件，如图 4-102 所示。

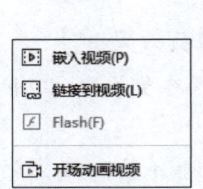

图 4-101 "视频"下拉列表

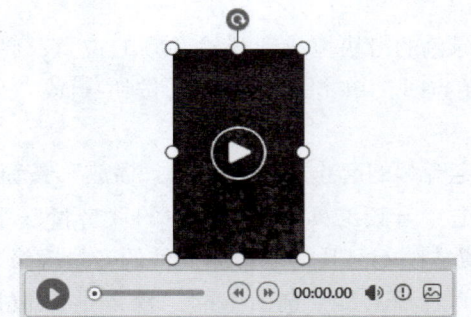

图 4-102 插入视频

（4）将鼠标指针移到视频顶点位置的变形手柄上，指针变为双向箭头时按下左键拖动，调整视频文件的显示尺寸；指针变为四向箭头时，按下左键拖动调整视频的位置。

注意：视频图标的大小范围是观看视频文件的屏幕大小。因此，调整视频尺寸时，应尽量保持视频的长宽比一致，以免影像失真。

此时，单击播放控件上的"播放/暂停"按钮，可以预览视频。利用播放控件还可以前进、后退、调整播放音量。

任务评价

评价类型	序号	任务内容	分值	自评	师评
学习态度	1	主动学习	5		
	2	学习时长、进度	10		

项目四　演示文稿制作

续表

评价类型	序号	任务内容	分值	自评	师评
操作能力	3	新建演示文稿	5		
	4	制作首页	10		
	5	制作第二张幻灯片	10		
	6	制作第三张幻灯片	10		
	7	制作第四张幻灯片	10		
	8	制作尾页	10		
	9	添加超链接	5		
	10	会保存演示文稿	5		
育人素养	11	完成育人素养学习	20		
总分			100		

自测任务书

通过本任务的学习，学生需要制作"某项目规划方案"演示文稿，效果如图 4－103 所示。

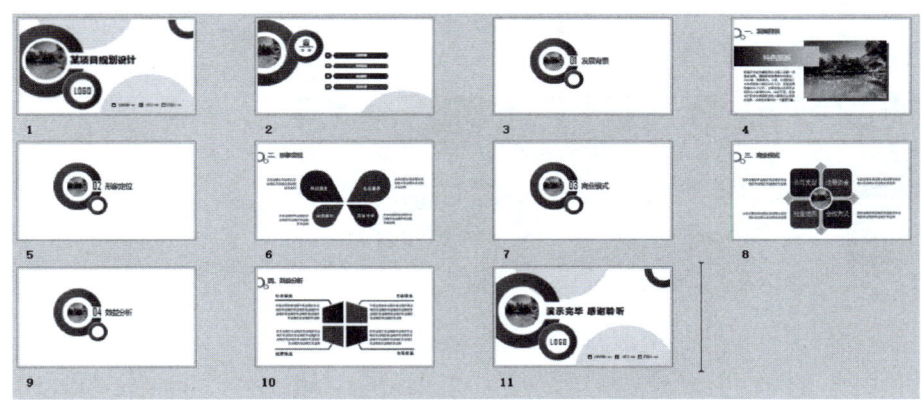

图 4－103　某项目规划方案

操作提示

1. 打开演示文稿。
2. 输入并设置文字大小及样式。
3. 插入图片并编辑。
4. 插入形状并编辑。
5. 插入智能图形。
6. 保存演示文稿。

任务 4.3　为"年终工作总结"演示文稿添加动画

任务描述

为了使年终工作总结更加生动、直观,并且能够更好地吸引观众的注意力,公司决定在即将到来的年终总结会议上,通过动态演示文稿来展示过去一年的工作成果和未来规划。因此,公司领导让张伟在"年终工作总结"演示文稿中添加动画效果,这样可以利用视觉和动态元素来增强信息的传达力。

任务分析

通过本任务的学习,激发学生的创新思维和创造力,提高他们将技术与创意结合的能力。

首先打开演示文稿,添加幻灯片之间的切换动画;其次分别添加幻灯片中文字、图片等的动画,如图 4-104 所示。

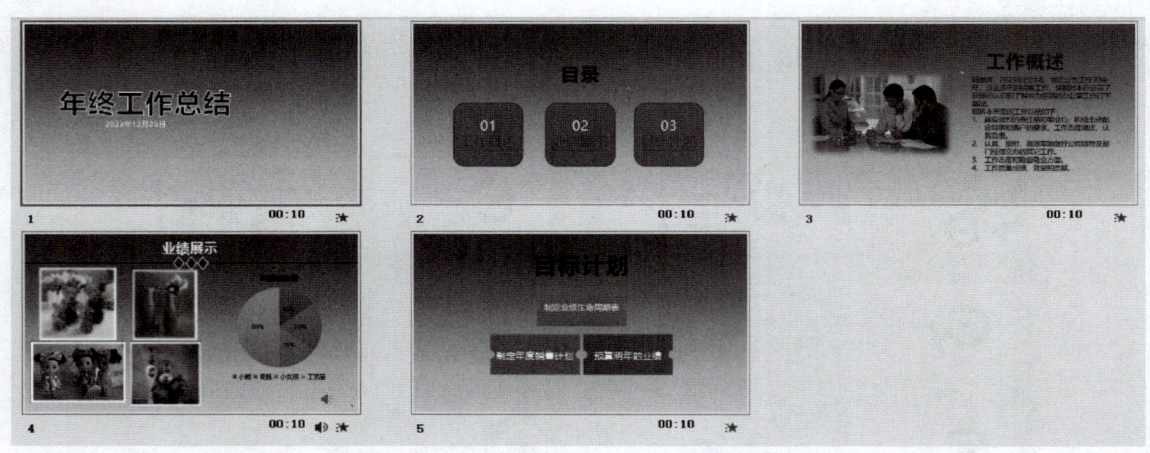

图 4-104　"年终工作总结"添加动画

学习目标

1. 会添加幻灯片切换动画。
2. 会制作每个幻灯片中的动画。
3. 会另存演示文稿。

任务实施

1. 打开演示文稿

单击"文件"菜单中的"打开"命令,打开"打开文件"对话框,选择"年终工作总结.pptx"文件,单击"打开"按钮,打开文件。

2. 设置幻灯片切换动画

（1）选取第一张幻灯片，单击"切换"选项卡"切换效果"列表框中的"平滑"效果，在"切换"选项卡中勾选"单击鼠标时换片"复选框和"自动换片"复选框，设置换片时间为"00：10"，其他采用默认设置，如图4-105所示。

图 4-105 设置切换参数

（2）单击"切换"选项卡中的"应用到全部"按钮，将切换效果设置应用到所有幻灯片，单击"预览效果"按钮，预览切换效果。

3. 制作第二张幻灯片动画

（1）选择第二张幻灯片中的"01 工作概述"，单击"动画"选项卡中的"动画窗格"按钮，打开如图4-106所示的动画窗格，单击"添加效果"按钮，打开如图4-107所示的下拉列表，选择"飞入"效果，设置开始为"单击时"，方向为"自左侧"，速度为"中速（2秒）"，如图4-108所示。

（2）选择第二张幻灯片中的"02 业绩展示"，在动画窗格中单击"添加效果"按钮，在其下拉列表中选择"飞入"效果，设置开始为"单击时"，方向为"自底部"，速度为"中速（2秒）"，如图4-109所示。

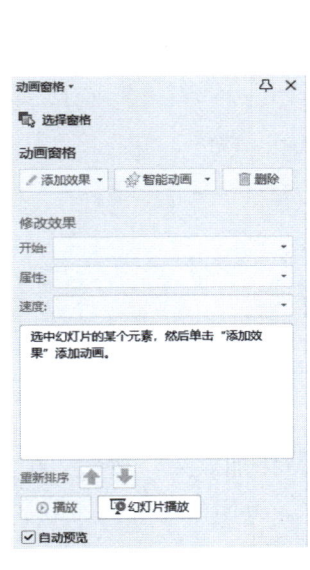

图 4-106 动画窗格

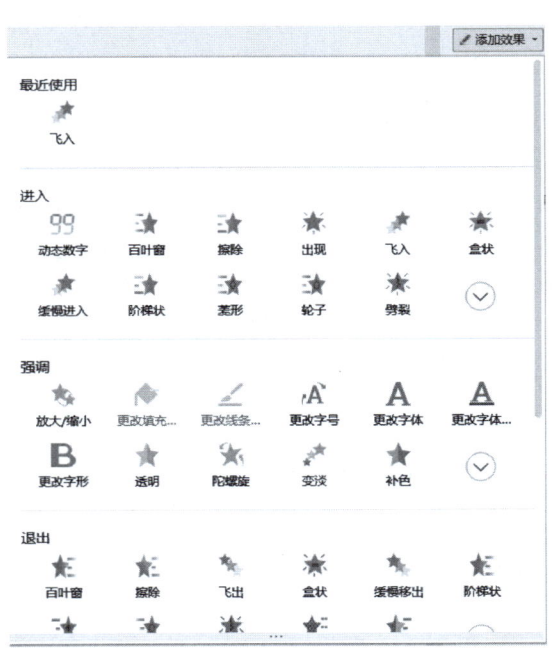

图 4-107 "添加效果"下拉列表

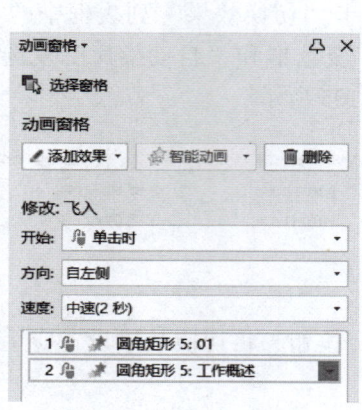
图 4-108 设置动画参数

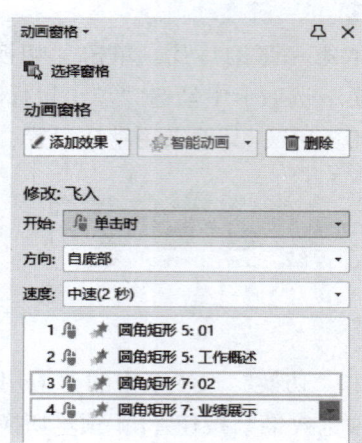
图 4-109 动画设置

(3)选择第二张幻灯片中的"03 目标计划",在动画窗格中单击"添加效果"按钮,在其下拉列表中选择"飞入"效果,设置开始为"单击时",方向为"自右侧",速度为"中速(2 秒)",如图 4-110 所示。

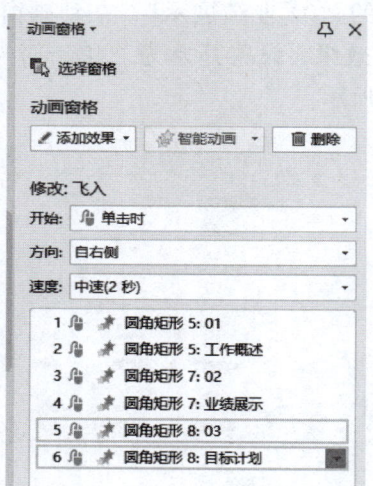
图 4-110 图片和文字动画设置

(4)单击"动画"选项卡中的"预览效果"按钮,预览动画效果。

4. 制作第三张幻灯片动画

(1)选择第三张幻灯片中的图片,在动画窗格中单击"添加效果"按钮,在其下拉列表中选择"盒状"效果,设置开始为"在上一个动画之后",方向为"外",速度为"快速(1 秒)",如图 4-111 所示。

(2)选择第三张幻灯片中的"工作概述",在动画窗格中单击"添加效果"按钮,在其下拉列表中选择"缓慢进入"效果,设置开始为"单击时",方向为"自顶部",速度为"非常快(0.5 秒)",如图 4-112 所示。

图 4-111　图片动画设置
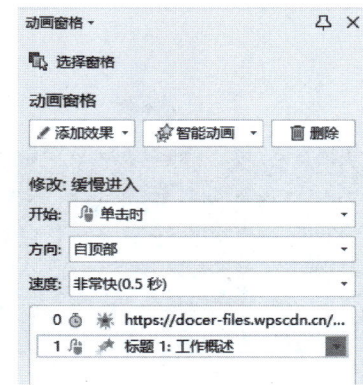
图 4-112　文字动画设置

（3）选择第三张幻灯片中的"工作概述"下的文本，在打开动画窗格中单击"添加效果"按钮，在其下拉列表中选择"缓慢进入"效果，设置开始为"在上一动画之后"，方向为"自底部"，速度为"非常慢（5 秒）"，如图 4-113 所示。

图 4-113　文本动画设置

（4）单击"动画"选项卡中的"预览效果"按钮，预览动画效果。

5. 设置第四张幻灯片动画

（1）选取第四张幻灯片中的业绩图片，设置"飞入"效果，开始为"单击时"，方向为"自左侧"，速度为"非常快（0.5 秒）"，如图 4-114 所示。

（2）单击"切换"选项卡中的"预览效果"按钮，预览切换效果。

6. 保存并关闭演示文稿

（1）单击"文件"菜单中的"另存为"→"PowerPoint 演示文件（*.pptx）"命令，打开"另存文件"对话框，指定保存位置为"为'年终工作总结'演示文稿添加动画"文件夹，输入文件名为"年终工作总结"，单击"保存"按钮，保存演示文稿。

（2）单击标题标签右侧的"关闭"按钮，关闭演示文稿。

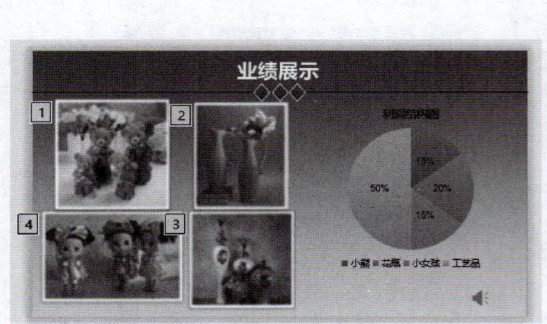
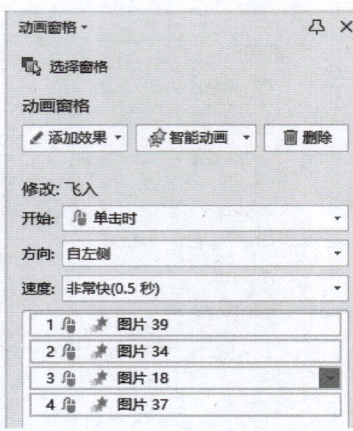

图 4-114 设置动画效果

任务评价

评价类型	序号	任务内容	分值	自评	师评
学习态度	1	主动学习	5		
	2	学习时长、进度	10		
操作能力	3	打开演示文稿	5		
	4	设置幻灯片之间的切换动画	10		
	5	添加第二张幻灯片的动画	20		
	6	添加第三张幻灯片的动画	20		
	7	另存演示文稿	10		
育人素养	8	完成育人素养学习	20		
总分			100		

自测任务书

通过本任务的学习，学生需要对"美文赏析"演示文稿添加幻灯片切换动画、幻灯片动画和超链接，参考样式如图 4-115 所示。

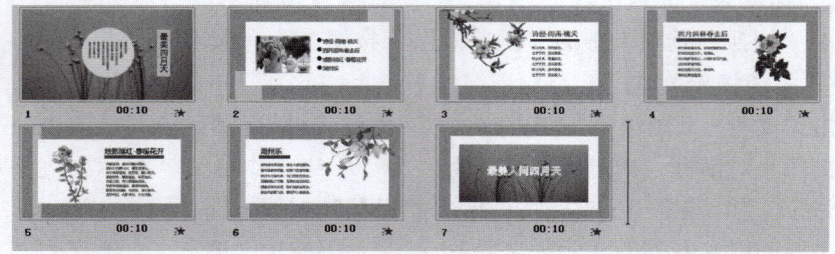

图 4-115 "美文赏析"演示文稿

操作提示

1. 打开演示文稿。
2. 设置幻灯片切换动画。
3. 设置幻灯片中的动画。
4. 添加目录与其他幻灯片之间的超链接。

任务 4.4　发布"年终工作总结"演示文稿

任务描述

为了方便在不同的场合、不同的机器上展示"年终工作总结"。领导要求张伟对演示文稿进行放映设置，并将其输出成不同的格式。

任务分析

通过本任务的学习，提高学生的公共演讲和沟通能力，增强他们在公众面前表达自己观点的自信。

首先打开演示文稿，其次进行放映设置，输出演示文稿，最后将演示文稿打包。

学习目标

1. 会进行放映设置。
2. 会将演示文稿输出为 PDF 文件。
3. 会将演示文稿打包。

任务实施

1. 打开文件

单击"文件"→"打开"命令，打开"打开文件"对话框，选择"年终工作总结.pptx"文件，单击"打开"按钮，打开文件。

2. 放映设置

（1）单击"放映"选项卡中的"放映设置"按钮 ，打开"设置放映方式"对话框。

（2）在对话框中设置放映类型为"演讲者放映（全屏幕）"，换片方式为"手动"，绘图笔颜色为黑色，其他采用默认设置，如图 4-116 所示，单击"确定"按钮。

3. 输出演示文稿

（1）单击"文件"菜单中"输出为 PDF"命令，打开如图 4-117 所示的"输出为 PDF"对话框。

（2）单击"设置"字样，打开"设置"对话框，设置输出内容为"幻灯片"，选中"权限设置"复选框，设置密码，允许其他用户对幻灯片进行修改、复制和添加批注，其他采用默认设置，如图 4-118 所示，单击"确定"按钮。

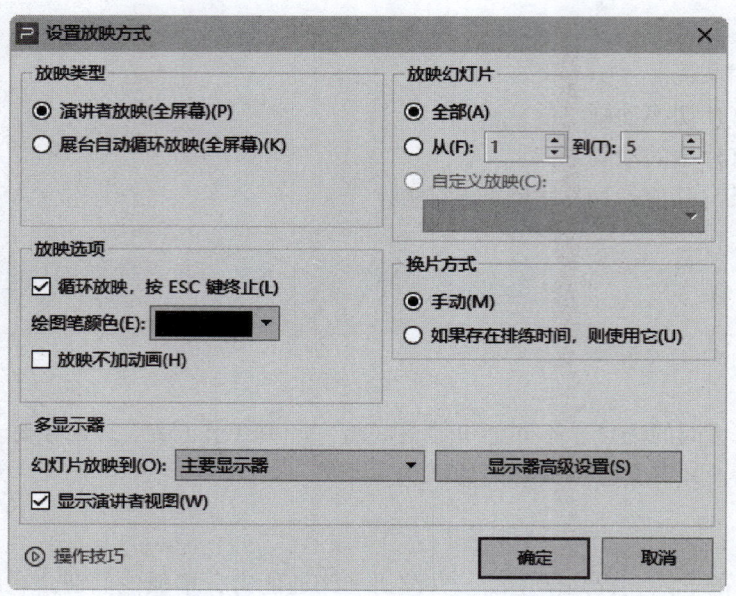

图 4-116 "设置放映方式"对话框

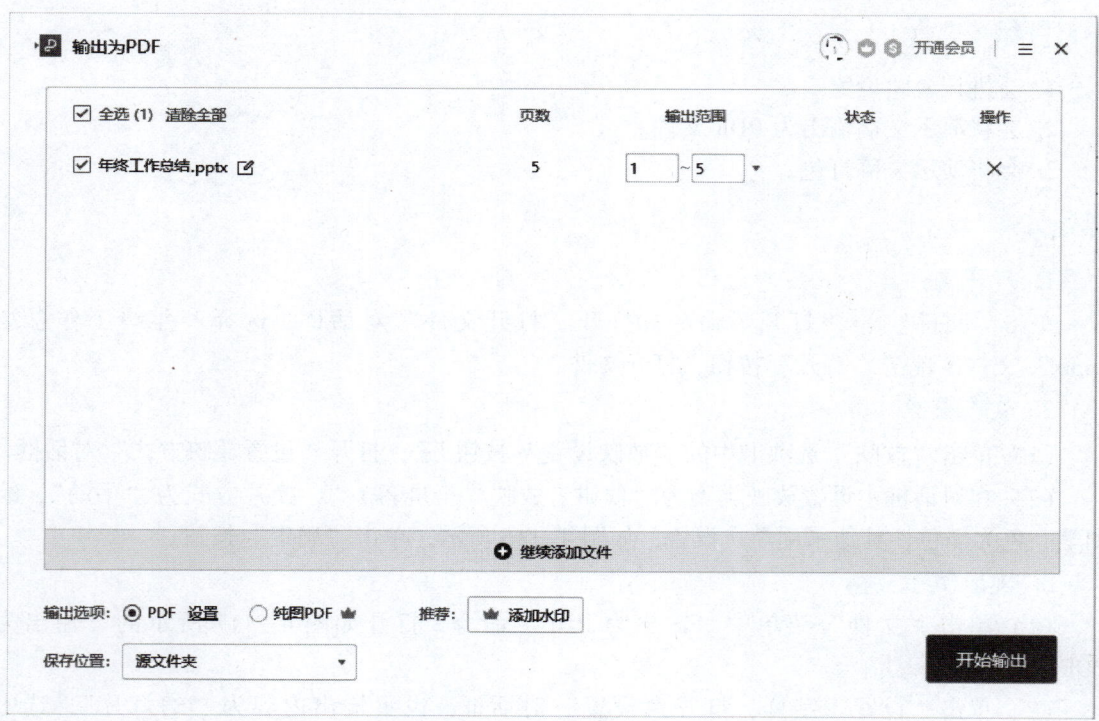

图 4-117 "输出为 PDF"对话框

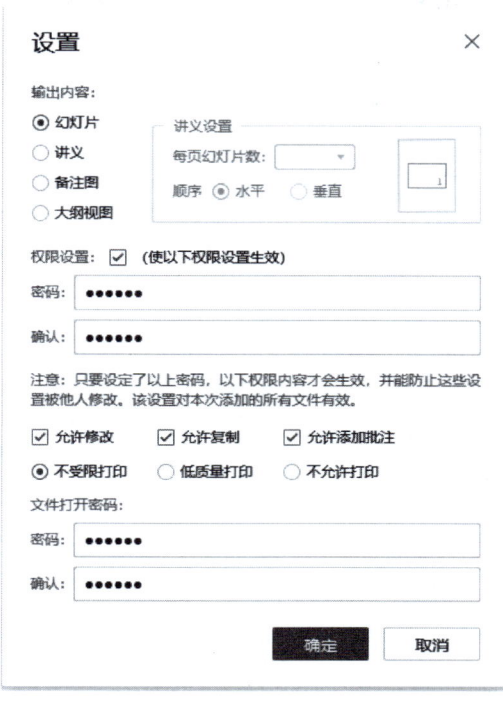

图 4-118 "设置"对话框

(3) 返回到"输出为 PDF"对话框,单击"开始输出"按钮,当对话框中的状态显示为输出成功时,输出成 PDF 文件,然后关闭对话框。

4. 打包文件

(1) 单击"文件"菜单中的"文件打包"→"将演示文档打包成文件夹"命令,打开"演示文件打包"对话框,设置文件夹位置,输入文件夹名称为"年终工作总结",如图 4-119 所示,单击"确定"按钮。

(2) 打包完成后,打开如图 4-120 所示的"已完成打包"对话框。单击"打开文件夹"按钮,可查看打包文件,单击"关闭"按钮,关闭对话框。

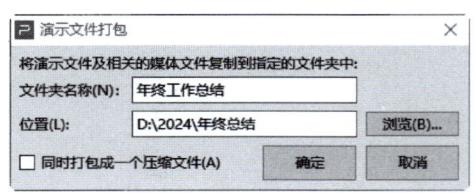

图 4-119 "演示文件打包"对话框

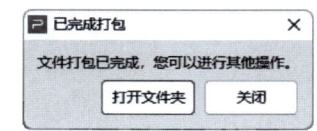

图 4-120 "已完成打包"对话框

拓展

1. 自定义放映内容

演示文稿制作完成后,有时会需要针对不同的受众放映不同的幻灯片内容。使用 WPS

演示的自定义放映功能，不需要删除部分幻灯片或保存多个副本，就可以基于同一个演示文稿生成多种不同的放映序列，且各个序列版本相对独立，互不影响。

（1）打开演示文稿，单击"放映"选项卡中的"自定义放映"按钮，打开如图 4-121 所示的"自定义放映"对话框。

如果当前演示文稿中还没有创建任何自定义放映，窗口显示为空白；如果创建过自定义放映，则显示自定义放映列表。

（2）单击"新建"按钮，打开如图 4-122 所示的"定义自定义放映"对话框。

对话框中左侧的列表框显示当前演示文稿中的幻灯片列表，右侧窗格显示添加到自定义放映的幻灯片列表。

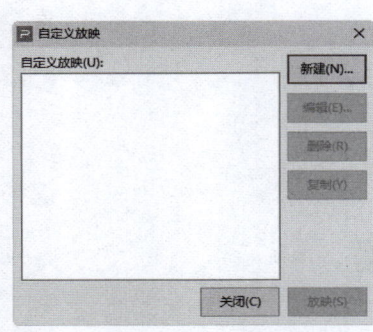 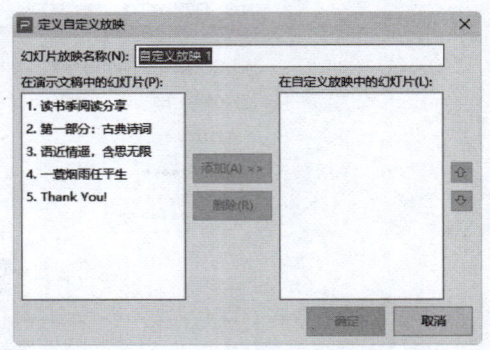

图 4-121 "自定义放映"对话框　　　　图 4-122 "定义自定义放映"对话框

（3）在"幻灯片放映名称"文本框中输入一个意义明确的名称，以便于区分不同的自定义放映。

（4）在左侧的幻灯片列表框中单击选中要加入自定义放映队列的幻灯片，按住 Shift 键或 Ctrl 键可在列表框中选中连续或不连续的多张幻灯片。然后单击"添加"按钮。右侧的列表框中将显示添加的幻灯片，如图 4-123 所示。

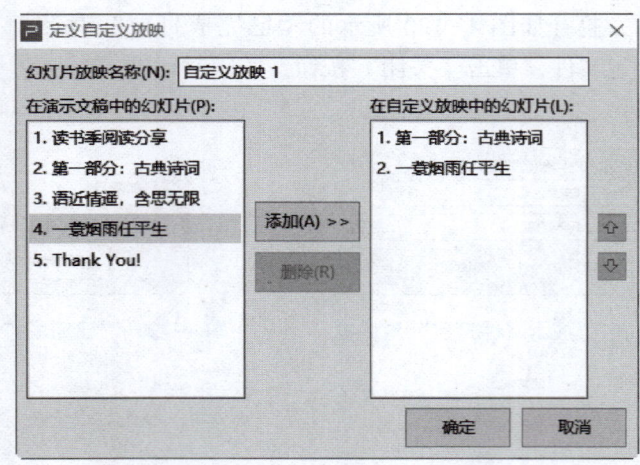

图 4-123　添加要展示的幻灯片

提示：

在 WPS 演示中，可以将同一张幻灯片多次添加到同一个自定义放映中。

（5）在右侧的列表框中选中不希望展示的幻灯片，单击"删除"按钮 删除(R) ，可在自定义放映中删除指定的幻灯片，左侧的幻灯片列表不受影响。

（6）在右侧的列表框中选中要调整顺序的幻灯片，单击"向上"按钮 ↑ 或"向下"按钮 ↓ ，可以调整幻灯片在自定义放映中的放映顺序。

（7）设置完成后，单击"确定"按钮关闭对话框，返回到"自定义放映"对话框。此时，在窗口中可以看到已创建的自定义放映。

（8）如果要修改自定义放映，单击"编辑"按钮打开"定义自定义放映"对话框进行修改；单击"删除"按钮可删除当前选中的自定义放映；单击"复制"按钮可复制当前选中的自定义放映，并保存为新的自定义放映；单击"放映"按钮，可全屏放映当前选中的自定义放映。

（9）设置完毕后，单击"关闭"按钮关闭对话框。

2. 添加排练计时

所谓"排练计时"，就是预演幻灯片时，系统自动记录每张幻灯片的放映时间。在放映幻灯片时，幻灯片严格按照记录的时间间隔自动运行放映，从而使演示变得有条不紊。

（1）打开演示文稿。

（2）单击"放映"选项卡中的"排练计时"按钮 ，即可全屏放映第一张幻灯片，并在屏幕左上角显示排练计时工具栏，如图 4-124 所示。

工具栏上各个按钮的功能简要介绍如下：

"下一项"按钮 ：单击该按钮结束当前幻灯片的放映和计时，开始放映下一张幻灯片，或播放下一个动画。

"暂停"按钮 ：暂停幻灯片计时，再次单击该按钮继续计时。

第一个时间框：显示当前幻灯片的放映时间。

"重复"按钮 ：返回到刚进入当前幻灯片的时刻，重新开始计时。

第二个时间框：显示排练开始的总计时。

（3）排练完成后，单击计时工具栏右上角或按 Esc 键终止排练。此时将打开如图 4-125 所示的对话框询问是否保存本次排练结果。单击"是"按钮，保存排练的时间；单击"否"按钮，取消本次排练计时。

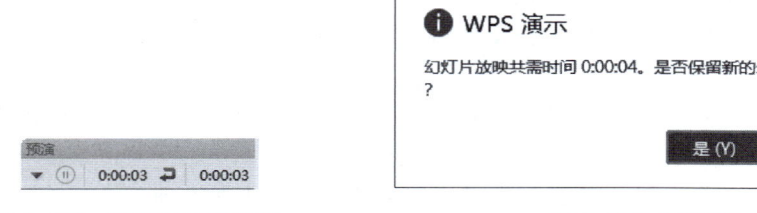

图 4-124　排练计时工具栏　　　　图 4-125　对话框

此时切换到幻灯片浏览视图，在幻灯片右下方可以看到计时时间。

3. 暂停与结束放映

在幻灯片演示过程中，演示者可以随时根据演示进程暂停播放，临时增添讲解内容，讲解完成后继续播放。

如果要暂停放映幻灯片，常用的方法有以下三种：

（1）按键盘上的 S 键；

（2）同时按大键盘上的 Shift 键和"+"键；

（3）按小键盘上的"+"键。

注意：并非所有幻灯片都能暂停/继续播放，前提是当前幻灯片的换片方式为经过一定时间后自动换片。

如果要继续放映幻灯片，右击，在弹出的快捷菜单中选择"屏幕"命令，然后在级联菜单中选择"继续执行"命令，如图 4-126 所示。

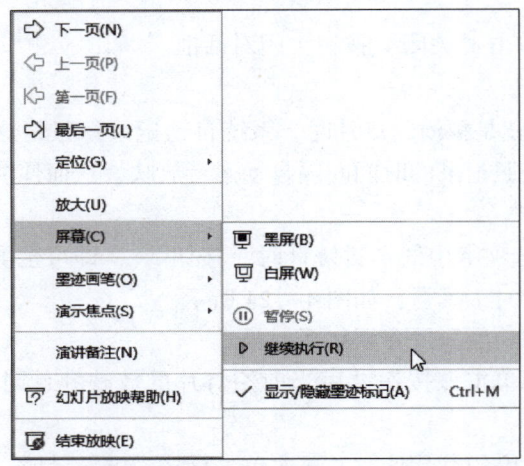

图 4-126 选择"继续执行"命令

如果要结束放映，右击，在弹出的快捷菜单中选择"结束放映"命令，或直接按键盘上的 Esc 键。

4. 使用画笔圈划重点

在放映演示文稿时，为更好地表述讲解的内容，可以使用指针工具在幻灯片中书写或圈划重点。

（1）放映幻灯片时右击，在弹出的快捷菜单中单击"墨迹画笔"命令，在其级联菜单中选择墨迹画笔形状，如图 4-127 所示。墨迹画笔形状默认为箭头，用户可以根据需要选择圆珠笔、水彩笔和荧光笔。

（2）再次打开如图 4-127 所示的快捷菜单，在"墨迹画笔"的级联菜单中单击"墨迹颜色"命令，设置墨迹颜色，如图 4-128 所示。

（3）按下鼠标左键在幻灯片上拖动，即可绘制墨迹，如图 4-129 所示。

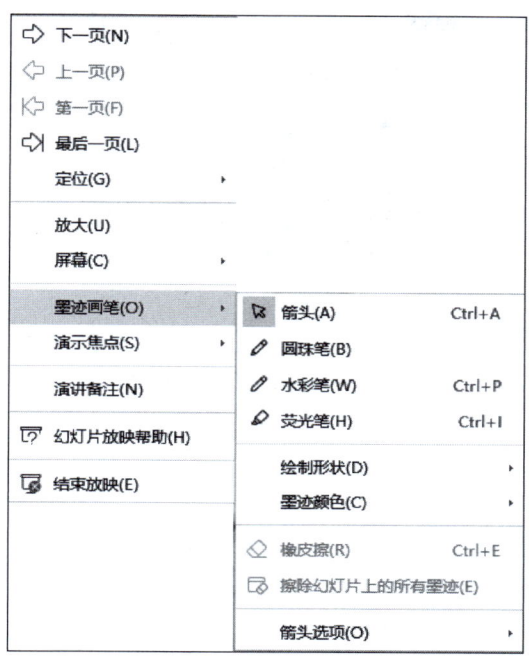

图 4-127 "墨迹画笔"级联菜单

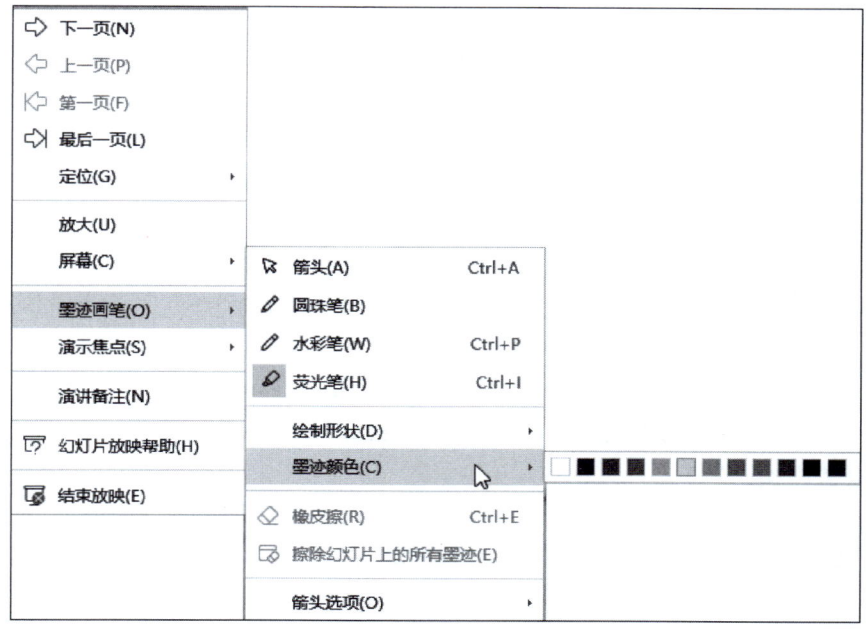

图 4-128 设置墨迹颜色

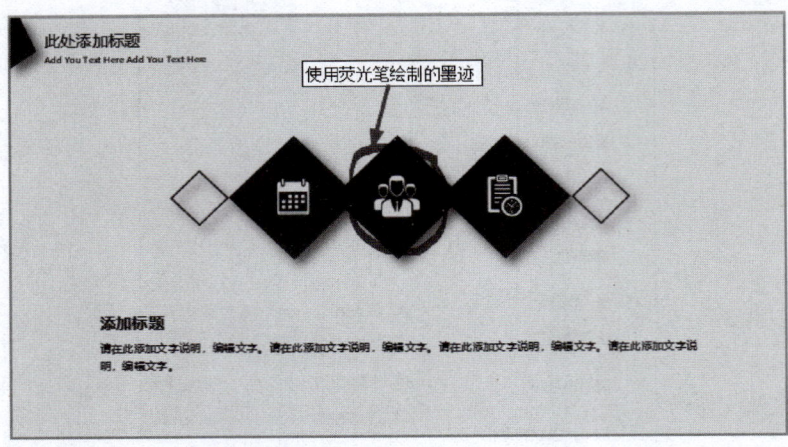

图 4-129 绘制墨迹

（4）如果要修改或删除幻灯片上的笔迹，在"墨迹画笔"级联菜单中选择"橡皮擦"选项。指针显示为 ⊘ ，在创建的墨迹上单击，即可擦除绘制的墨迹。如果要删除幻灯片上添加的所有墨迹，在"墨迹画笔"级联菜单中选择"擦除幻灯片上的所有墨迹"命令。

（5）擦除墨迹后，按 Esc 键退出橡皮擦的使用状态。

（6）退出放映状态时，WPS 演示会打开一个对话框，询问是否保存墨迹注释，如图 4-130 所示。如果不需要保存墨迹注释，单击"放弃"按钮，否则单击"保留"按钮。

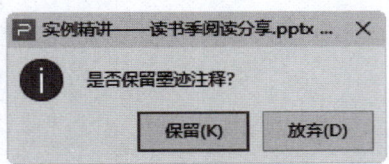

图 4-130 提示对话框

保留的墨迹可以在幻灯片编辑窗口中查看，在放映时也会显示。如果不希望在幻灯片上显示墨迹，单击"审阅"选项卡中的"显示/隐藏标记"按钮 ，即可隐藏。

注意：隐藏墨迹并不是删除墨迹，再次单击该按钮将显示幻灯片上的所有墨迹。

如果要删除幻灯片中的墨迹，单击选中墨迹后，按 Delete 键。

5. 输出为视频

在 WPS 2022 中，将演示文稿输出为 WEBM 视频，可以很方便地与他人共享，即便对方的计算机上没有安装演示软件，也能流畅地观看演示效果。输出的视频保留所有动画效果和切换效果、插入的音频和视频，以及排练计时和墨迹笔划。

（1）打开演示文稿，单击"文件"→"另存为"→"输出为视频"命令，打开如图 4-131 所示的"另存文件"对话框。

（2）指定视频保存的路径和名称，然后单击"保存"按钮，即可关闭对话框，并开始创建视频文件。

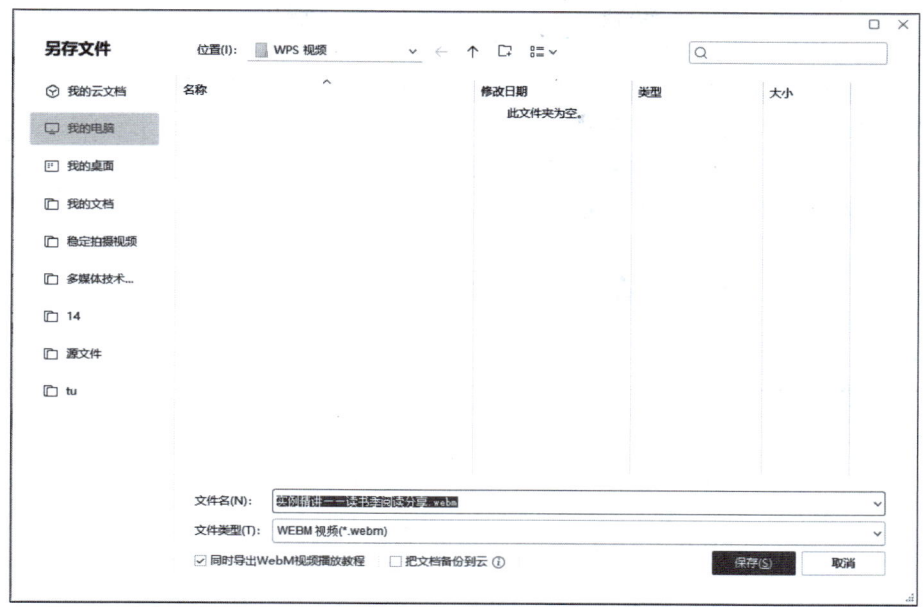

图 4-131 "另存文件"对话框

6. 转为文字文档

将演示文稿转为文字文档,可作为讲义辅助演讲。

(1) 打开要进行转换的演示文稿。

(2) 单击"文件"→"另存为"→"转为 WPS 文字文档"命令,打开如图 4-132 所示的"转为 WPS 文字文档"对话框。

图 4-132 "转为 WPS 文字文档"对话框

（3）选择要进行转换的幻灯片范围，可以是演示文稿中的全部幻灯片、当前幻灯片或选定的幻灯片，还可以通过输入幻灯片编号指定幻灯片范围。

（4）在"转换后版式"选项区域选择幻灯片内容转换到文字文件中的版式，在"版式预览"区域可以看到相应的版式效果。

（5）在"转换内容包括"选项区域设置要转换到文字文件中的内容。

注意：将演示文稿导出为文字文档时，只能转换占位符中的文本，不能转换文本框中的文本。

（6）设置完成后，单击"确定"按钮关闭对话框。

任务评价

评价类型	序号	任务内容	分值	自评	师评
学习态度	1	主动学习	5		
	2	学习时长、进度	10		
操作能力	3	打开演示文稿	5		
	4	放映设置	20		
	5	输出演示文稿	20		
	6	打包演示文稿	20		
育人素养	7	完成育人素养学习	20		
总分			100		

自测任务书

通过本任务的学习，学生需要完成"我美丽的家乡——贵州"演示文稿的发布。

操作提示

1. 打开演示文稿。
2. 放映设置。
3. 输出演示文稿。
4. 打包演示文稿。

项目总结

本项目主要介绍了 WPS 电子表格处理，包括新建和保存工作簿、工作表和工作簿操作、公式和函数的使用、数据排序、数据筛选、数据分类汇总、创建和编辑图表、创建透视表以及打印图表等内容。

习题与思考

一、理论习题

1. 选中图片后，复制图片应先按住键盘中的快捷键（　　）。

A. Shift　　　　　B. Ctrl　　　　　C. Shift+Ctrl　　　　　D. Alt

2. 演示文稿以什么为基本单位组成？（　　）
　A. 幻灯片　　　　　B. 工作表　　　　　C. 文档　　　　　D. 图片
3. 新插入的幻灯片会出现在（　　）。
　A. 所有幻灯片的最上方　　　　　　　B. 所有幻灯片的最下方
　C. 所选幻灯片的上方　　　　　　　　D. 所选幻灯片的下方
4. 在（　　）视图中，编辑窗口显示为上下两部分，上部分是幻灯片，下部分是文本框，用于记录讲演时所需的一些提示要点。
　A. 备注页　　　　　B. 幻灯片浏览　　　C. 普通　　　　　D. 阅读
5. 要设置幻灯片中对象的动画效果以及动画的出现方式时，应在哪个选项卡中操作？（　　）
　A. 切换　　　　　　B. 动画　　　　　　C. 设计　　　　　D. 审阅
6. 在幻灯片母版中插入的对象，只能在（　　）中进行修改。
　A. 普通视图　　　　　　　　　　　　B. 浏览视图
　C. 放映状态　　　　　　　　　　　　D. 幻灯片母版视图
7. 有关动画出现的时间和顺序的调整，以下说法不正确的是（　　）。
　A. 动画必须依次播放，不能同时播放
　B. 动画出现的顺序可以调整
　C. 有些动画可设置为满足一定条件时再出现，否则不出现
　D. 如果使用了排练计时，则放映时无须单击控制动画的出现时间
8. 如果要选定多个图形，应先按住（　　），然后单击要选定的图形对象。
　A. Alt 键　　　　　B. Home 键　　　　C. Shift 键　　　　D. Ctrl 键
9. 幻灯片的切换方式是指（　　）。
　A. 在编辑新幻灯片时的过渡形式
　B. 在编辑幻灯片时切换不同视图
　C. 在编辑幻灯片时切换不同的主题
　D. 相邻两张幻灯片切换时的过渡形式
10. 在 WPS 幻灯片中建立超链接有两种方式：通过把某对象作为超链接载体和（　　）。
　A. 文本框　　　　　B. 文本　　　　　　C. 图片　　　　　D. 动作按钮

二、操作题

1. 制作"主打产品"演示文稿，如图 4-133 所示。
（1）首先新建一个空白的演示文稿，设置背景。
（2）插入文本框，然后输入文字。
（3）插入横线并设置格式。
（4）插入图片并设置样式。
（5）插入表格并设置样式，然后输入文字。

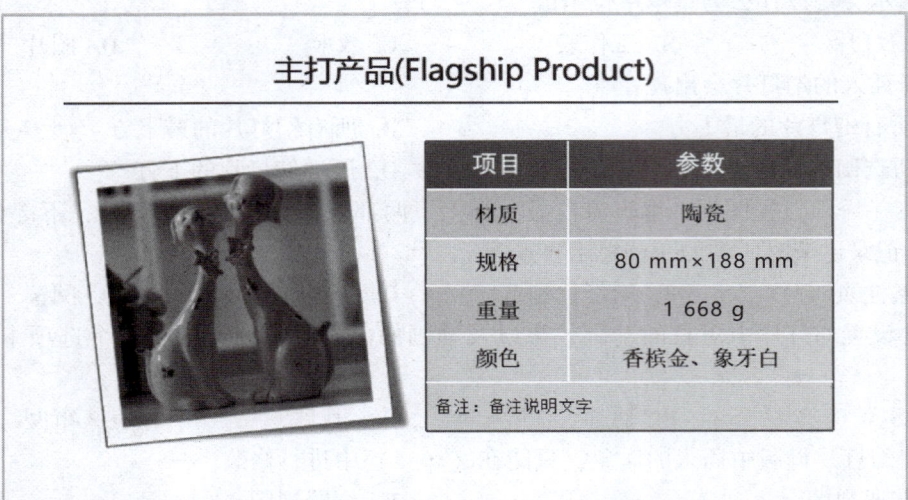

图 4-133 "主打产品"演示文稿

2. 制作"员工入职培训"演示文稿,如图 4-134 所示。

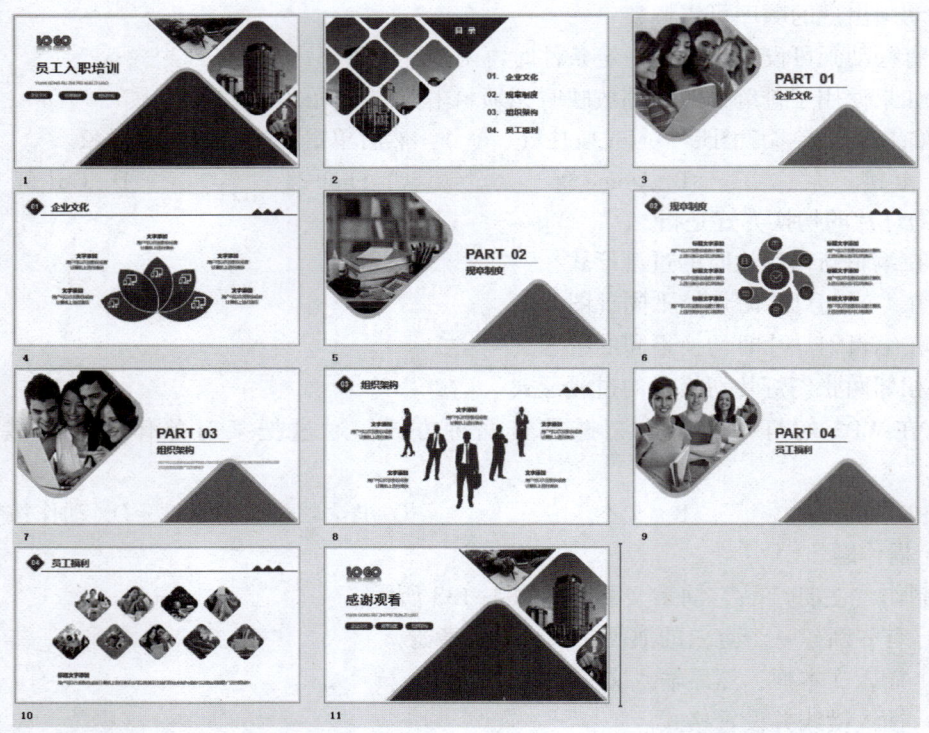

图 4-134 "员工入职培训"演示文稿

(1) 新建 WPS 演示文稿,命名为"员工入职培训.pptx"。
(2) 插入图片、形状、文字并设置效果,创建标题幻灯片。

(3）插入图片、形状、文字并设置效果，创建目录页幻灯片。
(4）插入图片、形状、文字并设置效果，创建过渡页幻灯片。
(5）插入图片、形状、文字并设置效果，创建内容页幻灯片。
(6）复制过渡页，替换图片，更改文字内容，创建其他过渡页幻灯片。
(7）复制内容页，替换图片，更改文字内容，创建其他内容页幻灯片。
(8）复制标题页，更改文字内容，创建结束页幻灯片。
(9）保存演示文稿。

项目五

信息检索

导读

信息检索是人们进行信息查询和获取的主要方式，是查找信息的方法和手段。掌握网络信息的高效检索方法，是现代信息社会对高素质技术技能人才的基本要求。本项目主要介绍信息检索基础知识、搜索引擎使用技巧、专用平台信息检索等内容。

学习要点

1. 理解信息检索的基本概念，了解信息检索的基本流程。
2. 掌握布尔逻辑检索、截词检索、位置检索等检索方法。
3. 掌握通过搜索引擎进行信息检索的方法。
4. 掌握通过期刊专用平台进行信息检索的方法。

素养目标

通过认识信息检索，培养学生对信息的批判性思维。
通过学习常用搜索引擎的使用及技巧，培养学生的网络素养和责任感。
通过在专用平台上进行信息检索，树立良好的学术道德观念。

任务5.1 认识信息检索

任务描述

在数字化时代，我们每天都被海量的信息所包围。无论是学术研究、商业决策还是日常生活，快速准确地获取所需信息成为一项基本技能。那么，什么是信息检索？信息检索的基本流程是什么？常见的信息检索技术有哪些呢？

任务分析

通过本任务的学习，使学生认识到信息检索的重要性，理解在知识爆炸的时代，有效检索信息是获取知识、解决问题的关键能力。

学习目标

1. 了解信息检索。

2. 了解信息检索的作用。
3. 了解信息检索的基本流程。
4. 掌握常见信息检索技术。

任务实施

1. 信息检索概述

信息检索，本质上是一个精细且系统的过程。它涉及对信息的加工、整理、组织以及存储，以便在需要时能够准确地查找和提取相关信息。这个过程既包含了信息的存储，也涵盖了信息的检索，从而实现了信息的有效管理与利用。

从狭义的角度看，信息检索主要聚焦于信息查询这一环节。用户根据自己的需求，采用特定的方法和工具，从庞大的信息集合中筛选出所需的信息。这个过程需要用户具备一定的信息检索技能，如关键词的选择、检索工具的使用等，以确保能够高效、准确地获取所需信息。

而从广义的角度来看，信息检索则是一个更为复杂且综合的过程。它涵盖了信息的整个生命周期，从信息的收集、加工、整理到存储和检索。在这个过程中，需要借助先进的技术和工具，对信息进行科学、系统的管理，以确保信息的完整性、准确性和可用性。

在信息检索的领域中，计算机信息检索以其独特的优势脱颖而出。它不仅能够快速地检索出大量的信息，而且能够确保信息的准确性，这使科研人员在进行课题立项、技术攻关、前沿技术跟踪以及成果鉴定和专利申请等工作中，能够轻松地获取大量的相关信息，从而提高工作效率，推动科研工作的进展。

计算机信息检索的过程，可以分为信息存储和信息查找两个阶段。在信息存储阶段，原始文献会经过深入的主题概念分析，抽取出主题词、分类号等关键信息，然后经过精心处理，输入到计算机中，形成机读数据库。而在信息查找阶段，用户只需根据自己的需求，明确检索范围，用系统检索语言表示出主题概念，输入到计算机中，即可开始检索。计算机会根据用户的请求，在数据库中快速地进行匹配和筛选，最终输出符合要求的信息。

在实际应用中，信息检索已经成为人们获取信息的重要手段。无论是学术研究、商业决策还是日常生活，我们都需要借助信息检索来查找和获取所需的信息。而随着计算机技术和信息技术的不断发展，信息检索的效率和准确性也得到了极大的提升，为我们提供了更加便捷、高效的信息获取方式。

2. 信息检索的作用

（1）促进科研学术发展。

信息检索是科研人员开展研究工作的基础工具。通过检索，科研人员可以获取大量的文献资料，了解前人的研究成果，避免重复劳动，同时也能为新的研究提供理论支持和方向指引。此外，信息检索还有助于科研人员追踪学科前沿，把握研究动态，从而推动科研学术的不断发展。

（2）提高工作效率。

无论是学术研究、商业决策还是日常生活，信息检索都能帮助我们快速找到所需信息，减少查找时间，提高工作效率。在商业领域，企业可以通过信息检索了解市场需求、竞争对手动态和行业趋势，为制定市场策略提供有力支持。

（3）辅助决策制定。

在信息爆炸的时代，决策者需要从海量的信息中筛选出有价值的内容。信息检索能够帮助决策者快速获取相关信息，进行对比分析，从而作出更为明智和科学的决策。

（4）促进知识传播与共享。

通过信息检索，人们可以轻松地获取到各种领域的知识和信息，促进知识的传播和共享，这不仅有助于个人学习和成长，也有助于推动社会的进步和发展。

（5）提升信息素养。

信息检索不仅是一种技术，更是一种能力。通过学习和实践信息检索，人们可以提升自己的信息素养，包括信息意识、信息能力和信息道德等方面，从而更好地适应信息化社会的发展需求。

3. 信息检索的基本流程

信息检索是一个动态且可能需要反复迭代的过程。基本流程如下：

（1）分析问题。

（2）选择检索工具。

（3）使用检索工具。

（4）执行检索。

（5）分析检索结果。

（6）调整检索策略。

（7）获取全文。

4. 常见的信息检索技术

常见的信息检索技术有布尔逻辑检索、多媒体信息检索、字段限定检索、截词检索、全文检索。

（1）布尔逻辑检索。

利用布尔逻辑运算符进行检索词或代码的逻辑组配，是现代信息检索系统中最常用的一种技术。常用的布尔逻辑运算符有逻辑或"OR"、逻辑与"AND"和逻辑非"NOT"。

①逻辑或。

用"OR"或"+"表示。用于连接并列关系的检索词。用 OR 连接检索词 A 和检索词 B，则检索式为：A OR B（或 A+B）。表示让系统查找含有检索词 A、B 之一，或同时包括检索词 A 和检索词 B 的信息。例如：查找"肿瘤"的检索式为：癌 OR 瘤。

②逻辑与。

用"AND"与"*"表示。可用来表示其所连接的两个检索项的交叉部分，也即交集部分。如果用 AND 连接检索词 A 和检索词 B，则检索式为：A AND B（或 A*B）：表示让系统检索同时包含检索词 A 和检索词 B 的信息。例如：查找"胰岛素治疗糖尿病"的检索式为：胰岛素 AND 糖尿病。

③逻辑非。

用"NOT"或"-"号表示。用于连接排除关系的检索词，即排除不需要的和影响检索结果的概念。用 NOT 连接检索词 A 和检索词 B，检索式为：A NOT B（或 A-B）。表示检索含有检索词 A 而不含检索词 B 的信息,即将包含检索词 B 的信息集合排除掉。例如:查找"动物的乙肝病毒(不要人的)"的检索式为:乙肝 NOT 人类。

检索中布尔逻辑运算符是使用最频繁的,但若一个检索式中含有多个逻辑运算符,一般来说,它们是有运算顺序的。优先级为:NOT-AND-OR。可以用括号改变它们之间的运算顺序。例如(A OR B) AND C,表示先执行 A OR B 的检索,再与 C 进行 AND 运算。

(2)多媒体信息检索。

它是现代信息技术的重要组成部分,它利用计算机技术和多媒体技术,实现对图像、音频、视频等多种媒体信息的检索。通过多媒体信息检索技术,用户可以快速、准确地找到所需的多媒体资源,满足其在娱乐、教育、科研等领域的需求。同时,多媒体信息检索技术还可以对多媒体信息进行分类、组织和管理,提高信息资源的利用效率和价值。随着多媒体技术的不断发展和应用领域的不断扩大,多媒体信息检索技术将会更加普及和成熟,为人们的生活和工作带来更多的便利和效益。

(3)字段限定检索。

字段限定检索是指限定检索词在数据库记录中的一个或几个字段范围内查找的一种检索方法。它是一种高效且精确的信息检索技术,它允许用户限定检索词在数据库记录中的特定字段范围内进行查找。在实际应用中,字段通常指的是数据库中的某一列,比如标题、作者、摘要、关键词等。通过字段限定检索,用户可以更精确地定位所需信息,避免在无关字段中浪费时间。

(4)截词检索。

截词检索是计算机检索系统中应用非常普遍的一种技术,是基于文本分析和信息检索技术的应用方法,其原理是将搜索关键词进行截取,然后在数据库或搜索引擎中进行匹配,从而找到与关键词相关的信息。例如,在学术文献数据库中,研究人员可以截取论文标题的关键词来搜索相关研究成果;在旅游网站上,用户可以通过截取目的地的关键词来搜索相关的旅游攻略。

(5)全文检索。

全文检索是指以文档的全部文本信息作为检索对象的一种信息检索技术。目前,搜索引擎基本上都采用全文检索技术。

拓展

随着技术的不断发展和创新,信息检索技术在现在生活中应用广泛。

信息检索技术使用户可以迅速找到他们需要的信息,无论是学术资料、新闻报道,还是生活娱乐内容。搜索引擎如 Google、Baidu 等,通过复杂的算法和索引技术,帮助用户快速定位到相关的网页。图书馆的信息系统和学术数据库广泛应用信息检索技术,使研究人员和学者能够快速检索到相关的文献、论文和资料,促进学术研究和知识传播。信息检索技术不仅帮助学生和教师查找教学资料,还通过智能推荐系统为学生提供个性化的学习路径和资源,提升教学效果和学习体验。

在医疗领域,医生和研究人员可以通过信息检索技术查找最新的医学研究、临床实践指南等,以便为患者提供更准确的诊断和治疗方案。

任务评价

评价类型	序号	任务内容	分值	自评	师评
学习态度	1	主动学习	5		
	2	学习时长、进度	10		
操作能力	3	了解信息检索	10		
	4	了解信息检索的作用	10		
	5	掌握信息检索的基本流程	15		
	6	掌握信息检索技术	30		
育人素养	7	完成育人素养学习	20		
总分			100		

自测任务书

通过本任务的学习，学生需要完成使用布尔逻辑检索、截词检索技术来进行信息检索。

任务 5.2 常用搜索引擎的使用及技巧

任务描述

在数字化时代，互联网已成为我们获取信息的主要渠道。面对海量的数据和内容，快速准确地找到所需信息成为一项重要技能。通过输入关键词，搜索引擎能够在短时间内从数十亿的网页中筛选出最相关的结果，极大地提高了我们的信息检索效率。那么，搜索引擎都有哪些分类？如何高效使用搜索引擎搜索所需信息呢？

任务分析

通过本任务的学习，使学生熟练掌握常用搜索引擎的使用方法和技巧，提高他们在网络环境中的信息检索效率。通过搜索引擎的使用，培养学生的网络素养，使他们能够在网络环境中保持警惕，识别和抵制不良信息。

学习目标

1. 了解搜索引擎。
2. 了解搜索引擎的分类。
3. 掌握搜索引擎的使用技巧。

任务实施

1. 搜索引擎的概述

搜索引擎是一种基于互联网的信息检索系统，它运用特定的计算机程序从互联网上搜集信息，在对信息进行组织和处理后，为用户提供检索服务，将用户检索的相关信息展示给用户。搜索引擎的基本工作原理包括爬行和抓取、预处理、排名等。

首先，搜索引擎通过发送特定格式的请求到互联网的每一个网页上，记录下网页的地址、内容及其他相关信息，并将这些信息存储到数据库中。

其次，搜索引擎会对这些信息进行预处理，包括去除重复网页、分析超链接、建立索引等。

最后，当用户输入查询关键词时，搜索引擎会根据一定的排名算法，从数据库中找出与关键词最相关的网页，并按照一定的顺序展示给用户。

搜索引擎在现代社会中扮演着至关重要的角色。它帮助用户快速找到所需的信息，无论是学术研究、工作需求还是生活娱乐，搜索引擎都是人们获取信息的主要途径之一。同时，搜索引擎也是企业进行市场推广和品牌宣传的重要平台，通过优化网站内容和结构，提高网站在搜索引擎中的排名，企业可以吸引更多的潜在客户和流量。

2. 搜索引擎的分类

随着技术的发展，搜索引擎也在不断演进和创新，按照不同的标准，它的分类也是不同的。

（1）全文搜索引擎。

这类搜索引擎是名副其实的搜索引擎，它们通过扫描文章中的每一个词，对每一个词建立一个索引，指明该词在文章中出现的次数和位置，代表网站有 Google、百度和搜狗等。

（2）目录索引。

以人工方式或半自动方式搜集和存储网络信息，依靠人工给网站确定一个标题，形成信息摘要，建立关键字索引，代表网站有雅虎、网易、搜狐等。

（3）元搜索引擎（元搜索）。

元搜索引擎接受用户查询请求后，同时在多个搜索引擎上搜索，并将结果返回给用户。它通过一个统一的用户界面，帮助用户在多个搜索引擎中选择和利用合适的搜索引擎来实现检索操作，代表网站有 360 搜索、搜星等。

（4）垂直搜索引擎。

垂直搜索引擎是针对某一个行业的专业搜索引擎。它对网页库中的某类专门的信息进行一次整合，定向分字段抽取出需要的数据进行处理后，再以某种形式返回给用户，代表网站有淘宝网、携程等。

3. 搜索引擎使用技巧

搜索引擎的使用技巧多种多样，掌握这些技巧可以帮助我们更高效、准确地找到所需信息。不同的搜索引擎有不同的特点和优势，可以根据搜索需求选择合适的搜索引擎。

各大搜索引擎的使用方法大致相同，明确你要搜索的内容，选择恰当的关键词，单击"搜索"按钮就可得到大量数据的相关链接，然后在这些链接中选取最接近的链接单击查询。

平时在搜索信息时，大多是在搜索引擎中直接输入关键词，然后在搜索结果里一个个点开查找。有时搜索结果里的无用内容太多，翻好几页也不一定能找到满意的结果。其中百度、谷歌、搜狗等搜索引擎，都支持一些高级搜索技巧和语法，可以对搜索结果进行限制和筛选，缩小检索范围，让搜索结果更加准确。

打开百度网站，输入文字 WPS，单击"搜索"按钮，如图 5-1 所示，得到大量数据的相关链接。

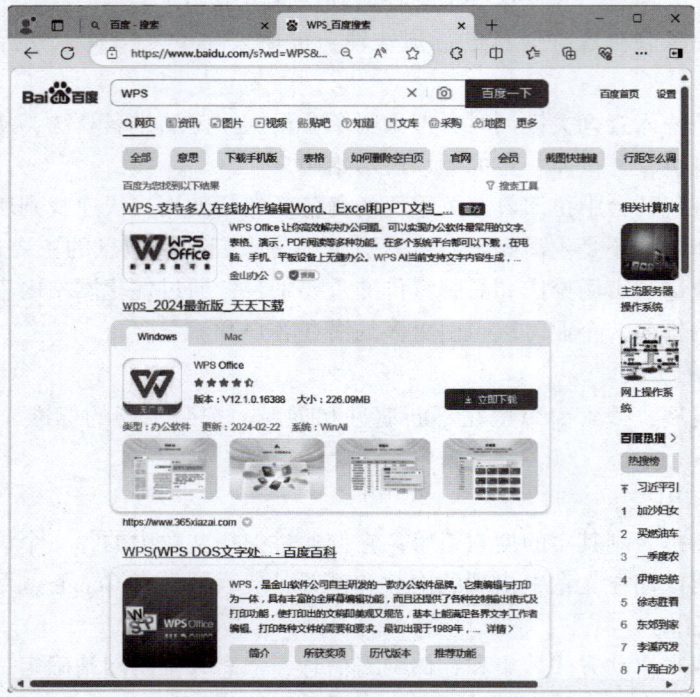

图 5-1　利用百度搜索 WPS 网页

下面介绍一些在进行百度搜索时可以使用的搜索技巧。

（1）加双引号的关键词。

如果输入的关键词很长，搜索引擎经过分析后，给出的搜索结果中的关键词可能是拆分的。如果在关键词上加上双引号，搜索引擎将会精确搜索，完全匹配引号内的关键词，即搜索结果中必须包含和引号中完全相同的内容。

例如，输入加双引号的"信息检索平台"文字，单击"搜索"按钮，进行精确搜索，如图 5-2 所示。

（2）限定域名搜索。

如果知道某个站点中有要搜寻的信息，或者只想在某个站点中搜索相关信息，就可以把搜索范围限定在这个站点中，以提高查准率。方法是在查询内容的前面，加上"site:站点域名"。注意，"site:"后面跟的站点域名，不需要写"http://www."。

例如，输入"故宫 site：beijing.gov.cn"，搜索结果显示在"北京市人民政府门户网站"站点中查找的关于"故宫"的网页，如图 5-3 所示。

图 5-2　加双引号"信息检索平台"搜索

图 5-3　在指定网站搜索"故宫"

（3）关键词限定在网页标题中。

如果要将搜索关键词限定在"网页标题"中，可用"intitle:关键词"。

221

例如，输入"intitle:WPS"，则所有搜索结果的标题中均含有"WPS"，如图 5-4 所示。

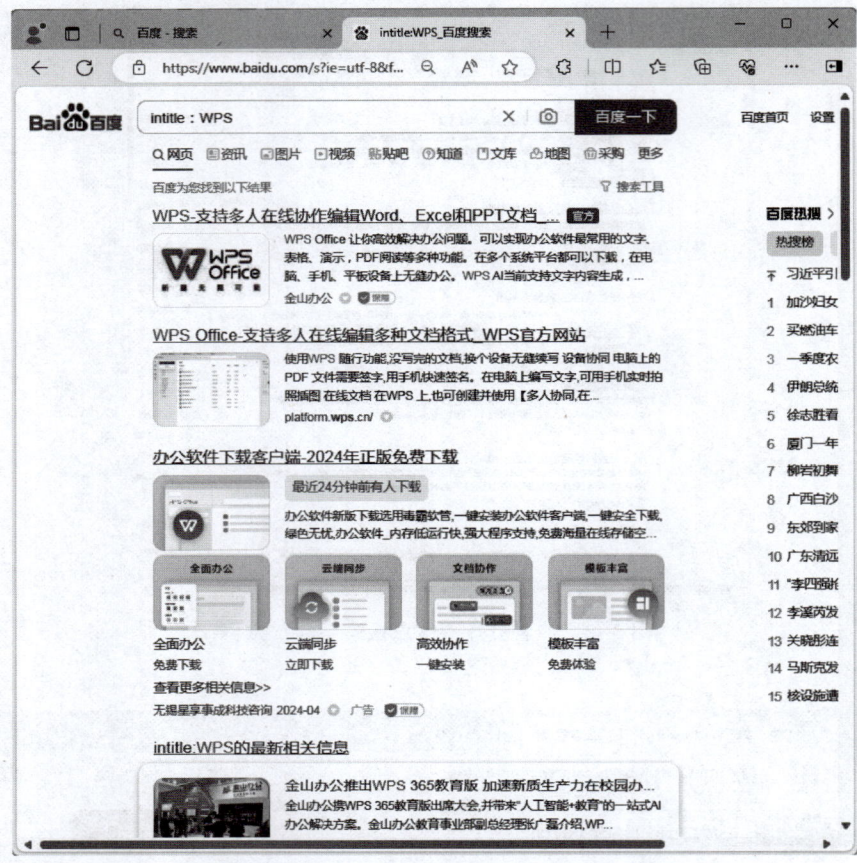

图 5-4　关键词 WPS 限定在网页标题中

（4）搜索指定类型文件。

如果要查找的关键词是某一类型的文件，则可以使用 filetype 语法查找，如 PDF、DOC、XLS、PPT、RTF 格式的文件。

例如，输入"filetype:PPT WPS"，则搜索结果都是"演示文稿"类的网页文件，如图 5-5 所示。

（5）搜索范围限定在 URL 链接中。

在搜索引擎中输入"inurl:关键词"可以限制搜索结果只显示那些 URL 中包含该关键词的网页。例如，如果想找到包含"example"这个词的网站链接，可以输入"inurl:example"。

如果对搜索语法不熟悉，也可以使用搜索引擎自带的高级搜索，单击"百度"搜索引擎的首页上的"设置"按钮，在打开的下拉菜单中单击"高级搜索"选项，打开如图 5-6 所示的"高级搜索"界面，可以用简单的填写完成上述各种搜索查询。

项目五　信息检索

图 5-5　搜索"WPS"演示文稿

图 5-6　"高级搜索"界面

拓展

利用逻辑运算符进行搜索是一种高级搜索技巧，可以精确地定位所需信息。逻辑运算符主要包括"AND""OR"和"NOT"，它们可以分别用于连接多个关键词，以指定搜索结果必须包含、可以包含或不能包含某些关键词。

AND（和）：当使用"AND"连接两个或多个关键词时，搜索引擎会返回同时包含这些关键词的搜索结果。例如，如果你搜索"香蕉 AND 水果"，搜索引擎会返回那些同时提到"香蕉"和"水果"的网页。这种搜索方式对于需要找到同时满足多个条件的信息非常有用。

OR（或）：使用"OR"连接关键词时，搜索引擎会返回包含至少一个关键词的搜索结果。例如，搜索"苹果 OR 香蕉"时，搜索引擎会返回提到"苹果"或"香蕉"或两者都提到的网页。这种搜索方式适用于你希望获取多个相关主题的信息时。

NOT（非）：当你想要排除某个关键词的搜索结果时，可以使用"NOT"。搜索"手机 NOT 苹果"时，搜索引擎会返回包含"手机"但不包含"苹果"的搜索结果。这对于过滤掉不相关的信息非常有用。

任务评价

评价类型	序号	任务内容	分值	自评	师评
学习态度	1	主动学习	5		
	2	学习时长、进度	10		
操作能力	3	了解搜索引擎	15		
	4	了解搜索引擎的分类	15		
	5	掌握搜索引擎的使用技巧	35		
育人素养	6	完成育人素养学习	20		
		总分	100		

自测任务书

通过本任务的学习，学生需要完成在百度对"信息技术"关键词分别加双引号、限定网页标题以及PPT格式进行搜索。

任务5.3　在专用平台进行信息检索

任务描述

随着信息技术的快速发展，互联网上的信息量呈现出爆炸性的增长。面对如此庞大的数据海洋，如何在最短的时间内找到最准确、最相关的信息成为一项挑战。在这种情况下，专用平台的信息检索服务应运而生。这些平台通过专业的算法和数据库管理技术，为用户提供了高效、精准的搜索体验。那么，有哪些常见的专用检索平台呢？如何在专用平台中进行信息检索呢？

任务分析

通过本任务的学习，使学生能够根据不同的专业需求，选择合适的专用信息检索平台，提高专业信息检索的针对性和有效性。教育学生在使用专用信息检索平台时，遵守相关的专业规范和法律法规，尊重知识产权，保护信息安全。

学习目标

1. 了解常见专用检索平台。
2. 掌握通过期刊数据库进行信息检索的方法。

任务实施

1. 常见专用检索平台

专用平台进行信息检索是指利用特定领域或行业设计的专业搜索引擎或数据库来进行信息检索。这些平台通常针对某一特定领域或行业进行深度定制和优化，以便更精确地满足用户的信息需求。以下是一些常见的专用检索平台：

（1）学术数据库。

如中国知网、万方数据等，专门收录学术论文、期刊文章、会议论文等学术资源，为学者和研究人员提供便捷的学术检索服务。

（2）法律数据库。

如中国裁判文书网、北大法宝等，专门收录法律法规、司法案例、法律文书等法律资源，为法律从业者提供全面的法律信息检索。

（3）专利数据库。

如国家知识产权局专利检索系统、中国专利信息网等，专门收录各类专利信息，为发明人、企业和专利代理机构提供专利检索和查询服务。

（4）行业数据库。

针对特定行业设计的数据库，如医学数据库、金融数据库、化工数据库等，收录与该行业相关的专业信息，为行业内的从业人员和研究人员提供信息支持。

（5）政府信息公开平台。

如各级政府官网的政务公开栏目，专门发布政府文件、政策法规、公告通知等政府信息，方便公众进行政府信息的检索和查询。

2. 期刊数据库检索

期刊数据库是集中收录学术期刊内容的电子资源库，它们通常由图书馆、学术机构或商业公司提供，旨在为研究人员、学生和学者提供便捷的学术资源检索和获取服务。下面介绍一些常见的期刊数据库。

（1）中国知网（CNKI）。

这是一个综合性的学术信息资源平台，涵盖了中国学术研究、出版、标准和文化等多个领域。它提供了高级搜索、引文和评价工具，覆盖了自然科学、医药卫生、工程技术、人文社会科学等多个学科领域。

（2）万方数据知识服务平台。

万方数据知识服务平台提供了丰富的中文学术期刊资源，用户可以通过期刊导航功能查找到最新的期刊更新情况。它的分类包括哲学政法、社会科学、经济财政等多个领域。

(3) 维普网。

维普网是一个包含中文科技期刊全文的数据库，内容涵盖多个学科领域，适合进行学术研究和资料查询。

(4) 龙源期刊网。

龙源期刊网主要提供中文期刊的全文阅读服务，涉及时政、经济、文化等多个方面。

(5) 超星期刊。

以提供中文图书和期刊为主，内容广泛，包括但不限于文学、历史、教育等领域。

国外数据库如 JSTOR 和 ScienceDirect，这些数据库收录了大量的国际学术期刊，对于需要获取国际视野的研究尤为重要。

下面介绍万方数据知识服务平台检索信息的步骤。

(1) 打开浏览器，在地址栏中输入网址 https://www.wanfangdata.com.cn，或者在搜索引擎中搜索"万方数据"，单击链接，打开"万方数据"首页，如图 5-7 所示。

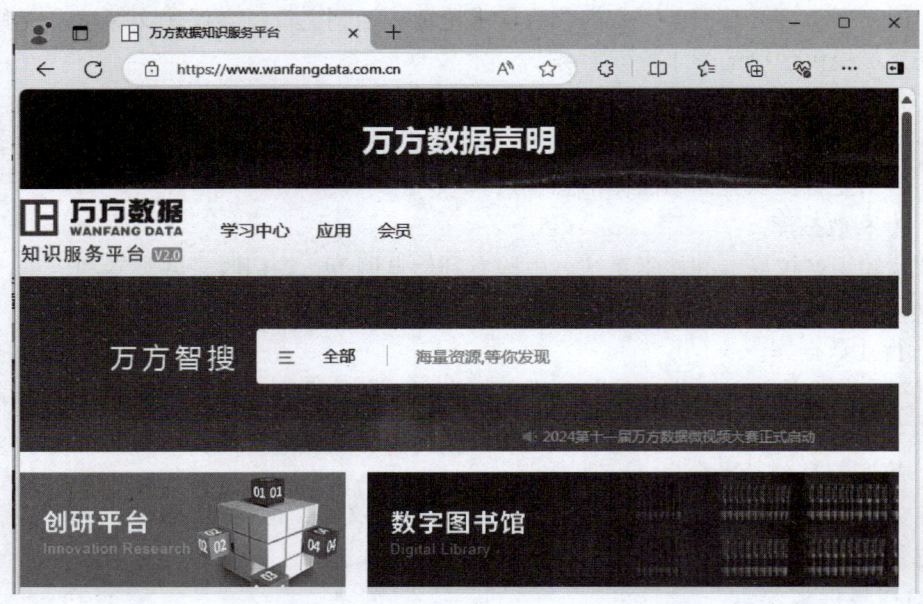

图 5-7 "万方数据"首页

(2) 根据需求选择不同的检索范围，例如学位论文、学术期刊、专利等。

(3) 在检索框内输入相应的检索词，这里输入"大模型 AND 算法"为检索词。由于是多个检索词，所以使用了逻辑运算符"AND"来组合它们，以便进行更精确的检索。

(4) 输入检索词后，单击"检索"按钮或按键盘上的 Enter 键，系统便会根据检索条件执行检索，检索完成后，系统会显示相关的检索结果，如图 5-8 所示。

(5) 可以浏览这些结果，进一步筛选或查看详细信息，例如，在获取范围中勾选"只看核心"，在资源类型中勾选"期刊论文"和"学位论文"，则筛选出期刊和学位类型且关于"大模型 AND 算法"的核心论文，如图 5-9 所示。

图 5-8　检索结果

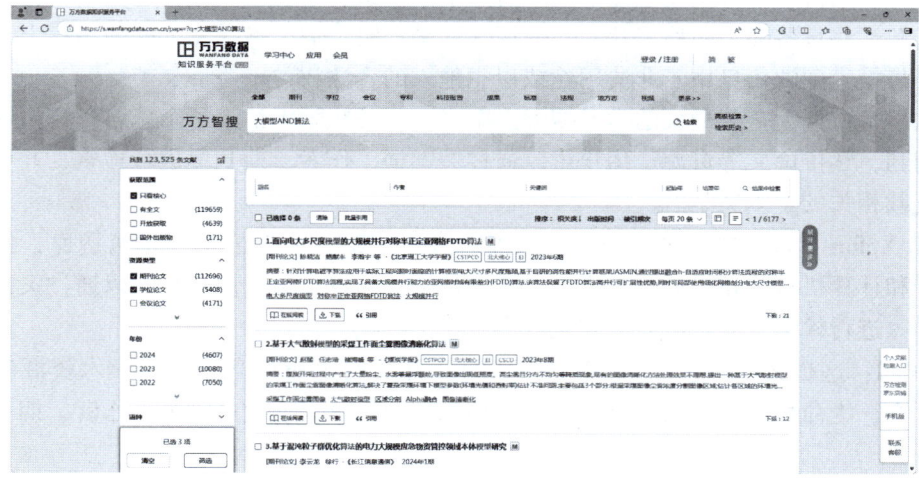

图 5-9　筛选检索结果

（6）单击检索的网页，可以进行在线阅读、下载或者引用，同时还可以查看论文引用的参考文献，如图 5-10 所示。

信息技术项目基础教程

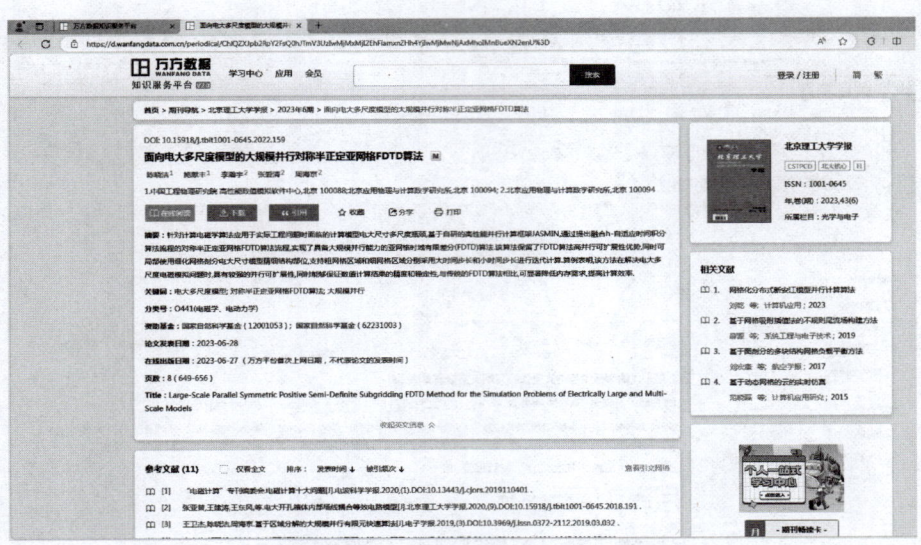

图 5-10　打开的检索网页

拓展

国外的信息检索平台主要包括一些知名的学术搜索引擎和数据库，这些平台提供了丰富的学术资源，并具备强大的检索功能。使用这些平台时，需要遵守相关的使用规定和版权法律，不得将检索到的信息用于非法用途或侵犯他人的合法权益。

谷歌学术：作为全球最大的学术搜索引擎之一，谷歌学术汇集了全球各学科领域的学术论文、期刊、学位论文等资源。用户可以通过关键词、作者、期刊等进行检索，并可以在线阅读和下载相关的学术文献。

IEEE Xplore：这是国际电气和电子工程师协会（IEEE）开发的学术资源库，包含了大量的电子和计算机科学相关的学术文献、期刊论文、会议论文等。用户可以通过关键词、作者、学科等进行检索，并可以获取相关的学术论文和期刊。

PubMed：这是美国国立卫生研究院（NIH）开发的生命科学领域的学术资源库，包含了生物医学、生命科学等领域的学术文献和期刊。用户可以通过关键词、作者、期刊等进行检索。

此外，还有一些垂直搜索引擎和特定的专利数据库，如 Like.com（专注于鞋、表和服装等商品的图像搜索）和各国的专利数据库（如美国专利数据库、欧洲专利数据库等），这些平台在各自领域内提供了专业且深入的检索服务。

任务评价

评价类型	序号	任务内容	分值	自评	师评
学习态度	1	主动学习	5		
	2	学习时长、进度	10		

续表

评价类型	序号	任务内容	分值	自评	师评
操作能力	3	了解常见专用检索平台	20		
	4	掌握各种期刊数据库的检索方法	45		
育人素养	5	完成育人素养学习	20		
总分			100		

自测任务书

通过本任务的学习，学生需要完成在中国知网中检索关于"人工智能和大数据"的论文，并进行在线阅读、查看参考文献并下载。

习题与思考

一、理论习题

1. 信息检索主要指的是（　　）过程。
   A. 信息的加工和整理　　　　　　B. 信息的存储和检索
   C. 信息的发布和分享　　　　　　D. 信息的传输和交换

2. 狭义的信息检索主要指的是（　　）。
   A. 信息存储　　　B. 信息加工　　　C. 信息查询　　　D. 信息分享

3. 信息检索在以下哪项中不发挥主要作用？（　　）
   A. 促进科研学术发展　　　　　　B. 提高工作效率
   C. 辅助决策制定　　　　　　　　D. 替代人类思考

4. 哪种技术允许用户限定检索词在数据库记录的特定字段范围内进行查找？（　　）
   A. 布尔逻辑检索　　　　　　　　B. 截词检索
   C. 字段限定检索　　　　　　　　D. 全文信息检索

5. 哪种检索技术主要利用计算机技术和多媒体技术，实现对图像、音频、视频等多种媒体信息的检索？（　　）
   A. 布尔逻辑检索　　　　　　　　B. 字段限定检索
   C. 多媒体信息检索　　　　　　　D. 全文信息检索

6. 在信息检索中，通过截取关键词的部分进行搜索的方式称为（　　）。
   A. 布尔逻辑检索　　　　　　　　B. 字段限定检索
   C. 截词检索　　　　　　　　　　D. 全文信息检索

7. 以下关于信息检索数据库说法错误的是（　　）。
   A. 中国知网是专门收录学术论文、期刊文章、会议论文等学术资源的网站
   B. 中国裁判文书网是专门收录法律法规、司法案例、法律文书等法律资源的网站
   C. 中国专利信息网是专门收录各类专利信息的网站
   D. 中国知网是为法律从业者提供全面的法律信息检索的网站

8. 学术数据库主要用于收录和提供哪些类型的资源？（　　）

A. 娱乐视频　　　　　B. 学术论文　　　　　C. 购物信息　　　　　D. 社交动态

9. 以下哪个平台不是学术数据库？（　　）

A. 中国知网　　　　　B. 淘宝　　　　　　　C. 万方数据　　　　　D. 维普网

二、操作题

1. 在百度网页中搜索云南最新的旅游信息。
2. 在中国知网中检索关于"机器人"的论文，并将其下载。

项目六

认识新一代信息技术

导读

新一代信息技术是以大数据、物联网、人工智能、区块链、虚拟现实技术等为代表的新兴技术。它既是信息技术的纵向升级，又是信息技术之间及其与相关产业的横向融合。本项目包含新一代信息技术的基本概念、技术特点、典型应用等内容。

学习要点

1. 了解数据与大数据的概念、认识大数据的特征、了解大数据的发展历程以及结构类型，掌握大数据的关键技术。
2. 了解物联网的概念、认识物联网的主要特征、掌握物联网的关键技术。
3. 了解人工智能的概念、发展以及常用技术。
4. 了解区块链的概念、特点、类型，认识区块链的核心技术。
5. 了解虚拟现实技术的概念、特点及其应用。

素养目标

通过学习大数据技术，培养学生对数据的敏感性和分析能力。

通过学习物联网的相关知识，培养学生的创新思维和实践能力。

在认识人工智能的过程中，培养学生的 AI 伦理意识，确保技术发展符合人类价值观。

通过了解区块链技术，培养学生的诚信意识和契约精神，强调在数字经济中诚信的重要性。

在认识虚拟现实的过程中，树立正确的人生观和价值观。

任务6.1 认识大数据技术

任务描述

在当今这个数字化时代，每时每刻都有海量的数据被生成和记录。从社交媒体上的互动、在线购物行为到传感器收集的环境数据，这些看似无关紧要的信息实际上蕴含着巨大的价值，就是所谓的"大数据"。那么，大数据有哪些特征？大数据有哪些结构类型？大数据的关键技术是什么？

任务分析

通过本任务的学习，引导学生理解数据在现代社会中的价值，树立正确的数据伦理观念，尊重并保护个人隐私。

学习目标

1. 了解数据与大数据。
2. 认识大数据的特征。
3. 了解大数据的发展历程。
4. 了解大数据的结构类型。
5. 掌握大数据的关键技术。

任务实施

1. 数据与大数据

如果问什么是数据，每个人根据自己对数据的理解，都会有不同的回答。有的人也许会简单地回答：数据就是数字。其实，数据不仅仅是狭义上的数字，它还可以是具有一定意义的文字、字母、符号，甚至是图形、图像、音频、视频，等等。例如，"1，2，3……"、"晴、阴、小雨、大雨、小雪、雷电"和"人事档案记录、库存记录"等，这些都属于数据。因此，我们可以说，数据是事实或观察的结果，是对客观事物的逻辑归纳，是用于表示客观事物的未经加工的原始素材。从实用的角度讲，数据是现实世界的一个简化和抽象的表达，可以为我们提供所需要的信息。

在计算机科学中，数据是指所有能够输入计算机中并被计算机程序处理的符号的总称，它是用于输入电子计算机中进行处理，具有一定意义的数字、字母、符号和模拟量等的通称。随着社会的发展，计算机能够存储和处理的对象日趋广泛，表示这些对象的数据也随之变得越来越复杂。

那么"大数据"这个词是从哪里来的呢？据资料记载，"大数据"一词最早出现在 1980 年著名未来学家阿尔文·托夫勒所著的《第三次浪潮》一书，该书中提到"如果 IBM 的主机拉开了信息化革命的大幕，那么'大数据'才是第三次浪潮的华彩乐章"。所谓的大数据，是指具有数量巨大（无统一标准，一般认为在 TB 级或 PB 级以上，即 10^{12} 或 10^{15} 以上）、类型多样（既包括数值型数据，也包括文字、图形、图像、音频、视频等非数值型数据）、处理时效短、数据源可靠性保证度低等综合属性的海量数据集合。

2. 大数据的特征

大数据这一名词出现后，很多人都希望能够对大数据的特征进行准确描述，其中比较有代表性的是 IBM 提出的大数据具有"5V"的特征，即 Volume（大量）、Velocity（高速）、Variety（多样）、Value（价值）、Veracity（真实），如图 6-1 所示。

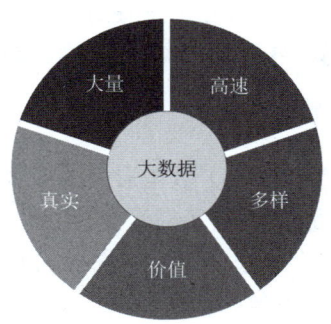

图 6-1 大数据的"5V"特征

(1) Volume（大量）。

这是指大数据的数据规模巨大，其单位从 TB 级别跃升到 PB 级别甚至 ZB 级别。据资料显示，天文学和基因学是最早产生大数据变革的领域，2000 年，斯隆数字巡天项目启动时，位于新墨西哥州的望远镜，在短短几周内搜集到的数据已经比天文学历史上总共搜集的数据还要多。2016 年 9 月，我国建成的"中国天眼"［学名为 500 米口径射电望远镜（FAST）］一年产生的数据大约在 15 PB 左右，平均每秒钟产生 2 GB 的数据。2003 年，人类第一次破译人体基因密码的时候，辛苦工作了十年才完成了三十亿对碱基对的排序。大约十年之后，世界范围内的基因仪每 15 分钟就可以完成同样的工作。

随着各种随身设备及物联网、云计算、云存储等技术的进步，人和物的所有轨迹都能被记录，因此产生了大量数据。移动互联网的核心网络节点转变为人，不再是网页，每个人都成为数据的生产者。微信、微博、照片、录像等都是其数据产物；数据来自无数自动化传感器、自动记录设施、生产监控、环境监测、交通监控、安防监控等，以及自动流程记录，如刷卡机、收款机、电子停车收费系统、互联网点击、电话拨号等设备以及各类办事流程登记等。海量的自动或人工生成的数据通过互联网聚集到特定地点，包括电信运营商、互联网服务商、政府、银行、商场、企业、交通枢纽等机构，形成了数据的海洋。

(2) Velocity（高速）。

这是指数据的增长速度和处理速度都很快。在大数据时代，大数据的交换和传播主要是通过互联网和云计算等方式实现的，其数据的增长速度非常迅速。其中，某些数据源呈现爆炸性的生成速度，例如欧洲核子研究中心的大型强子对撞机在运行中，每秒钟即可产生 PB 级别的数据。而其他数据则以稳定而持续的方式产生，但鉴于用户群体庞大，即便是短时间内，累积的数据规模也相当巨大，比如，用户点击流、系统日志、无线射频识别数据以及 GPS（全球定位系统）的位置数据等。

大数据的处理速度非常快，它依托于即时生成的数据提供实时分析结果。因此，大数据的处理和分析速度通常要达到秒级响应，这与传统的数据挖掘技术存在明显差异，后者往往不要求给出实时分析结果。在数据处理速度方面，有一个著名的"1 秒定律"，即要在秒级时间范围内给出分析结果，超出这个时间，数据就失去价值。为了快速分析巨量数据，新兴的大数据分析技术常常采用集群处理和特定的内部架构。例如，谷歌公司的 Dremel 是一种可扩展的、交互式的实时查询系统，用于只读嵌套数据的分析，通过结合多级树状执行过程和列式数据结构，它能做到几秒内完成对万亿张表的聚合查询。该系统能扩展到数以千计的 CPU，可以满足成千上万用户操作 PB 级别数据的需求，并能在 2~3 秒内完成 PB 级别数据的查询。

（3）Variety（多样）。

这是指由于数据来源的广泛性，决定了数据形式的多样性。大数据的来源众多，科学研究和 Web 应用等领域都在源源不断地生成新的数据。在生物、交通、医疗、电信、电力以及金融等行业，大数据呈现出爆炸性增长，涵盖了各式各样的数据类型。目前，非结构化数据占据了数据总量的绝大部分，其中包括电子邮件、音频文件、视频内容、社交媒体信息（如微信、微博）、地理位置数据、链接信息、手机通话记录、网络日志等。

数据类型的多样性对数据处理与分析技术提出了前所未有的挑战，同时也带来了创新的机遇。传统的结构化数据主要存储在关系型数据库中，然而，随着 Web 2.0 等新兴应用领域的发展，越来越多的数据开始存储于 NoSQL 数据库中，这要求在数据集成过程中进行复杂的数据转换和管理。传统联机分析处理（Online Analytical Processing，OLAP）技术和商务智能工具设计之初主要针对结构化数据，但在大数据时代背景下，能够支持非结构化数据分析的用户友好型商业软件将迎来巨大的市场潜力。

（4）Value（价值）。

这是指大数据的核心特征在于其潜在的价值，然而，与传统关系型数据库中的数据相比，大数据的价值密度往往较低。在大数据的背景下，许多重要的信息散布在庞大的数据集中，需要通过深入挖掘才能像"沙里淘金"一样发现真正有价值的内容。尽管大数据的价值密度相对较低，但其实际应用价值却非常高。

以交通监控视频为例，在没有交通事故或违规行为发生的日常中，源源不断生成的视频数据似乎并不具有显著意义。仅当出现交通违规、事故或其他特殊事件时，捕捉到这些事件的那几段视频片段才真正具有价值。然而，为了确保能够实时捕获并保留那些记录关键交通事件的珍贵视频，我们不得不投入巨额资金用于购置和维护交通监控摄像头、网络传输设备和数据存储系统，同时消耗大量的电力和存储资源来处理与储存这些持续上传的监控画面。

（5）Veracity（真实）。

这是指数据的准确性和可靠性，它关注的是数据的质量问题。在大数据环境中，由于数据来源广泛且类型繁多，数据的真实性和可信度是一个重要的考量因素。这意味着在海量数据中，可能存在潜在的不准确、不一致、不完整或误导性的信息。为了从大数据中提炼出有价值的见解并作出明智的决策，必须确保数据真实可靠，通常需要进行数据清洗、数据校验、评估数据源的权威性，并采取数据质量管理和保证措施。如果数据的真实性得不到保证，基于这些数据作出的决策可能存在风险。

数据质量是大数据发挥价值的关键。尤其是在互联网中，存在大量虚假、错误的数据，例如，有人曾认为电子商务的交易数据具有高度可靠性，但很快发现存在大量虚假流量和虚假成交量问题。这种数据仅从电子踪迹的角度看是真实的，但不能真实地反映人们的交易行为。类似事例使人们认识到不同领域、不同来源的大数据可靠性存在差异。

3. 大数据的发展历程

大数据是信息技术发展的必然产物，同时也代表了信息化进程的新阶段。信息化曾经历三次高速发展的阶段。首次发展始于 20 世纪 80 年代，主要特征是个人计算机的普及和应用，人类迎来了第一次信息化浪潮。第二次高速发展则始于 20 世纪 90 年代中期，以互联网大规模商业应用为主要特征，人类迎来了第二次信息化浪潮。2010 年前后，云计算、物联网、大数据的快速发展，拉开了第三次信息化浪潮的序幕，人类进入了大数据时代。

像其他事物一样，大数据也拥有其自身的发展历程，其历史可以追溯到 20 世纪。从大数据的发展历程来看，总体上可以划分为以下三个重要阶段：萌芽期、成熟期和大规模应用期，如图 6-2 所示。

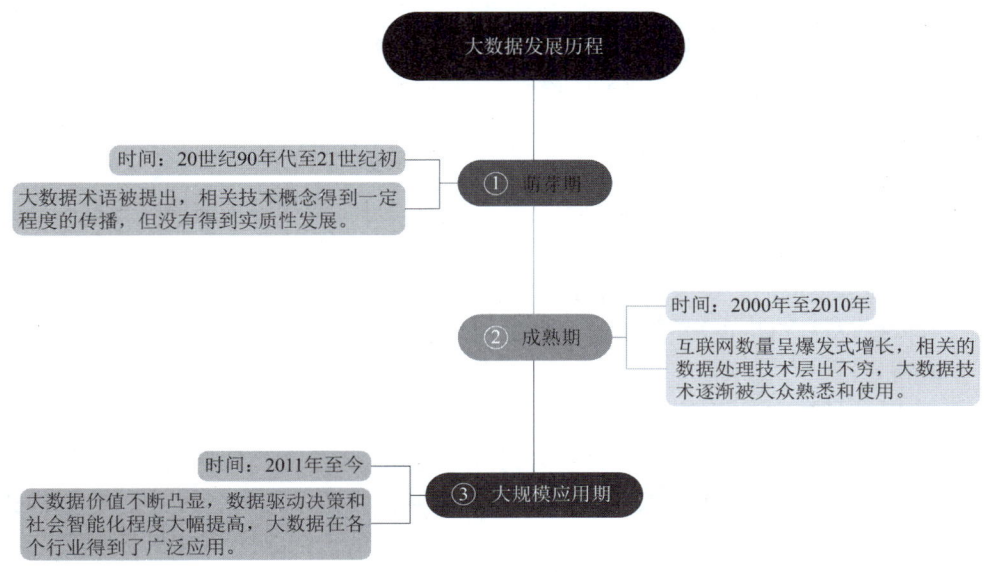

图 6-2 大数据发展历程

（1）萌芽期（20 世纪 90 年代至 21 世纪初）。

1980 年，著名未来学家托夫勒在其所著的《第三次浪潮》一书中，首次提出"大数据"一词，将大数据称赞为"第三次浪潮的华彩乐章"。1998 年，Science 杂志发表了一篇题为"大数据科学的可视化"的文章，"大数据"作为一个专业名词正式出现在公共期刊上。

在这一阶段，大数据术语被提出，相关技术概念得到一定程度的传播，但没有得到实质性发展。同一时期，随着数据挖掘理论和数据库技术的逐步成熟，一批商业智能工具和知识管理技术开始被应用，如数据仓库、专家系统、知识管理系统等。

（2）成熟期（2000 年至 2010 年）。

在 2004 年前后，Google 公司提出了分布式文件系统 GFS、大数据分布式计算框架 MapReduce 和 NoSQL 数据库 BigTable 等技术，开创了大数据技术的先河。2005 年，Hadoop 技术应运而生，并成为数据分析的主要技术。2010 年 2 月，肯尼斯·库克耶在《经济学人》上发表了长达 14 页的大数据专题报告《数据，无所不在的数据》。

在这一阶段，随着互联网、物联网、移动通信等技术的发展，数据的产生速度和规模远远超过了传统数据处理方法的能力，数据的特征也变得更加复杂和多样，出现了大数据的概念和特征。在此背景下，众多创新的大数据技术应运而生，它们不仅崭露头角，还为处理庞大而复杂的数据集提供了切实有效的解决方案。

（3）大规模应用期（2011年至今）。

2011年2月，《科学》杂志推出专刊《处理数据》，主要围绕科学研究中的大数据问题展开讨论。2011年5月，麦肯锡全球研究院发布《大数据：下一个具有创新力、竞争力与生产力的前沿领域》，提出"大数据"时代到来。2012年3月，美国政府发布了《大数据研究和发展倡议》，正式启动"大数据发展计划"，大数据上升为美国国家发展战略。2012年4月，英国、美国、德国、芬兰和澳大利亚研究者联合推出"世界大数据周"活动，旨在促使政府制定战略性的大数据措施。2013年12月，中国计算机学会发布《中国大数据技术与产业发展白皮书》，系统总结了大数据的核心科学与技术问题，推动了我国大数据学科的建设与发展，并为政府部门提供了战略性的意见与建议。2013年，牛津大学教授维克托·迈尔·舍恩伯格出版著作《大数据时代》，在全球引起轰动。

在这一阶段，大数据的价值日益凸显，它极大地促进了数据驱动的决策制定和社会的智能化进程。大数据技术已经广泛渗透到各个行业领域，世界各国也纷纷展开战略性布局，以把握大数据的潜力。同时，随着人工智能、机器学习和深度学习等先进技术的不断发展与应用，数据不再仅仅被存储和分析，而是能够被深度理解并有效利用，孕育出新知识、服务模式和商业创新。

4. 大数据的结构类型

大数据的数据类型多样且复杂，这些数据可以划分为以下3种数据类型，分别是结构化数据、半结构化数据和非结构化数据，如图6-3所示。在这些数据类型中，非结构化数据逐渐成为数据的主要组成部分，根据IDC的调查报告显示，企业中80%的数据都是非结构化数据，并且这些数据每年都呈指数式增长。

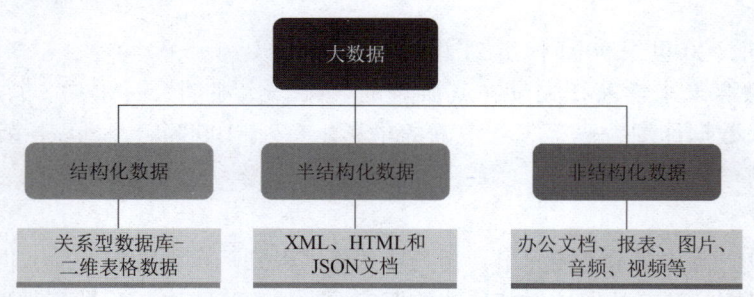

图6-3　大数据包含的数据类型

（1）结构化数据。

结构化数据具有预定义的数据类型、格式和结构，通常存储在关系型数据库中，可以非常方便地进行查询和分析。结构化数据的特点是每个字段都具有固定的数据格式（例如整数、浮点数和字符串等）和长度规范。企业内部的财务记录、客户信息、员工信息、订单信息和产品信息等均为常见的结构化数据示例。

结构化数据的优点在于其规范性和一致性，这使得数据处理变得相对简单。当数据按照一致的格式和结构存储时，不仅可以提高数据的可读性和可理解性，还有助于确保数据的完整性和准确性。这种一致性有助于降低数据处理过程中的错误率，并使数据更易于维护和更新。此外，结构化数据的规范性还使数据分析和报告生成变得更加高效，因为分析工具和报告生成系统可以更轻松地理解和处理这些数据，从而加快了决策过程和业务运营的效率。通过固有的键值，可以轻松地获取结构化数据中的相应信息，这为企业内部的决策制定和业务运营提供了重要支持。

（2）半结构化数据。

半结构化数据是介于结构化数据和非结构化数据之间的一种数据。与非结构化数据相比，半结构化数据具有一定的结构性；与结构化数据相比，半结构化数据并不像结构化数据那样严格遵循固定的格式。由于半结构化数据的构成更为复杂和不确定，从而也具有更高的灵活性，能够适应更为广泛的应用需求。

半结构化数据是一种适于数据库集成的数据模型，也就是说，适于描述包含在两个或多个数据库（这些数据库含有不同模式的相似数据）中的数据。这种数据通常包含一定数量的元数据信息，这些信息有助于我们更好地理解数据的含义和上下文。这种数据的常见形式包括 XML、JSON 以及各种日志文件等。

（3）非结构化数据。

非结构化数据是大数据中最为复杂和多样的一种类型，它不具备固定的结构和模式，因此无法用数据库二维表来表示。这些数据包括各种格式的办公文档、图像、音频和视频等。非结构化数据占据了大数据的绝大部分，并且随着信息技术的迅猛发展，非结构化数据的产生量将会持续增加，其增长速度远远超过结构化数据和半结构化数据。

综合看来，非结构化数据的处理和分析是一项巨大的挑战。传统的数据处理技术难以直接应用于非结构化数据，因为它们缺乏固定的结构和模式。但是，非结构化数据的应用前景广阔，涉及领域众多。为了处理非结构化数据，需要利用先进的技术和工具，如自然语言处理（Natural Language Processing，NLP）、计算机视觉、语音识别、数据挖掘、机器学习和人工智能等。

随着时代的发展，我们面对的数据呈现出越来越多的非结构化形式，这给数据处理和分析带来了前所未有的挑战。传统的数据处理技术往往局限于结构化数据，但非结构化数据的复杂性和多样性使得这些技术难以直接应用。然而，正是这种多样性给非结构化数据的应用带来了广阔的前景，其涉及的领域涵盖了几乎所有的行业和领域。

为了有效处理非结构化数据，我们需要依赖于一系列先进的技术和工具。其中包括自然语言处理（NLP），可以帮助我们理解和分析文本数据；计算机视觉技术则可以处理图像和视频数据；语音识别技术可以转换音频数据为文本或命令；数据挖掘和机器学习技术则可以帮助我们发现数据中的模式和趋势，从而进行更深入的分析和预测；而人工智能作为一个综合性的技术框架，则可以整合各种技术，为非结构化数据的处理和应用提供更加全面和高效的解决方案。

5. 大数据的关键技术

大数据技术是一种运用非传统的数据处理工具和方法来处理海量的结构化、半结构化以及非结构化数据，从而获得分析和预测结果的数据处理技术。

大数据的关键技术涵盖了大数据的整个处理流程，一般包括大数据采集、大数据预处

理、大数据存储与管理、大数据分析与挖掘、大数据展现与应用以及大数据安全开发等几个层面的内容。

(1) 大数据采集。

大数据采集是通过射频识别（Radio Frequency Identification，RFID）、传感器、社交网络交互及移动互联网等方式获取各种类型的结构化、半结构化和非结构化的海量数据。由于数据来源多样，数据量大，产生速度快，数据采集过程中必须考虑数据的可靠性、完整性和准确性。为提高数据采集效率，可以利用网络爬虫、数据挖掘等自动化工具和技术。

大数据采集通常分为智能感知层和基础支撑层。智能感知层包括数据传感体系、网络通信体系、传感适配体系、智能识别体系以及软硬件资源接入系统，以实现对海量数据的智能化识别、定位、跟踪、接入、传输、信号转换、监控、初步处理和管理。基础支撑层提供大数据服务平台所需的虚拟服务器、数据库以及物联网资源等基础支撑环境。

(2) 大数据预处理。

大数据预处理是数据处理过程中的一个重要环节，它通常包括数据的抽取、清洗和转换三个主要步骤。首先，抽取阶段旨在从原始数据中提取出所需信息，这些数据可能具有多种结构和类型，因此需要将其转化为更易于处理的形式，以便进行后续分析。其次，在清洗阶段，数据将经过清洗操作，去除其中的噪声和错误，确保提取出的数据质量可靠。这包括去重、填充缺失值等处理，以确保数据的准确性和完整性。最后，在转换阶段，数据将被转换为适合不同应用场景和分析需求的格式。这可能涉及数据格式的转换、字段的重命名或重新排列等操作，以便将数据加载到数据仓库中进行进一步的分析和挖掘。

(3) 大数据存储与管理。

采集到海量数据并对其进行了抽取、清洗、转换后，需要对这些完成预处理的数据进行高效的存储与管理。大数据存储与管理对整个大数据系统至关重要，它对整个大数据系统的性能表现产生直接影响。数据存储和管理不仅包括接收、存储、组织和维护组织创建的数据，还包括对数据进行分类、聚合、收集和解析数据的元数据、保护数据和元数据不受自然和人为中断的影响等。根据数据存储和管理的内容范围，大数据存储及管理技术需要重点研究如何解决大数据的可存储性、可表示性、可处理性、可靠性及有效传输等关键问题。

(4) 大数据分析与挖掘。

大数据分析与挖掘是一个关注如何有效地处理、分析和挖掘海量数据以获取有用信息和洞察力的领域。其核心目标是从大规模、多样化、高维度的数据集中发现模式、趋势和关联性，为决策制定、问题解决和业务优化提供支持。

数据挖掘是大数据分析的重要组成部分，它通过各种算法和技术从数据中提取有价值的信息。这些信息可能包括隐藏的模式、趋势、异常值和关联规则等。而大数据分析与挖掘技术的意义在于不断改进现有技术，并开发新的技术来解决面临的挑战，如数据的复杂性、规模性和多样性等。在大数据分析与挖掘技术中，数据预处理是至关重要的步骤，以确保数据的质量和可用性。在数据挖掘过程中，需要利用各种算法和技术进行模型建立、模型评估和结果解释等。这些算法和技术包括决策树、支持向量机、神经网络、聚类分析等。

(5) 大数据展现与应用。

大数据展现与应用的功能远不止于简单的数据呈现，而是涵盖了可视化展示、报告生成、数据产品化和智能决策支持等多方面。这些功能的融合与发展，使数据分析结果不仅仅停留在数字和图表的层面，而是能够直观地呈现，并且能够被实际应用。

首先，可视化展示是数据展现与应用技术中的重要环节之一。通过图表、地图、仪表盘等形式，将庞大的数据转化为直观、易懂的图像，使人们能够迅速抓住数据的核心内容和趋势，从而更好地理解数据所传达的信息。

其次，报告生成是数据展现与应用技术的又一重要功能。在现实工作中，经常需要将数据分析的结果以报告的形式呈现出来，供决策者参考和借鉴。通过自动化报告生成技术，可以大大提高报告的生成效率和质量，节省人力和时间成本。除此之外，数据产品化也是数据展现与应用技术的重要应用方向之一。将数据分析结果转化为可供市场销售或内部使用的产品，不仅能够为企业带来新的收入来源，还能够提升数据分析的实用性和应用范围，进一步推动数据驱动的决策和业务发展。

最后，智能决策支持是数据展现与应用技术的高级形态。通过人工智能、机器学习等技术手段，实现对数据的智能分析和预测，为决策者提供更加准确、及时的决策支持，从而帮助企业更好地应对市场变化和挑战。

综上所述，数据展现与应用的功能不仅仅是将数据分析结果呈现出来，更是将数据转化为有用的信息和智能决策的重要工具。随着技术的不断发展和创新，相信数据展现与应用将会在各个领域发挥越来越重要的作用，为人们的生活和工作带来更多的便利和效益。

（6）大数据安全开发。

大数据安全开发通常涵盖大数据的整个处理流程，但它的重点是确保数据在整个处理过程中的安全性和隐私保护。大数据安全开发主要包括数据保密性、数据完整性、数据可用性和隐私保护四大类。

数据保密性的目标是保护数据不被未经授权的用户访问，其中包括数据加密（确保数据在传输和存储过程中的安全）、访问控制（限制对数据的访问权限）、数据掩盖和脱敏（对敏感数据进行部分掩盖或脱敏处理以保护隐私信息）以及数据权限管理（管理数据的使用权限）等。数据完整性的目标是确保数据在传输和存储过程中未被篡改，其中包括数字签名（验证数据的完整性）、数据备份与恢复（确保数据能够在灾难发生时快速恢复并保持完整性）以及数据校验（通过校验和等技术验证数据的完整性）等。数据可用性的目标是确保数据在系统故障或灾难发生时能够快速恢复，其中包括数据备份与恢复（确保数据在系统故障或灾难发生时能够快速恢复）以及容错和高可用性（通过冗余和自动故障转移等技术确保系统的高可用性）等。隐私保护的目标是保护个人隐私信息，其中包括数据匿名化和脱敏（对敏感数据进行处理以保护个人隐私信息）、隐私政策管理（管理数据使用和共享的政策以确保合规性和隐私保护）以及用户数据访问控制（管理用户对个人数据的访问权限）等。

拓展

1. 认识云计算

云计算（Cloud Computing）是分布式计算的一种，指的是通过网络"云"将巨大的数据计算处理程序分解成无数个小程序，然后，通过多部服务器组成的系统处理和分析这些小程序得到结果并返回给用户。

美国国家标准与技术研究院（NIST）定义：云计算是一种按使用量付费的模式，这种模式提供可用的、便捷的、按需的网络访问，进入可配置的计算资源共享池（资源包括网络、服务器、存储、应用软件、服务），这些资源能够被快速提供，只需投入很少的管理工作，或与服务供应商进行很少的交互。

根据美国国家标准与技术研究院（NIST）对云计算的定义，云计算具有以下 5 个特性，如图 6-4 所示。

（1）按需自助服务（On-demand Self-service）。用户无须人工干预即可根据需要自助通过网络获取计算资源，自行订购、配置和管理所需的资源，如服务器时间、存储容量、网络带宽、数据库服务等。

（2）资源池化（Resource Pooling）。云计算服务提供商汇集了大量的计算资源（包括存储、处理、内存、网络带宽等），并将其整合成一个大的资源池。用户从中请求资源时，资源可以根据需求动态分配，而不必考虑具体的物理位置和设备归属。

（3）按使用量计费（Measured Service）。云计算服务提供商会对用户所使用的资源进行精确量化和监控，用户只需为其实际消耗的资源付费，类似于水电等公用事业的计费模式，这有助于降低前期投资和运营成本，提高资源利用效率。

（4）快速弹性（Rapid Elasticity）。根据用户需求的变化，云计算服务能够快速、自动地提供资源扩展或缩减的能力，用户可以在几分钟甚至几秒钟内增加或减少资源使用量，无须事先长时间规划和采购硬件资源。

（5）广泛的网络访问（Broad Network Access）。云计算服务可以通过网络标准和网络协议，从任意位置（如手机、平板电脑、笔记本电脑和工作站等）通过互联网访问，支持多平台接入，实现资源使用的地理位置无关性。

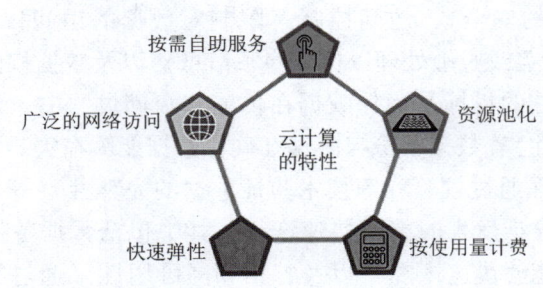

图 6-4 云计算的特性

2. 云计算的关键技术

云计算涵盖了许多关键技术，以下简要介绍其中三项：虚拟化技术、分布式海量数据存储技术和并行编程技术。

（1）虚拟化技术。虚拟化技术是指在虚拟的环境下运行计算元件，而非实际硬件环境，以扩展硬件资源的利用率。这种技术可简化软件重新配置的过程，减少软件虚拟机的相关开销，并支持多样化的操作系统。通过虚拟化技术，软件应用与底层硬件之间可以实现隔离。虚拟化技术包括将单一物理资源分割成多个虚拟资源的裂分模式，以及将多个资源整合成一

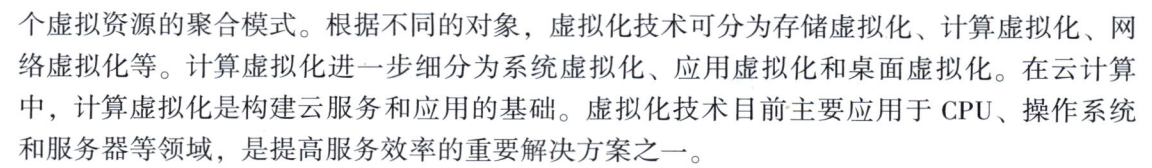

个虚拟资源的聚合模式。根据不同的对象，虚拟化技术可分为存储虚拟化、计算虚拟化、网络虚拟化等。计算虚拟化进一步细分为系统虚拟化、应用虚拟化和桌面虚拟化。在云计算中，计算虚拟化是构建云服务和应用的基础。虚拟化技术目前主要应用于 CPU、操作系统和服务器等领域，是提高服务效率的重要解决方案之一。

（2）分布式海量数据存储技术。分布式海量数据存储技术在云计算系统中扮演着重要角色。云计算系统由大量服务器构成，为众多用户提供服务，因此采用分布式存储技术来存储数据，可以确保可靠性和可用性。这种存储方式将数据分布存储在多个服务器上，并通过冗余技术（如数据冗余和备份）来保护数据免受硬件故障或其他问题的影响。通过任务分解和集群，云计算系统可以利用大量低成本的机器取代传统的超级计算机，从而实现经济性。这种方式通过分布式计算和数据复制来确保高可用性和可靠性。在云计算系统中，常用的数据存储系统包括 Google 过去开发的 Google 文件系统（GFS）以及 Apache Hadoop 项目中开发的 Hadoop 分布式文件系统（HDFS）。GFS 的设计思想影响了后来很多分布式存储系统的发展，而 HDFS 主要用于存储大规模数据集，并通过 Hadoop 框架进行分布式处理。除了这些系统外，云计算系统还可能使用其他分布式存储系统或云存储服务来满足不同的需求和场景。

（3）并行编程技术。并行编程技术是一种利用计算机系统中多个处理单元同时执行任务的方法，它在云计算中扮演重要角色。该技术将并发处理、容错、数据分布、负载均衡等细节抽象到一个函数库中，通过统一接口自动并发和分布执行用户的计算任务。这意味着任务可以自动分解为多个子任务，并行地处理这些子任务，从而更有效地利用分布式系统的资源。对于复杂系统如信息仿真系统而言，并行编程技术具有革命性意义，能够提高系统性能和可伸缩性。

任务评价

评价类型	序号	任务内容	分值	自评	师评
学习态度	1	主动学习	5		
	2	学习时长、进度	10		
操作能力	3	了解数据与大数据	10		
	4	认识大数据的特征	10		
	5	了解大数据的发展历程	10		
	6	了解大数据的结构类型	10		
	7	掌握大数据的关键技术	25		
育人素养	8	完成育人素养学习	20		
		总分	100		

自测任务书

通过本任务的学习，学生需要通过网络搜索，分别找到每种数据类型的一种实例。

任务 6.2 认识物联网技术

任务描述

在当今这个高度互联的世界里，从智能家居设备到工业自动化系统，再到城市基础设施管理，我们正见证着一个前所未有的技术变革——物联网。那么，什么是物联网？它又有哪些主要特征呢？物联网的关键技术是什么？

任务分析

通过本任务的学习，使学生了解物联网技术的基本概念及其技术，引导学生思考物联网技术如何促进可持续发展目标的实现，比如在节能减排、智慧城市建设等方面的贡献。

学习目标

1. 了解物联网的定义。
2. 认识物联网的主要特征。
3. 掌握物联网的关键技术。

任务实施

物联网仍然是相互关联的计算设备、数字机器、物体的最广泛采用的用例，其传输数据不需要人与人或人与计算机的互动。它通过连接各种设备创建了一个虚拟网络，这些设备通过一个单一的监控中心无缝工作。所有的设备都收集和分享关于它们如何被使用以及它们如何运作的环境的数据。

1. 物联网的定义

物联网（Internet of Things）指的是将无处不在的末端设备和设施，包括具备"内在智能"的传感器、移动终端、工业系统、数控系统、家庭智能设施、视频监控系统等，和"外在使能"（Enabled）的，如贴上 RFID 的各种资产（Assets）、携带无线终端的个人与车辆等"智能化物件或动物"或"智能尘埃"（Mote），按约定的协议，将这些物体与网络相连接，物体通过信息传播媒介进行信息交换和通信，以实现智能化识别、定位、跟踪、监管等功能。

2. 物联网的主要特征

物联网的特征主要有 3 个，分别是全面感知、可靠传输以及智能处理。

（1）全面感知。

全面感知是指利用 RFID、传感器、定位器和二维码等手段随时随地对物体进行信息的采集和获取。常见的可采集数据包含状态数据、互动数据以及交易数据等。

（2）可靠传输。

可靠传输是指将各种电信网络和互联网融合，对接收到的信息进行实时远程传送，实现信息的交互和共享，并对信息进行各种有效的处理。这个过程通常需要用到现有的电信运行网络，包括无线网络和有线网络。由于传感器网络是一个局部的无线网络，因而无线移动通信网、5G 网络可以作为承载物联网的有力支撑。

（3）智能处理。

智能处理是指企业等组织利用云计算、模糊识别等各种智能计算技术，对随时接收到的跨地域、跨行业、跨部门的海量数据和信息进行分析与处理，提升对物理世界、经济社会各种活动和变化的洞察力，实现智能化的决策和控制。

3. 物联网的关键技术

物联网技术是一项综合性的技术，涵盖了从信息获取、传输、存储、处理直至应用的全过程，其关键在于传感器和传感网络技术的发展和提升。物联网的关键技术主要有 RFID 技术、无线网络技术、中间件技术和智能处理技术等。

（1）RFID 技术。

RFID 即射频识别技术，俗称电子标签，通过射频信号自动识别目标对象，并对其信息进行标志、登记、储存和管理。

基本的 RFID 系统由三部分组成：标签（即射频卡）、阅读器、天线。系统的基本工作流程是，阅读器通过发射天线发送一定频率的射频信号，当射频卡进入发射天线工作区域时产生感应电流，射频卡获得能量被激活。射频卡将自身编码等信息通过卡内置发送天线发送出去。系统接收天线接收到从射频卡发送来的载波信号，经天线调节器传送到阅读器，阅读器对接收的信号进行解调和解码然后送到后台主系统进行相关处理；主系统针对不同的设定作出相应的处理和控制，发出指令信号控制执行动作。

（2）无线网络技术。

无线网络技术主要包括短距离无线网络技术、基于 IEEE802.11 系列的无线物联网技术、移动通信技术，以及其他无线网络技术。短距离无线网络技术主要包括无线传感网、蓝牙等技术。尤其是无线传感网，由于其节点的通信距离有限、携带的电能有限，因此长距离的通信需要多个节点通过组网技术来实现，因此，如何在有限的电能与有限的通信距离约束的条件下持久的工作，是无线传感网络的关键技术。

（3）中间件技术。

在物联网中的感知控制层存在着大量的硬件接口不同、软件接口不同的感知传感器，它们要接入到传输网络并与信息处理与应用系统交互，必须采用相同的软硬件接口，但目前没有统一的标准规范，因此需要一个中间件来完成。

（4）智能处理技术。

在物联网中，感知层获得了海量的信息，这些信息只有通过处理才能为人们提供某一领域的服务。就像互联网中的搜索引擎一样，当人们输入关键字后，引擎就将给出与关键字相关的信息，但这需要人的参与，对引擎给出的信息作进一步处理。然而信息是海量的，人们无法对海量的信息作出进一步的处理，如何从这些信息中获得人们所需要的信息呢？这就需要智能处理技术了。另外，人们在获得信息服务的同时，也需要获得某种决策服务，如在智能交通服务中，系统可根据交通情况为人们规划一条合理的道路。决策服务也需要智能处理，以提供高效服务。可以说，物联网的最终目标之一就是让机器替人思考。

拓展

随着技术的进步和应用的推广，物联网正逐渐渗透到各个领域，为人们的生活和工作带来巨大的便利和改变。

1. 智能家居

物联网在智能家居领域的应用越来越广泛。通过将家居设备、家电等物体与互联网连接，人们可以通过智能手机或其他终端设备远程控制家中的灯光、电器、安防系统等，如图 6-5 所示。同时，智能家居还能采集各种数据，如温度、湿度、能源消耗等，实现智能化管理和节能减排的目标。

图 6-5　智能家居

2. 物流和供应链管理

物联网在物流和供应链管理中的应用旨在提高运输和仓库管理的效率，并实现全程可追溯。物联网技术可以实时监控货物的位置、温度、湿度等状态，以及车辆的行驶情况和驾驶员的状况，这使得物流公司能够更好地进行调度、管理库存，并及时应对异常情况。图 6-6 所示为智能物流信息系统。

3. 智慧城市

物联网在智慧城市建设中发挥着重要的作用。通过将城市基础设施、公共设施和公共服务与互联网连接，实现城市资源的高效管理和优化利用，如图 6-7 所示。例如，智慧交通系统能够通过实时监测道路交通状况，提供交通拥堵提示和优化路径规划；智慧环境监测系统能够实时监测空气质量、垃圾桶状态等，为城市环保工作提供数据支持。

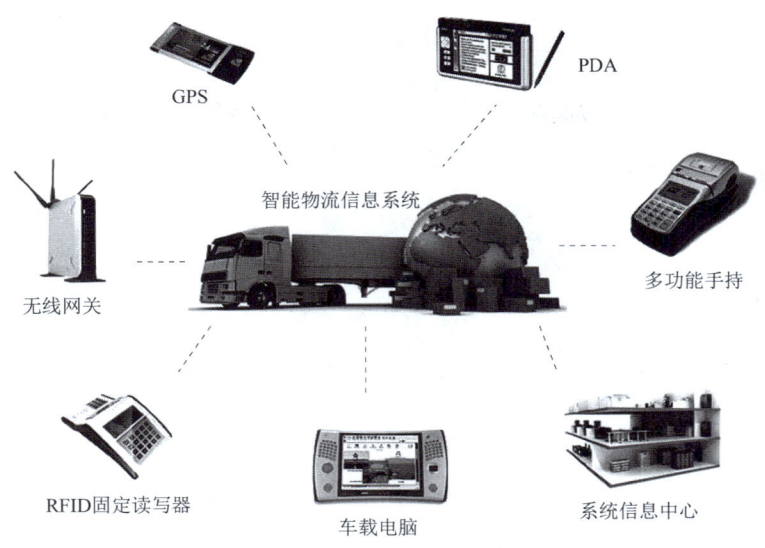

图 6-6　智能物流信息系统

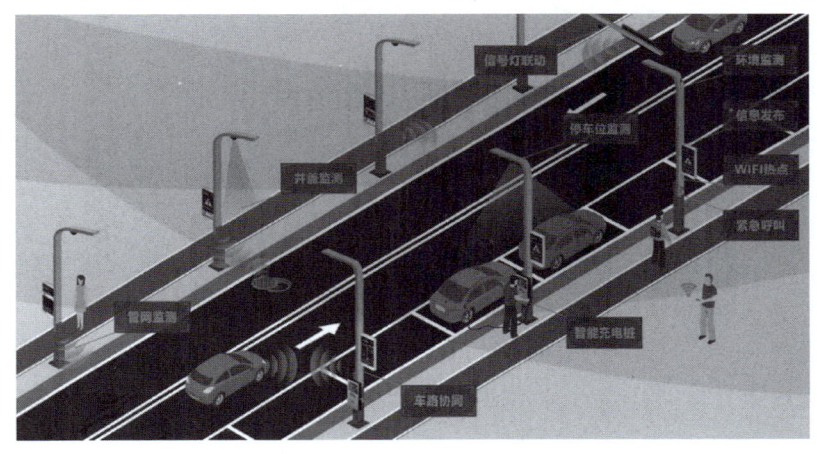

图 6-7　智慧城市

4. 工业自动化

物联网在工业领域的应用主要集中在工业自动化方面,被称为工业物联网。通过将各种生产设备、机器人、传感器等与互联网连接,实现自动化的生产过程,并能远程监测和控制工厂设备,如图 6-8 所示。这不仅提高了生产效率和产品质量,还降低了劳动力成本和安全风险。

5. 农业领域

在农业领域,物联网的应用被称为农业物联网。通过将农业设备、土壤监测设备、气象设备等与互联网连接,实现精准农业管理,如图 6-9 所示。农民可以远程控制灌溉系统、施肥机器人等,以及实时监测田地的水分、养分等信息,提高农作物的产量和质量。

图 6-8 工业自动化

图 6-9 物联网应用于农业领域

任务评价

评价类型	序号	任务内容	分值	自评	师评
学习态度	1	主动学习	5		
	2	学习时长、进度	10		
操作能力	3	了解物联网的定义	15		
	4	认识物联网的主要特征	20		
	5	掌握物联网的关键技术	30		
育人素养	6	完成育人素养学习	20		
总分			100		

自测任务书

通过本任务的学习，学生需要能够简述物联网的关键技术。

任务 6.3 认识人工智能技术

任务描述

从简单的自动化工具到复杂的决策系统，人工智能正在逐步渗透到我们生活的方方面面。它不仅改变了我们与机器的交互方式，更深刻地影响了社会的运作模式和未来的发展趋势。那么，什么是人工智能？它有哪些常用技术？如何使用人工智能呢？

任务分析

通过本任务的学习，使学生掌握人工智能的基础理论和应用实例，提高学生对 AI 潜在风险的认识，如算法歧视、隐私泄露等，培养其评估和应对科技风险的能力。

学习目标

1. 了解人工智能的概念。
2. 了解人工智能的发展。
3. 认识人工智能常用技术。
4. 会使用人工智能。

任务实施

随着数字化时代的到来，人工智能被广泛应用。特别是在家居、制造、金融、医疗、安防、交通、零售、教育和物流等多领域，在过去十年中引起了很大的轰动，但它仍然是新技术的趋势之一，它对我们生活、工作和娱乐方式的重大影响仅处于早期阶段。

1. 人工智能的概念

人工智能（Artificial Intelligence），英文缩写为 AI。它是研究、开发用于模拟、延伸和扩展人的智能的理论、方法、技术及应用系统的一门新的技术科学。

人工智能是计算机科学的一个分支，它试图了解智能的实质，并生产出一种新的能以人类智能相似的方式作出反应的智能机器，该领域的研究包括机器人、语言识别、图像识别、自然语言处理和专家系统等。人工智能从诞生以来，理论和技术日益成熟，应用领域也不断扩大，可以设想，未来人工智能带来的科技产品，将会是人类智慧的"容器"。人工智能可以对人的意识、思维的信息过程进行模拟。人工智能不是人的智能，但能像人那样思考，也可能超过人的智能。

人工智能（AI）具有自主性、自适应性、智能交互、大数据处理能力、学习能力、实时响应、高度集成、模式识别、错误容忍性、并行处理能力等几个主要特点，随着技术的不断创新和发展，AI 系统的特点和能力将会进一步拓展和完善。

2. 人工智能的发展

人工智能的发展可以追溯到 20 世纪 50 年代，经历了几个关键阶段的演变，如图 6-10

所示。下面简要介绍人工智能的发展历程。

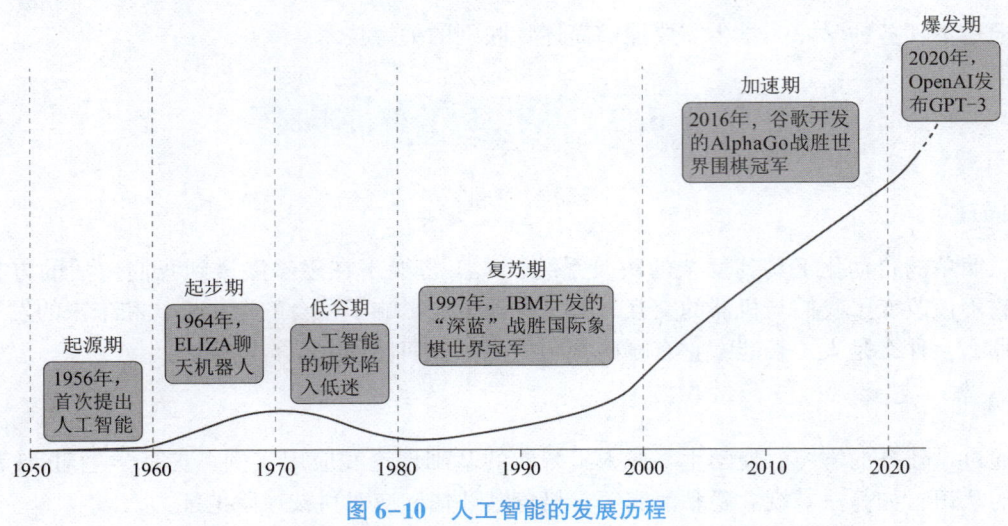

图 6-10 人工智能的发展历程

（1）起源期（1950 年至 1960 年）。

1950 年，英国数学家阿兰·图灵（Alan Turing）提出了著名的"图灵测试"，旨在判断一台机器是否能够呈现出与人类不可区分的智能行为。1956 年，美国达特茅斯学院举办了历史上首次人工智能研讨会。在这次会议上，约翰·麦卡锡首次提出了"人工智能"这一概念。这次会议被认为是人工智能领域的起源标志性事件。

（2）起步期（1960 年至 1970 年）。

在 20 世纪 60 年代，人工智能开始从理论探索向实践应用迈进。研究人员开始关注如何让计算机具备自主学习的能力，并试图利用自然语言处理技术使计算机能够理解人类语言。

1964 年，迎来了首个聊天机器人的诞生。美国麻省理工学院人工智能实验室的约瑟夫·魏岑鲍姆教授开发出了 ELIZA 聊天机器人，使计算机能够通过文本与人类进行交流。这一突破标志着人工智能研究的重要进展。1968 年，迎来了首个人工智能机器人的诞生。由国际斯坦福研究所（SRI）研发的机器人 Shakey 具备了自主感知、环境分析、行为规划和任务执行的能力。这种机器人具备了类似人类的感知能力，包括触觉和听觉等方面的功能。Shakey 的出现进一步推动了人工智能领域的发展，为智能机器人技术的探索打开了新的局面。

（3）低谷期（1970 年至 1980 年）。

在 20 世纪 70 年代初期，人工智能研究面临着困境。由于技术限制和过高的期望，人工智能领域陷入了低迷状态。计算机硬件性能的限制、数据的不足以及算法的局限性，阻碍了人工智能在多个领域的研究进展，导致公众对人工智能的期望过高而感到失望。许多研究项目未能达到预期的成果，这导致了资金和人才的流失。

（4）复苏期（1980 年至 2000 年）。

在 20 世纪 80 年代，随着算法的改进、计算能力的增强、数据的丰富、商业应用需求的提升以及跨学科合作的促进，人工智能开始迎来复苏。

1980年，卡内基梅隆大学为数字设备公司设计了一套名为XCON的"专家系统"。这一系统采用人工智能程序，并拥有丰富的专业知识和经验。1995年，发明家理查德·华莱士开发了一款聊天机器人A.L.I.C.E（人工语言互联网计算机实体），并引入了自然语言，塑造了类似人工智能的机器。1997年，IBM的计算机系统"深蓝"战胜了国际象棋世界冠军卡斯帕罗夫，引发了公众对人工智能的高度关注，这是人工智能发展的一个重要里程碑。2000年，本田制造"阿西莫"机器人，它拥有基本的智能水平，是最早模仿人类互动的机器人之一。

（5）加速期（2000年至2020年）。

在21世纪的初期，随着互联网的全球性普及，人工智能研究领域得以访问到庞大的数据资源。大数据技术的飞速进展使计算机能够处理和分析大规模的数据集，这为人工智能的进一步发展开辟了新的途径，人工智能技术开始在多个领域得到广泛应用。

在2006年，加拿大多伦多大学教授杰弗里·辛顿（Geoffrey Hinton）及其团队提出了一种称为"深度信念网络"的新方法，在神经网络的深度学习领域取得了重大突破，人类再次瞥见了机器智能可能超越人类智能的曙光，这一成就也被视为一次具有标志性的科技革新。2011年，IBM开发的人工智能系统"沃森"（Watson）参与了一档知名的智力问答节目，并成功击败了两位人类选手。2016年，谷歌开发的一款具有自我学习能力的人工智能围棋程序AlphaGo在围棋领域取得了历史性的胜利，战胜了世界围棋冠军。

（6）爆发期（2020年至今）。

自2020年起，随着计算能力的快速提升和数据集规模的急剧扩大，人工智能领域迎来了一次前所未有的爆发。在这个时期，大模型的概念开始主导人工智能的发展，凭借其庞大的参数量和复杂的网络结构，这些模型在多个领域实现了突破性进展。它们强大的能力正在逐步改变人类与人工智能的互动方式，使人工智能逐渐成为我们生活和工作中不可或缺的一部分。

2020年，OpenAI推出了超大规模语言训练模型GPT-3。2021年，谷歌推出了首个万亿级语言模型——Switch Transformer。2022年，Stability AI公司发布了文字到图像的创新模型Stable Diffusion。与此同时，我国超大型模型的发展也异常迅速。例如，2021年，商汤科技发布了拥有100亿参数量的"书生（INTERN）"大模型；同年，华为云发布"盘古NLP"超大规模预训练语言模型；阿里达摩院发布中文多模态预训练模型M6等。

3. 认识人工智能常用技术

人工智能的核心是利用软件程序来模拟人类智能，为人们解决复杂的问题。那么人工智能到底包含了哪些关键技术呢？

（1）计算机视觉（CV）。

计算机视觉（Computer Vision，CV）是指通过把图像数据转换成机器可识别的形式，从而实现对视觉信息的建模和分析，并作出相应的决策。一般来说，CV技术主要有图像获取、预处理、特征提取、检测/分割和高级处理等步骤。

计算机视觉是科学领域中的一个富有挑战性的重要研究领域。计算机视觉是一门综合性的学科，它已经吸引了来自各个学科的研究者参加到对它的研究之中，其中包括计算机科学和工程、信号处理、物理学、应用数学和统计学，神经生理学和认知科学等。根据解决的问题，计算机视觉可分为计算成像学、图像理解、三维视觉、动态视觉和视频编解码 5 大类。

（2）机器学习。

机器学习（Machine Learning）是一门涉及统计学、系统辨识、逼近理论、神经网络、优化理论、计算机科学、脑科学等诸多领域的交叉学科，研究计算机怎样模拟或实现人类的学习行为，以获取新的知识或技能。重新组织已有的知识结构使之不断改善自身的性能，是人工智能技术的核心。基于数据的机器学习是现代智能技术中的重要方法之一，研究从观测数据（样本）出发寻找规律，利用这些规律对未来数据或无法观测的数据进行预测。

机器学习强调三个关键词：算法、经验、性能，其处理过程如图 6-11 所示。在数据的基础上，通过算法构建出模型并对模型进行评估。评估的性能如果达到要求，就用该模型来测试其他的数据；如果达不到要求，就要调整算法来重新建立模型，再次进行评估。如此循环往复，最终获得满意的模型来处理其他数据。机器学习技术和方法已经被成功应用到多个领域，比如个性推荐系统、金融反欺诈、语音识别、自然语言处理和机器翻译、模式识别、智能控制等。

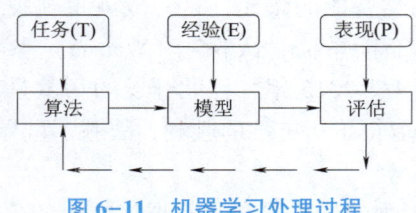

图 6-11　机器学习处理过程

（3）深度学习。

深度学习是一种人工智能领域的机器学习方法，是机器学习的一种特定形式。深度学习和机器学习、人工智能的关系如图 6-12 所示。深度学习的核心是神经网络模型，使用具有多层非线性处理单元的神经网络来对大量数据进行建模和学习。与传统机器学习算法相比，深度学习具有更强的表达能力和学习能力，可以更好地处理大规模和高维度数据，因此在计算机视觉、自然语言处理和语音识别等领域应用广泛。深度学习是机器学习的一种重要分支，也是当前人工智能技术发展的重要驱动力之一。

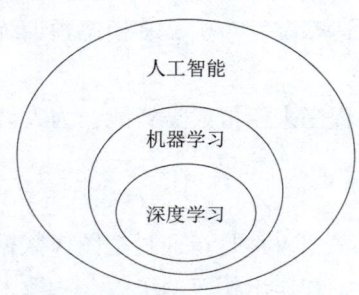

图 6-12　深度学习和机器学习、人工智能的关系

（4）自然语言处理。

自然语言处理（NLP）技术是一门通过建立计算机模型、理解和处理自然语言的学科，

是指用计算机对自然语言的形、音、义等信息进行处理并识别的应用，大致包括机器翻译、自动提取文本摘要、文本分类、语音合成、情感分析等。

自然语言处理的应用包罗万象，例如机器翻译、手写体和印刷体字符识别、语音识别、信息检索、信息抽取与过滤、文本分类与聚类、舆情分析和观点挖掘等，它涉及与语言处理相关的数据挖掘、机器学习、知识获取、知识工程、人工智能研究和与语言计算相关的语言学研究等。

（5）知识图谱。

知识图谱本质上是结构化的语义知识库，是一种由节点和边组成的图数据结构，以符号形式描述物理世界中的概念及其相互关系，其基本组成单位是"实体-关系-实体"三元组，以及实体及其相关"属性-值"对。不同实体之间通过关系相互联结，构成网状的知识结构。

知识图谱可用于反欺诈、不一致性验证、组团欺诈等公共安全保障领域，需要用到异常分析、静态分析、动态分析等数据挖掘方法。特别地，知识图谱在搜索引擎、可视化展示和精准营销方面有很大的优势，已成为业界的热门工具。但是，知识图谱的发展还有很大的挑战，如数据的噪声问题，即数据本身有错误或者数据存在冗余。随着知识图谱应用的不断深入，还有一系列关键技术需要突破。

（6）人机交互。

人机交互是一门研究系统与用户之间的交互关系的学问。系统可以是各种各样的机器，也可以是计算机化的系统和软件。人机交互界面通常是指用户可见的部分。用户通过人机交互界面与系统交流，并进行操作。

人机交互是与认知心理学、人机工程学、多媒体技术、虚拟现实技术等密切相关的综合学科。传统的人与计算机之间的信息交换主要依靠交互设备进行，主要包括键盘、鼠标、操纵杆、数据服装、眼动跟踪器、位置跟踪器、数据手套、压力笔等输入设备，以及打印机、绘图仪、显示器、头盔式显示器、音箱等输出设备。人机交互技术除了传统的基本交互和图形交互外，还包括语音交互、情感交互、体感交互及脑机交互等技术。

（7）自主无人系统技术。

无人系统是由平台、任务载荷、指挥控制系统及天-空-地信息网络等组成，它是集系统科学与技术、信息控制科学与技术、机器人技术、航空技术、空间技术和海洋技术等一系列高新科学技术为一体的综合系统，多门类学科的交叉融合与综合是无人系统构建的基础。

自主无人系统是能够通过先进的技术进行操作或管理，而不需要人工干预的系统，可以应用到无人驾驶、无人机、空间机器人、无人车间等领域。

4. 使用人工智能

人工智能（AI）在图像生成、音频转字幕以及写作方面都有显著的应用。

（1）人工智能作图。

AI作图技术利用深度学习算法，通过训练大量的图像数据，使计算机能够学习并模仿人类的绘画风格和技巧。用户可以通过输入文本描述、关键词或上传参考图片来生成自定义的图像。AI会根据这些输入信息，结合其学习到的绘画知识和风格，创作出独特的艺术作品。

①打开一个带有 AI 功能的图片编辑网站，例如，"改图鸭"网站，然后登录。

②在"首页"中选择"AI 绘画"，进入 AI 绘画界面，输入画面描述，如"一幅初冬的山水画，水墨画风格"，选择风格为自然风景，选择模型为丛林景观，设置画布比例为 1：1，超级分辨率为 1 倍，生成数量为 1，如图 6-13 所示。

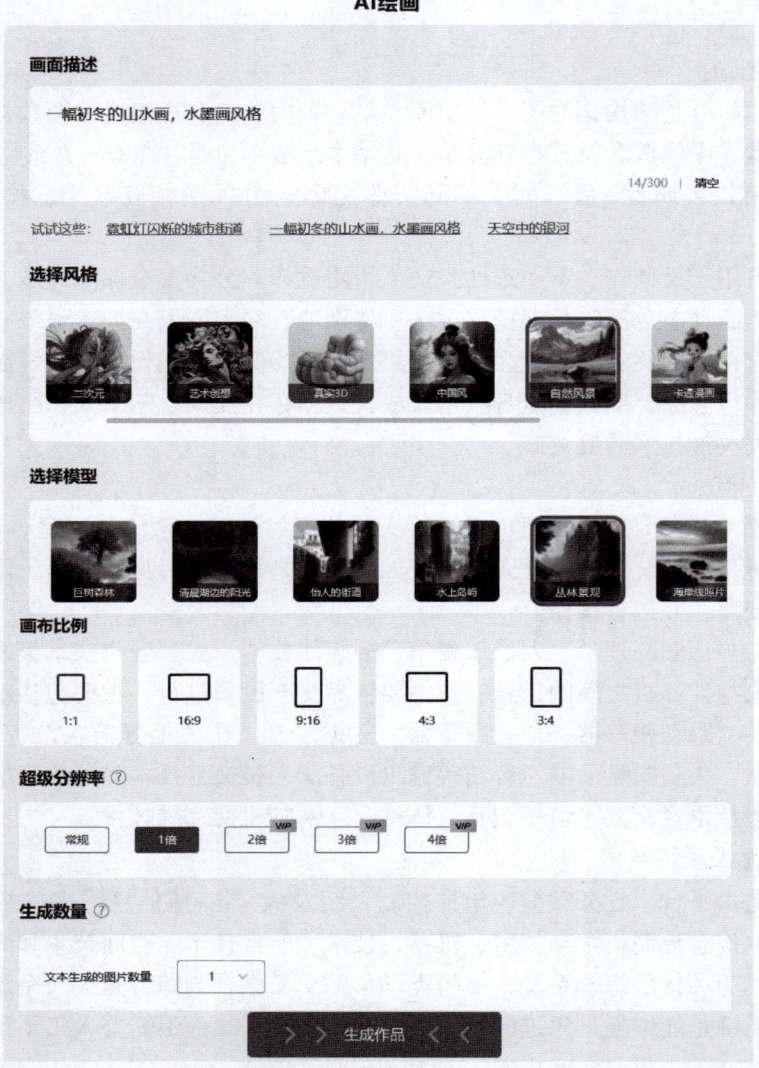

图 6-13　AI 绘画设置

③单击"生成作品"按钮，根据描述和选择的风格模型，生成作品，如图 6-14 所示。

（2）人工智能根据音频生成字幕。

用户可以通过输入文本描述、关键词或上传参考图片来生成自定义的图像。AI 会根据这些输入信息，结合其学习到的绘画知识和风格，创作出独特的艺术作品。用户只需上传音频文件，AI 即可自动识别并生成对应的字幕，大大节省了手动转录的时间和成本。

图 6-14 生成的作品

（3）人工智能写作。

AI 写作技术利用自然语言处理和机器学习算法，能够自动生成文章、报告、新闻等内容。通过训练大量的文本数据，AI 可以学习不同领域的写作风格和语言习惯，从而创作出符合特定要求的内容。AI 写作不仅提高了写作效率，还为内容创作者提供了更多的创作灵感和素材。

拓展

1. 人工智能的应用

人工智能与行业领域的深度融合将改变甚至重新塑造传统行业。人工智能已经被广泛应用于金融、零售、交通、医疗、教育等各个领域，对人类社会的生产和生活产生了深远的影响。

（1）人工智能在医疗行业的应用。

随着医疗技术的不断进步，人工智能在医疗领域的应用正发挥着重要的作用。首先，AI 可以用于医学影像诊断。通过深度学习算法，医生可以更准确地诊断肿瘤、心脏病等疾病。其次，人工智能还可以用于疾病预测和风险评估。通过分析大量的病例数据，AI 可以帮助医生发现患者可能存在的风险，并采取相应的预防措施。此外，AI 在药物研发、手术机器人和远程医疗等方面也都有着广泛的应用。

（2）人工智能在金融行业的应用。

人工智能在金融领域有着广泛的应用，包括风险控制、交易分析和客户服务等方面。首先，AI 可以通过分析大量的金融数据，帮助金融机构识别和评估风险。其次，人工智能在股票交易和外汇交易等方面也可以提供精准的分析和预测，帮助投资者作出更明智的决策。

此外，AI 还可以应用于金融客户服务领域，通过自然语言处理和智能机器人等技术，实现智能客服和自助银行等服务。

（3）人工智能在教育行业的应用。

人工智能在教育领域中也有着广泛的应用。例如，人工智能可以通过分析学生的学习行为和知识点掌握情况，制订个性化的学习计划。这种计划可以基于学生的知识储备和学习进度，帮助学生更快地掌握知识点，提高学习效率。同时，人工智能还可以协助教师开展定制化的教学课程设计。例如，人工智能可以帮助教师分析学生的学习素质和需求，从而设计更为贴近学生需求的教学课程。此外，人工智能还可以辅助教师进行教学评估和学生成绩预测，为教师提供更为全面的教学支持。

（4）人工智能在交通运输行业的应用。

AI 技术被用于缓解城市交通拥堵问题。通过优化信号灯配时，智能导航系统能够为驾驶者提供最佳路线，同时无人驾驶技术的发展也在逐步减少由人为因素引起的交通问题。

AI 还能够通过网络态势感知和电子警察系统分析交通数据，预测交通流量，优化信号灯控制和道路使用。此外，事故检测和应急响应也是 AI 在交通领域中的重要应用之一，它可以快速反应交通事故，减少事故带来的影响。

2. 云计算、大数据与人工智能的融合发展

人工智能、大数据和云计算正在出现"三位一体"式的深度融合，构成"ABC 金三角"。这三者既相互独立，又相辅相成，相互促进大数据的发展与应用，离不开云计算强有力的支持；云计算的发展和大数据的积累，是人工智能快速发展的基础和实现实质性突破的关键。

首先，云计算为大数据提供了强大的计算和存储能力。在大数据时代，数据量巨大，如果使用传统的硬件资源来处理这些数据，将非常昂贵和困难。而云计算可以将这些数据和应用程序放到远程的数据中心，利用云服务提供商的强大计算和存储能力来处理这些数据。这样不仅可以大大降低成本，而且可以提高数据处理效率。

其次，人工智能需要大数据作为其基础。人工智能需要进行大量的数据分析和处理，以从中提取有价值的信息和知识。如果没有大数据，人工智能就无法获得足够的数据支持，也就无法实现智能化。同时，人工智能的发展也为大数据的处理提供了更加高效和智能的方法。例如，利用人工智能的机器学习技术，可以自动化地处理和分析大量数据，从而提高了数据处理效率和质量。

通过三种技术的深度交互，能够为人类社会生产生活提供更多优质服务，当前信息化技术正不断使用在各行各业中，无论是教育行业中的微课翻转课堂、多媒体辅助技术、智能课堂辅导，还是工业中的自动化技术、智能化诊断都离不开上述内容的服务。

任务评价

评价类型	序号	任务内容	分值	自评	师评
学习态度	1	主动学习	5		
	2	学习时长、进度	10		

续表

评价类型	序号	任务内容	分值	自评	师评
操作能力	3	了解人工智能的概念	10		
	4	了解人工智能的发展	10		
	5	认识人工智能常用技术	25		
	6	会使用 AI	20		
育人素养	7	完成育人素养学习	20		
总分			100		

自测任务书

通过本任务的学习，学生需要会利用 AI 作图、写文章、生成字幕等。

任务 6.4　认识区块链技术

任务描述

随着互联网技术的飞速发展，我们进入了信息时代，数据成为新的货币。在这个背景下，一种名为区块链的技术应运而生。那么，什么是区块链？区块链有哪些特点？区块链的核心技术是什么？

任务分析

通过对本任务的学习，向学生介绍区块链的基本概念和技术，包括分布式账本、共识机制等核心技术，增进对这一新兴技术的基础知识了解。培养学生对区块链技术背后蕴含的创新精神和去中心化思想的理解，鼓励开放合作的思维模式。

学习目标

1. 了解区块链的概念。
2. 了解区块链的核心特点。
3. 了解区块链的类型。
4. 认识区块链的四大核心技术。

任务实施

区块链是一个信息技术领域的术语，该技术融合了涉及数学、密码学、互联网和计算机编程等众多领域的专业技术。

1. 区块链的概念

区块链（Blockchain）是一种将数据区块有序连接，并以密码学方式保证其不可篡改、不可伪造的分布式账本（数据库）技术。

狭义区块链是按照时间顺序，将数据区块以顺序相连的方式组合成的链式数据结构，并以密码学方式保证的不可篡改和不可伪造的分布式账本。

广义区块链技术是利用块链式数据结构验证与存储数据，利用分布式节点共识算法生成和更新数据，利用密码学的方式保证数据传输和访问的安全、利用由自动化脚本代码组成的智能合约，编程和操作数据的全新的分布式基础架构与计算范式。

区块链，就是一个又一个区块组成的链条。每一个区块中保存了一定的信息，它们按照各自产生的时间顺序连接成链条。这个链条被保存在所有的服务器中，只要整个系统中有一台服务器可以工作，整条区块链就是安全的。这些服务器在区块链系统中被称为节点，它们为整个区块链系统提供存储空间和算力支持。如果要修改区块链中的信息，必须征得半数以上节点的同意并修改所有节点中的信息，而这些节点通常掌握在不同的主体手中，因此篡改区块链中的信息是一件极其困难的事。相比于传统的网络，区块链具有两大核心特点：一是数据难以篡改，二是去中心化。基于这两个特点，区块链所记录的信息更加真实可靠，可以帮助解决人们互不信任的问题。

2. 区块链核心特点

区块链技术是一种分布式数据库技术，其核心特点是去中心化、不可篡改性、透明性、可追溯性、安全性和支持智能合约。

（1）去中心化。

区块链技术摒弃了传统的中心化数据存储方式，采用分布式网络，数据不再集中存储于单一的中心节点，而是分散在整个网络中的多个节点上。这种去中心化的特性大大提高了系统的抗攻击能力和稳定性，因为没有单一的控制点，攻击者很难破坏整个系统。

（2）不可篡改性。

区块链中的数据一旦被写入并得到网络的确认，就几乎不可能被更改或删除。每个区块都包含前一个区块的哈希值，形成了一个连锁反应，任何试图篡改数据的行为都会导致后续所有区块的哈希值发生变化，从而被网络其他节点所检测并拒绝。

（3）透明性。

区块链的数据对所有参与者开放，任何人都可以查看区块链上的交易记录和数据信息。这种高度的透明性有助于建立信任，促进信息共享和合作。

（4）可追溯性。

区块链记录了每一笔交易的详细信息，包括交易双方、交易金额、时间戳等，这些信息被永久记录并存储在整个网络中。这种可追溯性为监管和审计提供了便利，有助于防止欺诈和不当行为。

（5）安全性。

区块链使用了先进的密码学技术来确保数据的安全性。每个区块都通过复杂的算法进行加密，确保数据在传输和存储过程中不被非法访问或泄露。

（6）支持智能合约。

区块链技术支持智能合约，这是一种自动执行的、基于预设规则的程序。智能合约在满足特定条件时自动执行合同条款，无须第三方的介入，从而降低了交易成本和时间。

3. 区块链类型

为了适应不同的应用场景和需求，区块链根据准入机制可以分为公有链（Public Blockchain）、联盟链（Consortium Blockchain）和私有链（Private Blockchain）三种基本类型。

（1）公有链。

公有链（Public Blockchain）没有访问限制。任何个体或者团体都可以发送交易，且交易能够获得该区块链的有效确认，任何人都可以参与其共识过程。它具有以下特点：

①开放性：公有链对全世界所有人开放，任何人都可以读取链上的数据，发送交易，并且参与到区块链的共识过程中。

②去中心化：公有链通常具有较高的去中心化程度，网络中的节点不受单一机构的控制，而是由众多独立运行的节点共同维护。

③透明性：由于公有链的数据是公开可查的，任何人都可以验证交易和记录，这增加了整个系统的透明度和信任度。

④安全性：公有链的安全性依赖于加密技术和网络中多数节点的共识，这使得数据一旦被记录在区块链上就难以篡改。

公有链的典型代表包括比特币（Bitcoin）、以太坊（Ethereum）等。这些区块链平台不仅支持加密货币的交易，还能够运行智能合约和其他去中心化应用（DApps）。

（2）联盟链。

联盟链（Consortium Blockchain）通常被认为是半分散的。由某个群体内部指定多个预选的节点为记账人，每个块的生成由所有的预选节点共同决定（预选节点参与共识过程），其他接入节点可以参与交易，但不过问记账过程（本质上还是托管记账，只是变成分布式记账，预选节点的多少，如何决定每个块的记账者成为该区块链的主要风险点），其他任何人可以通过该区块链开放的 API 进行限定查询。它具有以下特点：

①部分去中心化：联盟链由多个机构共同管理，每个机构运行一个或多个节点，这些节点共同维护区块链的完整性。

②可控性强：由于参与节点是预先选定的，联盟链可以实现更复杂的权限设计和访问控制，提高了网络的安全性和可信度。

③数据隐私保护：联盟链可以限制数据的读取权限，确保只有授权的参与者能够访问特定的数据，从而提供更好的隐私保护。

④交易效率高：联盟链可以通过减少验证节点的数量来加快交易确认时间，提高每秒交易数，满足企业级应用的需求。

⑤灵活性高：如果需要的话，运行联盟链的组织可以轻松修改区块链的规则或恢复备份数据，以适应不断变化的业务需求。

⑥共识机制多样：联盟链在共识机制方面趋向多元化，可以根据不同的业务场景选择合适的共识算法，以提高整体效率。

⑦扩展性良好：联盟链可以根据业务发展需要进行扩容，支持更多机构加入，增强网络的功能性和应用范围。

联盟链适用于需要多方协作、数据共享但又对安全性和隐私保护有较高要求的场景，如金融、供应链管理、医疗健康等领域。它结合了公有链的透明度和私有链的控制性，为特定群体提供了一个安全、高效的协作平台。随着区块链技术的发展，联盟链的应用场景和价值潜力将会进一步显现。

（3）私有链。

私有链（Private Blockchain）的访问和参与权限受到严格控制，通常由单个机构或组织管理。它具有以下特点：

①交易速度快：由于私有链中的节点数量相对较少，且节点间信任度高，因此交易确认过程更快。

②隐私保护：私有链对数据提供了更好的隐私保障，因为其数据访问权限可以根据组织的需求来设定。

③成本降低：在私有链上进行的交易成本可以大幅降低，甚至为零，因为不需要为每个节点的工作支付费用。

私有链适用于需要快速处理大量交易的场景，如大型企业的内部管理系统。也适合对数据隐私有严格要求的场合，例如内部财务系统或者供应链管理。

4. 区块链四大核心技术

区块链技术不是一个单项的技术，而是一个集成多方面研究成果基础之上的综合性技术系统。下面介绍区块链的四大核心技术。

（1）分布式记账。

分布式记账，就是交易记账由分布在不同地方的多个节点共同完成，而且每一个节点都记录了完整的账目，因此它们都可以监督交易的合法性，同时也可以共同为其作证，如图6-15所示。不同于传统的中心化记账方案，分布式记账没有任何一个节点可以单独记录账目，从而避免了单一记账人被控制或者被贿赂而记假账的可能性。另外，由于记账节点足够多，理论上讲除非所有的节点被破坏，否则账目就不会丢失，从而保证了账目数据的安全性。

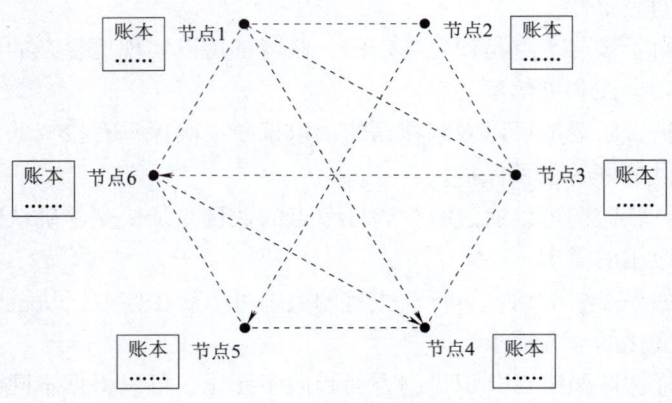

图6-15 分布式记账网络

根据"中心化"的程度，分布式记账可以分为完全去中心化（如比特币网络）、单中心（数据写入权限掌握在一个组织，偏于企业内部应用）和多中心（由若干机构/组织共同管理和控制账本）三种类型。

分布式记账技术不仅限于金融领域，还可以应用于法律、供应链管理、医疗保健等多个行业，为各种类型的交易和数据交换提供可靠的记录和验证方式。

分布式记账技术的发展和应用正在不断推进，例如中国已经发布了《区块链和分布式记账技术标准体系建设指南》，以促进该领域的标准化和产业高质量发展。随着技术的成熟和应用的深入，分布式记账有望在未来改变更多的行业和日常生活。

（2）共识机制。

共识机制，就是所有记账节点之间怎么达成共识去认定一个记录的有效性的一种机制，这种机制既是认定的手段，也是防止篡改的手段。区块链提出了多种不同的共识机制，适用于不同的应用场景，在效率和安全性之间取得平衡。区块链的共识机制主要有工作量证明机制、权益证明机制、授权股权证明机制。

①工作量证明机制（Proof of Work，PoW）。

工作量证明机制最早由中本聪在比特币的白皮书中提出，并在比特币网络上得到应用。

在工作量证明机制系统中，参与者（通常称为矿工）需要通过执行大量的计算工作来找到一个满足特定条件的答案。这个过程被称为"挖矿"，一旦找到正确的答案，他们就能够将新的交易打包成一个新的区块，并将其添加到区块链上。其他节点可以快速验证这个解答是否正确，但找到这个解答的过程却需要大量的计算资源和时间。

工作量证明机制的主要目的是防止双花攻击和其他形式的网络攻击。由于添加新区块需要巨大的计算工作，这降低了恶意用户操纵区块链的可能性。此外，随着更多的计算力投入到网络中，攻击者要成功进行攻击所需的计算力也会随之增加，从而提高了网络的安全性。

工作量证明机制的一个主要缺点是它通常需要大量的电力和计算资源。比特币网络就是一个例子，它的挖矿活动被指责为高能耗，环境影响较大。

②权益证明机制（Proof of Stake，PoS）。

它不同于工作量证明机制，在权益证明机制中，新区块的创建是通过随机选举验证者来实现的，而不是依赖于大量的电力和计算能力。

在权益证明机制中，区块的生产者（验证者）是由网络根据其持有的代币数量（即"权益"）来选举的。持有更多代币的节点有更高的机会被选为验证者。在权益证明机制中，区块的生产者（验证者）是由网络根据其持有的代币数量（即"权益"）来选举的。持有更多代币的节点有更高的机会被选为验证者。

权益证明旨在提供一种更安全、更去中心化的方式来维护区块链网络的完整性和安全性。然而，它也面临着一些挑战，比如"长程攻击"和"权益集中化"等问题。

权益证明机制通过鼓励代币持有者参与网络维护，以实现更高效和可持续的网络运营。尽管它在某些方面优于工作量证明，但也存在自身的挑战和局限性。随着区块链技术的不断成熟，权益证明机制也在持续地被改进和完善。

（3）授权股权证明机制（DPoS）。

授权股权证明机制是为了解决传统 PoW 和 PoS 机制中的问题而提出的一种新型共识算法。它的主要目的是加快交易速度并提高网络的可扩展性。

在授权股权证明机制中，所有网络参与者将他们的权利授权给一定数量的受托人。这些受托人是经过投票选出的，通常是得票数最高的参与者。被选出的受托人将代表所有参与节点轮流负责生成区块。这种方式将系统中的信任集中到了少数参与者身上，而不是分散在全体参与者中。

授权股权证明机制通过减少参与共识过程的节点数量，能够显著提高交易处理速度和整个网络的效率。此外，它还能够在保持网络安全的同时，实现更低成本和更高能源效率的操作。

授权股权证明机制通过授权选举的方式实现了更快的交易速度和更高的网络吞吐量。然而，这种机制也需要仔细设计以确保网络的去中心化和安全性不被妥协。

（4）非对称加密。

非对称加密，也称为公钥加密，是一种密码学技术，它使用一对数学相关的密钥来保护电子通信的安全性。在这种加密技术中，每位用户都拥有一对钥匙：公钥和私钥。

在加密过程中使用公钥，在解密过程中使用私钥。公钥是可以向全网公开的，而私钥需要用户自己保存。这样就解决了对称加密中密钥需要分享所带来的安全隐患。非对称加密与对称加密相比，其安全性更好：对称加密的通信双方使用相同的秘钥，如果一方的秘钥遭泄露，那么整个通信就会被破解；而非对称加密使用一对秘钥，一个用来加密，一个用来解密，而且公钥是公开的，秘钥是自己保存的，不需要像对称加密那样在通信之前要先同步秘钥。在实际应用中，非对称加密通常与其他加密方法结合使用，例如与对称加密一起，以实现更安全、更高效的通信过程。

（5）智能合约。

智能合约这一创新理念的诞生可以回溯至 1994 年，与互联网的兴起几乎同步。这一概念由计算机科学家兼密码学家尼克·萨博（Nick Szabo）提出，他因此被尊称为智能合约的先驱。然而，在那个时代，由于互联网尚未广泛普及，同时缺乏一个可靠的执行环境，智能合约的理念宛如悬于空中的楼阁，难以落地实施。直至区块链技术的出现，这一局面才得到改观。区块链的核心特性——去中心化、不依赖任何第三方权威机构、通过代码建立信任，恰好与智能合约的需求高度吻合，为智能合约提供了理想的应用场景和技术平台。

智能合约是一种基于区块链的计算机协议，它允许在没有第三方介入的情况下进行可信交易，并且这些交易是可追踪且不可逆转的。

智能合约一旦编写并部署到区块链上，就会按照预设的规则自动执行。这意味着当合约中的条件被满足时，相关的条款将立即生效，无须任何人工干预。由于智能合约运行在区块链上，所有的交易记录都是公开的，任何人都可以查看，确保了交易的透明度和可追溯性。智能合约消除了传统合同执行过程中介机构的需要，减少了交易成本和时间，同时降低了欺诈和违约的风险。

以保险为例，如果说每个人的信息（包括医疗信息和风险发生的信息）都是真实可信的，那就很容易地在一些标准化的保险产品中，去进行自动化的理赔。在保险公司的日常业务中，虽然交易不像银行和证券行业那样频繁，但是对可信数据的依赖是有增无减。因此，如果利用区块链技术，从数据管理的角度切入，能够有效地帮助保险公司提高风险管理能力。

智能合约的出现对于金融、保险、房地产等多个行业的运作模式都产生了深远的影响，它不仅提高了交易效率，还为创造新的商业模式提供了可能性。

拓展

通俗地说，区块链作为一种底层协议或技术方案可以有效地解决信任问题，实现价值的

项目六 认识新一代信息技术

自由传递，在数字货币、金融资产的交易结算、数字政务、存证防伪数据服务等领域具有广阔前景。

1. 金融领域

区块链技术在金融领域的应用已经日益普遍。例如，通过区块链技术，可以实现跨境支付的快速、安全进行，消除了传统支付所面临的货币兑换、汇率风险等问题。此外，区块链技术还可以用于创建去中心化的支付网络，降低交易成本。在证券交易方面，区块链技术可以用于快速、安全地进行股权交易，消除了传统交易所面临的交易撮合、资金清算等问题。

2. 供应链管理

区块链技术可以大幅提升供应链管理的效能和透明度。通过区块链技术，可以实现全链路的信息共享和透明，使供应链各环节之间的数据流动更加高效和安全。这有助于企业实现溯源管理，解决供应链中的信息不对称问题，从而确保产品的质量和安全。

3. 物联网领域

区块链技术可以应用于物联网领域，实现设备的去中心化和安全通信。通过区块链技术，物联网设备可以自动连接到其他设备，并共享数据和资源。此外，区块链技术还可以为智慧城市的建设提供安全可信任的环境，降低数据使用和共享的安全性风险。

4. 医疗健康领域

区块链技术在医疗健康领域的应用也日益显现。通过将医疗记录和数据存储在区块链上，患者可以更好地掌握自己的健康信息，并提供给医生和研究人员进行精准诊断和治疗。此外，区块链技术还可以用于药物追溯，提高医疗设备和耗材的管理效率。

任务评价

评价类型	序号	任务内容	分值	自评	师评
学习态度	1	主动学习	5		
	2	学习时长、进度	10		
操作能力	3	了解区块链的概念	10		
	4	了解区块链核心特点	15		
	5	了解区块链类型	15		
	6	认识区块链四大核心技术	25		
育人素养	7	完成育人素养学习	20		
总分			100		

自测任务书

通过本任务的学习，学生需要能够简述区块链的四大核心技术。

任务 6.5 认识虚拟现实技术

任务描述

在科技不断进步的今天，我们正见证着一场前所未有的视觉革命——虚拟现实（VR）技术的兴起。那么，什么是虚拟现实技术？它具有哪些特点？主要应用在哪些领域呢？

任务分析

通过本任务的学习，使学生了解虚拟现实技术的基本概念和应用领域，认识到 VR 技术在教育、娱乐等领域的潜力。教育学生正确处理现实世界与虚拟世界的关系，避免过度依赖虚拟环境，保持健康的生活习惯。

学习目标

1. 了解虚拟现实技术的概念。
2. 了解虚拟现实技术的特点。
3. 了解虚拟现实技术的应用。

任务实施

1. 虚拟现实技术的概念

虚拟现实技术（Virtual Reality，VR），是以计算机技术为基础，综合了计算机、传感器、图形图像、通信、测控多媒体、人工智能等多种技术，通过给用户同时提供视觉、触觉、听觉等感官信息，使用户如同亲历其境一般。借助于计算机系统，用户可以生成一个自定义的三维空间。用户置身于该环境中，借助轻便的跟踪器、传感器、显示器等多维输入输出设备，去感知和研究客观世界。在虚拟环境中，用户可以自由运动，随意观察周围事物并随时添加所需信息。借助于虚拟现实，用户可以突破时空域的限制，优化自身的感官感受，极大地提高了对客观世界的认识水平。

2. 虚拟现实的特点

虚拟现实有交互性（Interaction）、沉浸性（Immersion）和想象性（Imagination）和行为（Action）四大特点，也被称为 4I 特点。借助 4I 特点，通常可以将虚拟现实技术和可视化技术、仿真技术、多媒体技术和计算机图形图像等技术相区别。

交互性是指用户与模拟仿真出来的虚拟现实系统之间可以进行沟通和交流。由于虚拟场景是对真实场景的完整模拟，因此可以得到与真实场景相同的响应。用户在真实世界中的任何操作，均可以在虚拟环境中完整体现。例如，用户可以抓取场景中的虚拟物体，这时不仅手有触摸感，同时还能感觉到物体的重量、温度等信息。

沉浸性是指用户在虚拟环境与真实环境中感受的真实程度。从用户角度讲，虚拟现实技术的发展过程就是提高沉浸性的过程。

想象性是指虚拟现实技术应具有广阔的可想象空间，可拓宽人类认知范围，不仅可再现真实存在的环境，也可以随意构想客观不存在的甚至是不可能发生的环境。

行为是交互的表达方式，大多行为通过硬件来完成，比如头戴式设备，主要限于视觉体验。现在，越来越多的传感器，诸如手柄、激光定位器、追踪器、运动传感器，以及 VR 座椅、VR 跑步机等硬件的出现，呈现出更多样化的行为体验。

理想的虚拟现实技术，应该使用户真假难辨，甚至超越真实，获得比真实环境中更逼真的视觉、嗅觉、听觉等感官体验。想象性则是身处虚拟场景中的用户，利用场景提供的多维信息，发挥主观能动性，依靠自己的学习能力在更大范围内获取知识。

3. 虚拟现实技术的应用

随着相关技术的发展，虚拟现实技术也日趋成熟，这种更接近于自然的人机交互方式，大大降低了认知门槛，提高了工作效率，在日常生活和各个行业中都有广泛的应用。

（1）教育领域。

虚拟现实技术可以模拟真实场景，让学生们更好地理解抽象的知识点，如图 6-16 所示。例如，在化学课堂上，学生可以通过虚拟现实技术模拟实验过程，观察反应物的变化，更好地理解化学反应的本质。在生物课堂上，学生可以使用虚拟现实技术模拟人体器官，了解器官的结构和功能。此外，在历史课堂上，学生可以通过虚拟现实技术穿越时空，亲身体验历史事件，更加深入地理解历史知识。

图 6-16　虚拟技术在教育领域的应用

（2）医疗领域。

虚拟现实技术在医疗领域的应用也非常广泛。在手术过程中，医生可以使用虚拟现实技术模拟手术过程，提前进行规划和训练，减少手术失误率。此外，虚拟现实技术还可以用于康复治疗。比如，一个患有运动损伤的患者可以通过虚拟现实技术进行运动康复训练，在更安全的环境中进行恢复训练，不会给患者带来额外的伤害。

（3）娱乐领域。

虚拟现实技术在娱乐领域的应用也非常广泛。比如，通过虚拟现实技术模拟真实场景，使游戏更具有沉浸感和真实感。此外，在电影电视行业，虚拟现实技术也可以用于制作更加逼真的场景和特效。

（4）建筑领域。

虚拟现实技术在建筑设计领域的应用也非常广泛。通过虚拟现实技术，建筑师可以模拟真实场景，更好地定位建筑位置，确定建筑风格和外观，如图 6-17 所示。此外，虚拟现实技术还可以用于演示房屋内部设计和装饰效果，为用户提供沉浸式体验，提升用户满意度。

（5）军工。

传统的军事训练，一方面在和平年代很难有实战条件，另外军事训练成本颇高，会消耗大量的军事物资。而运用虚拟现实技术，搭建虚拟的战场，使用不同的战斗装备，让士兵们身临其境的进行训练，并且还能很轻易地实现在不同的兵种之间的联合作战。

图 6-17　虚拟技术在建筑领域的应用

拓展

1. 增强现实

增强现实（Augmented Reality，AR），增强现实技术也被称为扩增现实，AR 增强现实技术是促使真实世界信息和虚拟世界信息内容之间综合在一起的较新的技术内容，其将原本在现实世界的空间范围中比较难以进行体验的实体信息在电脑等科学技术的基础上，实施模拟仿真处理、叠加，将虚拟信息内容在真实世界中加以有效应用，并且在这一过程中能够被人类感官所感知，从而实现超越现实的感官体验。真实环境和虚拟物体之间重叠之后，能够在同一个画面以及空间中同时存在。

增强现实系统在功能上主要包括四个关键部分，其中，图像采集处理模块是采集真实环境的视频，然后对图像进行预处理；而注册跟踪定位系统是对现实场景中的目标进行跟踪，根据目标的位置变化来实时求取相机的位姿变化，从而为将虚拟物体按照正确的空间透视关系叠加到真实场景中提供保障；虚拟信息渲染系统是在清楚虚拟物体在真实环境中的正确放置位置后，对虚拟信息进行渲染；虚实融合显示系统是将渲染后的虚拟信息叠加到真实环境中再进行显示。

一个完整的增强现实（AR）系统是由一组紧密连接、实时工作的硬件部件与相关软件系统协同实现的，有以下三种常用的组成形式。

（1）基于计算机显示器。

在基于计算机显示器的增强现实（AR）实现方案中，摄像机摄取的真实世界图像输入到计算机中，与计算机图形系统产生的虚拟景象合成，并输出到计算机屏幕显示器。用户从屏幕上看到最终的增强场景图片，这种实现方案简单。

（2）视频透视式。

视频透视式增强现实（AR）系统采用的基于视频合成技术的穿透式HMD（Video See-Through HMD）。

（3）光学透视式。

头盔式显示器（Head-Mounted Displays，HMD）被广泛应用于增强现实（AR）系统中，用以增强用户的视觉沉浸感。

根据具体实现原理又可以划分为两大类，分别是基于光学原理的穿透式HMD（Optical See-Through HMD）和基于视频合成技术的穿透式HMD（Video See-Through HMD）

光学透视式增强现实（AR）系统具有简单、分辨率高、没有视觉偏差等优点，但它同时也存在着定位精度要求高、延迟匹配难、视野相对较窄和价格高等问题。

2. 混合现实技术

混合现实技术（Mixed Reality，MR）是虚拟现实技术的进一步发展，该技术通过在虚拟环境中引入现实场景信息，在虚拟世界、现实世界和用户之间搭起一个交互反馈的信息回路，以增强用户体验的真实感。

MR混合现实技术也可以说是一组技术组合，它不仅提供新的观看方法，还提供新的输入方法，而且所有方法相互结合，从而推动创新。它提供的是一连串的沉浸式体验，将物理世界和数字世界连接起来，融合到虚拟现实（VR）和增强现实（AR）的应用程序中，也可以理解成是二者的结合体。

虚拟现实（VR）使用头戴式显示器等设备将用户完全包裹在虚拟世界中，通过高度沉浸式形式与现实世界隔绝。增强现实（AR）使用摄像头等设备将虚拟元素叠加在现实场景中，让用户感觉到现实场景中出现了额外的虚拟元素，增强了用户对现实场景的感知和理解。混合现实（MR）将真实世界与虚拟世界相结合，通过头戴式显示器等设备将虚拟元素与现实世界融合在一起，让用户感觉到虚拟元素与现实场景在同一空间中并存。MR既可看作VR设备的延伸形态，又可作为AR前的过渡产品，轻薄、高效交互是产品设计的核心原则。

任务评价

评价类型	序号	任务内容	分值	自评	师评
学习态度	1	主动学习	5		
	2	学习时长、进度	10		
操作能力	3	了解虚拟现实技术的概念	20		
	4	了解虚拟现实技术的特点	20		
	5	了解虚拟现实技术的应用	25		
育人素养	6	完成育人素养学习	20		
总分			100		

自测任务书

通过本任务的学习，学生需要了解虚拟现实技术在我们生活中应用的具体实例，了解其具体应用方式。

习题与思考

一、理论习题

1. 人工智能的目的是让机器能够（　　），以实现某些脑力劳动的机械化。
   A. 具有完全的智能　　　　　　　　B. 和人脑一样考虑问题
   C. 完全代替人　　　　　　　　　　D. 模拟、延伸和扩展人的智能

2. 区块链的哪个特性使数据在链上无法被篡改？（　　）
   A. 匿名性　　　B. 不可篡改性　　　C. 去中心化　　　D. 加密性

3. 以下关于大数据的说法，正确的是（　　）。
   A. 大数据技术主要用于处理结构化数据，对非结构化数据处理效果有限
   B. 大数据仅对企业发展有决策作用，对个体决策无直接影响
   C. 在大数据的成熟期，以并行计算与分布式系统为核心的技术体系开始形成
   D. 大数据仅具有经济意义，对科学研究、社会管理无显著贡献

4. 区块链技术最初是为哪个领域而设计的？（　　）
   A. 金融行业　　　B. 供应链管理　　　C. 物联网　　　D. 比特币交易

5. 以下哪个不是区块链的主要应用领域？（　　）
   A. 跨境支付　　　B. 供应链管理　　　C. 物联网安全　　　D. 人工智能

6. 在物联网系统中，哪个组件负责收集和处理来自物理世界的数据？（　　）
   A. 云计算平台　　　B. 传感器　　　C. 执行器　　　D. 网关

7. 虚拟现实（VR）技术中，用户通常通过什么设备来体验虚拟的三维环境？（　　）
   A. 手机　　　B. 头戴式显示器　　　C. 电视　　　D. 投影仪

8. 以下哪项不是虚拟现实（VR）技术的主要应用领域？（　　）
   A. 游戏娱乐　　　B. 医学模拟　　　C. 远程办公　　　D. 教育培训

二、操作题

1. 打开一个带有 AI 功能的语音识别网站,将音频文件转换为字幕,体验 AI 语音识别。
2. 打开"讯飞星火"网站,输入"AI 发展历程"文字,体验 AI 机器人创作。